PRACTICAL DEEP LEARNING A PYTHON-BASED INTRODUCTION

Python
深度学习实战

（美）罗恩·克努斯（Ronald T. Kneusel）著　　　　宿翀　译

化学工业出版社
·北京·

内容简介

本书与机器学习和深度学习相关，向读者讲述了如何建立一个数据集，并展示了如何使用该数据集训练一个成功的深度学习模型。此后，本书探讨了经典的机器学习算法，为探讨深度学习方法理论奠定基础。本书最后4章探讨了卷积神经网络，从案例研究出发，讲解如何从数据集到评估预测模型的方法。这些章节中的实验使用的都是本领域研究人员熟悉的标准数据集。同时，本书介绍了如何通过当前实践的标准来调整和评估机器学习模型的性能。

本书不仅为读者提供扎实的概念基础，还为读者设计自己的项目和解决方案提供了实用的指导，适用于探索机器学习和深度学习领域的新手和业余爱好者。本书也可以帮助读者为探索更高级的方法和算法提供知识储备。

北京市版权局著作权合同登记号：01-2024-1790

图书在版编目（CIP）数据

Python深度学习实战/（美）罗恩·克努斯（Ronald T. Kneusel）著；宿翀译. —北京：化学工业出版社，2024.6
　　书名原文：PRACTICAL DEEP LEARNING： A Python-Based Introduction
　　ISBN 978-7-122-44960-3

Ⅰ.①P… Ⅱ.①罗…②宿… Ⅲ.①机器学习②软件工具-程序设计 Ⅳ.①TP181②TP311.561

中国国家版本馆CIP数据核字（2024）第088953号

责任编辑：曾　越　　　　　　　　装帧设计：王晓宇
责任校对：宋　夏

出版发行：化学工业出版社
　　　　　（北京市东城区青年湖南街13号　邮政编码100011）
印　　装：河北延风印务有限公司
787mm×1092mm　1/16　印张19¼　字数481千字
2024年8月北京第1版第1次印刷

购书咨询：010-64518888　　　　　售后服务：010-64518899
网　　址：http://www.cip.com.cn
凡购买本书，如有缺损质量问题，本社销售中心负责调换。

定　　价：129.00元　　　　　　　　　版权所有　　违者必究

关于作者

罗恩·克努斯（Ronald T. Kneusel）自2003年以来一直致力于工业机器学习领域的研究，并于2016年获得了科罗拉多大学博尔德分校（University of Colorado, Boulder）的机器学习博士学位。罗恩目前在L3Harris技术公司（L3Harris Technologies，Inc.）工作。此外，罗恩还在Springer出版社发行两本著作：《数字计算机》（*Numbers Computers*）、《随机数字和计算机》（*Random Numbers and Computers*）。

关于技术审查员

保罗·诺德（Paul Nord）目前为瓦尔帕莱索大学物理天文系（Valparaiso University, Department of Physics and Astronomy）的天文学技术专家和研究助理。保罗于1991年获得瓦尔帕莱索大学物理学士学位，并于2017年获得瓦尔帕莱索大学的分析与建模硕士学位。保罗在机器学习项目的工作中建树颇丰，主持了磁盘检测协作、教师学习社区讨论小组以及基于谷歌深梦（Google Deep Dream）的艺术展示等项目。保罗还参与了面向所有年龄段的孩子的科学拓展项目。

致
谢

"我不是一个孤独的战士，感谢所有帮助我的人。"

正如大卫·本特利·哈特（David Bentley Hart）所说的那样，我们是一个互相联系的整体，不仅在我们生活的各个领域，在写作中也是如此。

首先，我要感谢我的家人的耐心和鼓励，帮助我顺利完成该项目。

接下来，我要感谢我的编辑，No Starch出版社最优秀的Alex Freed女士。在本书出版过程中，我们相处愉快，Alex Freed女士将原本枯燥粗糙的文字变为一部流畅而连贯的作品。保罗·诺德（Paul Nord）先生也是如此，他的建议总能帮助我避免愚蠢的错误，并确保我所说的是正确的。如果本书有任何的错误，都归咎于我没有采纳保罗的建议。

最后，我要感谢No Starch出版社的所有优秀人士，没有他们，就没有这部作品的问世。

伴随数字化时代的到来，众多科学家和工程师从人脑中汲取了灵感，并想象由简单的神经元处理器所组成的大规模并行网络是如何从经验中学习和适应的。随着新的数学方法的发展，类似话题激起了人们的兴趣。1958年，弗兰克·罗森布拉特（Frank Rosenblatt）提出了一种名为感知器（Perceptron）的学习设备，该设备具有惊人的特性，可以经过手动编程来执行任何学习任务。当马文·明斯基（Marvin Minsky）和西蒙·派珀特（Seymour Papert）对上述设备进行仔细地分析后，发现该设备无论在理论上还是在实践中都存在编程局限性，人们便对该设备的研究失去了兴趣。

直到20世纪80年代后期，认知科学家大卫·鲁梅尔哈特（David Rumelhart）、杰弗里·辛顿（Geoffrey Hinton）和罗纳德·威廉斯（Ronald Williams）一起提出了一种称为反向传播的学习算法，该算法一度被认为可以克服明斯基和派珀特所确定的局限性。基于该算法的应用实例曾一度令人印象深刻，例如被称为NetTalk的文本语音转换系统，引起了业界对神经网络研究的另一次浪潮。然而，当该算法无法扩大规模以处理更复杂的问题时，人们又一次对该领域的研究感到沮丧。

在接下来的20年中，计算机的运算速度变得越来越快，数据集也越来越大，新的软件工具使得构建神经网络变得更加容易。伴随这些发展，建立更大规模的模型也变得可行。该研究领域被重新命名为深度学习，并且给新一代研究人员解决前所未有规模的建模问题带来曙光。

尽管历史经验告诉我们深度学习的研究可能再次碰壁，但该领域的研究成果已证明它可以解决很多复杂、实用，具有深远影响力的问题。从语音控制助手到医学图像的人类专家级诊断，再到无人驾驶汽车，以及其他无数的后台应用程序，无不使我们的生活发生了深刻的改变。深度学习革命正在朝我们走来，有深度学习参与的未来也必将无与伦比。

可能有人会认为这样的先进技术超出了我们大多数人的理解，但是其基本原理却是可以理解和容易获得的。的确，深度学习的创始人都是受过训练的心理学家。一台具有开源软件工具的标准台式计算机便足以探索本书中的思想和概念。通过对硬件进行升级（尤其是图形处理单元或GPU）并进行少量投资，便可以使自己的计算机成为10年前被认为的超级计算机，从而可以进行复杂的研究工作。

克努斯（Kneusel）博士是图像处理方面的专家，在机器学习领域拥有超过15年的行业经验。他撰写的《Python深度学习实战》（*Practical Deep Learning*），适合探索该领域的新手和业余爱好者阅读。在没有背景知识的前提下，本书从开篇便向读者讲述了如何建立一个数据集，并展示了如何使用该数据集训练一个成功的深度学习模型。此后，本书探讨了经典的机器学习算法，其目的是探讨奠定深度学习革命的方法理论基础。

《Python深度学习实战》不仅为读者提供扎实的概念基础，还为读者设计自己的项目和解决方案提供了实用的指导。它解决了如何通过当前实践的标准来调整和评估机器学习模型的性能。在整本书中，都强调直觉。实践知识往往建立在直觉上。

《Python深度学习实战》还可以帮助读者为探索更高级的方法和算法提供知识储备。最后4章探讨了卷积神经网络，它是监督深度学习的主力军。这些章节中的实验使用的都是本领域研究人员熟悉的标准数据集。这些章节从案例研究出发，讲解从数据集到评估预测模型的方法。

没有任何一本书是完美的。《Python深度学习实战》是一本介绍性的入门书籍。本书的最后一章为读者指出了下一步继续进行深度学习时可能要研究的内容。

享受探索。

Michael C. Mozer，博士

科罗拉多大学博尔德分校

计算机科学系和认识科学

研究所教授

谷歌研究院科学研究员

当我还在上高中时，就编写了一个井字游戏程序，用户可以在计算机上玩该游戏。当时，我还没有意识到真正的计算机科学家是如何解决这一问题的。我只有自己的想法，那些想法是使用非结构化的苹果电脑版 BASIC 语言支持的粗略 if-then 和 goto 语句来实现许多规则。而当时的这些规则往往有几百行之多。

最后，该程序运行良好，直到我发现我的规则未能涵盖所有的动作序列而不能每次都取胜。我确信一定有一种方法可以通过显示示例的方式而不是蛮力代码和规则来教计算机如何做事，这一定是一种使计算机自行学习的方法。

作为 20 世纪 80 年代后期的一名本科生，我曾经很兴奋地报名参加一个人工智能课程。该课程最终教会了我如何正确编写井字游戏程序，但是没有回答如何让计算机学习，它仍然只是使用一个聪明的算法。顺便说一句，同样的课程使我们确信，虽然人们预计有朝一日计算机会击败世界上最好的国际象棋手（发生在 1997 年），但计算机不可能在围棋这样的游戏中击败最优秀的棋手。直到 2016 年 3 月，AlphaGo 深度学习计划做到了这一点。

2003 年，我在一家科学计算公司担任顾问时，被分配到一个主要开发医疗设备的项目。该项目的目的是通过使用机器学习对冠状动脉的血管内超声图像进行实时分类。这是人工智能的一个子领域，项目要求计算机可以从数据中进行自主学习，并要求我们开发出当时的程序还难以明确实现的模型。这就是我在等的！

我模糊地意识到机器学习领域中有一种叫作神经网络的"怪兽"没准可以做一些有趣的事情，但是在当时大多数情况下，机器学习只是一个很小的研究领域，而不是普通计算机科学人员所关注的东西。在项目期间，我对不需要编写大量精确代码就可以训练计算机进行学习的研究方向产生了浓厚的兴趣。即使在项目结束后，我仍然坚持自学相关领域的知识。

大约在 2010 年，我参与了另一个机器学习项目，就当时的参与时机来说，堪称完美。当时的人们才刚刚开始讨论一种称为深度学习的机器学习新方法，而这种方法复兴了以往的神经网络。当时光迈入 2012 年时，深度学习的研究呈波涛汹涌之势，异军突起。我很幸运能进入在苏格兰爱丁堡举行的 ICML 2012 会议室，当时 Google 展示了其深度学习最初的突破性成果，该成果展示了如何对 YouTube 视频中的猫进行追踪。那时的会议室相当拥挤，多达 800 人。

2020年，我参加的机器学习会议有13000多名与会者。机器学习迅猛发展，这不是一时的风尚。机器学习已经深刻影响了我们的生活，并将继续如此。我们最好了解一些知识，以便了解经常被大肆宣传的演示的本质核心，这很有趣。这就是这本书存在的原因，以帮助您学习机器学习的基础。具体来说，我们将专注于深度学习方法。

本书为谁而著？

本书为没有机器学习背景但保持好奇心并愿意尝试新鲜事物的读者而著。我尽量将数学推导压缩至最低水平。我的目标是帮助您理解核心概念并建立直觉，以备日后使用。

同时，我不想写一本书，只是指导您如何使用现有工具包，却没有深挖任何实质意义上的东西。的确，如果您只关心方法，那么就可以构建有用的模型。但是，如果您不理解其中深层的原因，那只会令您沮丧，更不用说最终通过您自己的贡献来推动这一领域的发展了。

就我的假设而言，我假设您对任何语言的计算机编程都比较熟悉。无论您是学生还是职业人员，机器学习的首选语言是Python，因此我们将使用该语言。我还假设您熟悉高中数学，但不熟悉微积分。无论如何，机器学习里都会有一些微积分，但是即使您不熟悉该技术，您也可以理解其中的思想。我还要假设您了解一些统计数据和基本概率。如果您从高中起就忘记了这些主题，请不要担心——您会在第1章中找到相关内容，这些内容为您提供了足够的背景知识以供您参考。

您能学到什么？

如果您全面阅读本书，则可以了解以下内容：

· 如何建立良好的训练数据集。这个数据集能让您在"现场"环境下使您的模型获得成功。

· 如何使用两个领先的机器学习工具包：scikit-learn和Keras。

· 训练和测试模型后，如何评估模型的性能。

· 如何使用几个经典的机器学习模型，例如k-最近邻法（k-Nearest Neighbors，k-NN）、随机森林或支持向量机。

· 神经网络如何工作和训练。

· 如何使用卷积神经网络开发模型。

· 如何从一组给定的数据开始，从头建立成功的模型。

关于本书

这本书与机器学习相关。机器学习与构建模型相关，这些模型接收输入数据并从中得出一些结论。该结论可能是将物体放入特定类别的物体（例如某种狗）中的标签，或者是连续的输出值，例如价格应该对应具有特定设施的房屋。这里的关键是模型可以自己从数据中学习。实际上，该模型是通过示例学习的。

您可以将模型视为一个数学函数$y=f(x)$，其中y是输出、类标签或连续值，而x表示未知输入的特征集。特征是模型可以用来了解要生成什么输出的度量或有关输入的信息。例如，x可能是代表一条鱼的长度、宽度和重量的矢量，其中每个尺寸都是一个特征。我们的目标是找到f，这是x和y之间的映射，我们可以在只知道x，不知道y的新实例上使用它。

学习函数f的标准方法是给我们的模型（或算法）提供已知数据，并让模型学习使f成为有用映射所需的参数。这就是机器学习这个名称的由来：机器正在学习模型的参数。我们不是在自己考虑规则，而是在代码中巩固它们。确实，对于某些模型类型（例如神经网络），我们甚至还不清楚该模型学到了什么，只是该模型现在能够在有用的水平上运行。

机器学习有三个主要分支：监督学习、无监督学习和强化学习。我们刚刚描述的过程属于监督学习。我们用一组已知的x和y值（训练集）监督了模型的训练。我们将这样的数据集称为带标签的数据集，因为我们知道每个x都带有y。无监督学习尝试仅使用x来学习模型使用的参数。我们不会在这里讨论无监督学习，但是如果您以后想自己探索该领域，则可以参考很多我们对监督学习的讨论。

强化学习训练模型执行诸如象棋或围棋之类的任务。该模型学习了在给定其当前状态的情况下要采取的一组操作。这是机器学习的重要领域，强化学习以前被认为仅属于在人类领域的任务上取得了很显著的成功。可惜的是，为了使本书易于理解，必须做出一些妥协，因此我们将完全忽略强化学习。

关于术语的简要说明。在媒体上，我们在本书中所谈论的很多东西都被称为人工智能（Artificial Intelligence，AI）。尽管这没有错，但在某种程度上却具有误导性：机器学习是人工智能领域的一个子领域。您经常会听到的另一个术语是深度学习。这个术语有点含糊，但出于我们的目的，我们将使用它来表示使用神经网络进行机器学习，尤其是具有很多层（较深）的神经网络。图1显示了这些术语之间的关系。

当然，机器学习和深度学习领域的模型和

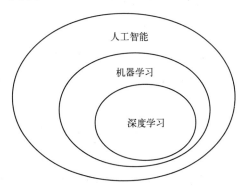

图1 人工智能、机器学习、深度学习关系图

方法种类繁多。在本书中，我们将遇到许多模型。我们可以将它们排列在"机器学习树"中，如图2所示。

图2 机器学习树

该树显示了从传统的机器学习到现代深度学习的发展过程。我们将在本书中介绍所有的这些模型。同样，在结束本章之前，我们将给出每章的简要介绍。

第1章：开篇。本章告诉您如何设置我们假定的工作环境。它还包括有关向量、矩阵、概率和统计量的部分，您可以将其用作复习或背景知识。

第2章：使用Python。本章将教您开始使用Python。

第3章：使用NumPy。NumPy是Python的扩展，这就是使Python对机器学习有用的原因。如果您不熟悉它，请仔细阅读本章。

第4章：使用数据工作。错误的数据集会导致错误的模型。我们将教您什么才是好的数据。

第5章：构建数据集。我们将构建整本书中使用的数据集。您还将学习如何增强数据集。

第6章：经典机器学习。要了解去向，有时最好先知道从哪里来。在这里，我们将介绍一些原始的机器学习模型。

第7章：经典模型实验。本章介绍传统的机器学习方法的优缺点。在本书中，我们将参考这些结果以进行比较。

第8章：神经网络介绍。现代深度学习全都与神经网络有关，我们将在本章介绍它们。

第9章：训练神经网络。这一具有挑战性的章节为您提供了如何训练神经网络所需的知识。本章介绍了一些基本的演算，但请不要惊慌——为了使您有直观的认识，我们对它进行了高层次的讨论，并且该概念并不像最初看起来那样令人恐惧。

第10章：神经网络实验。在这里，我们进行实验以建立直觉，并获得实际使用数据的感觉。

第11章：评价模型。要了解机器学习论文、演讲和讲座中提出的结论，我们需要了解如何评价模型。本章将带您了解整个过程。

第12章：卷积神经网络介绍。我们将在本书中重点关注的深度学习体现在卷积神经网络（CNN）的概念中。本章讨论了这些网络的基本构建块。

第13章：基于Keras和MNIST的实验。这章我们将通过MNIST数据集（深度学习的主要力量）进行实验，来探索CNN的工作方式。

第14章：基于CIFAR-10的实验。MNIST数据集非常有用，它是CNN里可以轻松掌握的简单数据集。本章我们探索了另一个主力数据集CIFAR-10，该数据集由实际图像组成，将挑战我们的模型。

第15章：实例研究：音频数据分类。我们将以实例研究作为结束。我们从一个不被广泛使用的新数据集开始，并逐步建立一个良好的模型。本章使用我们在书中研究的所有内容，包括构建和数据增强、经典模型、传统神经网络、CNN和模型集合。

第16章：走向未来。没有一本书是完整的。本章指出了我们忽略的一些内容，可帮助您筛选与机器学习相关的大量资源，以便您专注于接下来应该学习的内容。

本书配套源代码及相关资源可扫描下方二维码获取下载链接。

著者

扫码获取资源

简要目录 CONTENTS

第 **1** 章

开篇

本章介绍操作环境，并详细说明如何进行设置。此外，还引入一些我们将要遇到的数学基础。最后，简要介绍图形处理器（GPUs），您可能听说过它们对于深度学习至关重要。您不用担心，以上针对硬件的介绍不是我们的目的，您也不必担心本书突然让您花费很多钱。

1.1 操作环境

在本节中，我们将详细介绍本书所采用的环境。基本假设是我们使用64位Linux系统。确切的版本号并不重要，但是为了简化文字说明，我们假设使用的是Ubuntu 20.04。有了Ubuntu发行版的出色支持，相信任何新的发行版都可以做类似的工作。Python语言是我们的通用语言，也是机器学习的通用语言。具体来说，我们将使用Python 3.8.2，这是Ubuntu 20.04使用的版本。

以下，让我们快速浏览一下将要使用的Python工具包。

1.1.1 NumPy

NumPy是一个Python库，它向Python添加了数组处理功能。尽管Python列表可以像一维数组那样使用，但实际上它们太慢而且不灵活。NumPy库添加了Python缺少的数组功能——许多科学应用程序所必需的功能。NumPy是我们将使用的所有其他库所必需的基础库。

1.1.2 scikit学习

我们在本书中探索的所有传统机器学习模型都可以在精湛的scikit学习库或sklearn中找到，该库通常在加载Python时被调用。另外请注意，我们目前正在编写无上限的scikit学习库，这也正是我们建议读者在全书中自始至终引用该库的原因。该库使用NumPy数组。它为许多不同的机器学习模型实现了标准化的界面，并为我们没有时间接触的其他功能提供了完整的主机。随着您对机器学习及其背后的工具越来越熟悉，我强烈建议您阅读scikit-learn官方文档。

1.1.3 基于TensorFlow的Keras

深度学习很难理解，更不用说有效、正确地实施了。因此，与其尝试从头开始编写卷积神经网络，不如使用已经在开发的一种流行工具包。深度学习社区从成立之初就一直支持工具包的开发，以使深度网络更易于使用，并通过非常慷慨的许可使工具包成为开源软件。在完成本书时，有许多我们可以在Python中使用的流行工具包。其中包括以下内容：
- Keras；
- PyTorch；
- Caffe；
- Caffe2；
- Apache MXnet。

这些工具箱中的一些包正在增加，而另一些似乎正在减少。但是有TensorFlow后端的Keras可能是目前最活跃的一个，因此我们在这里做一个简短介绍。

Keras是一个Python深度学习工具箱，它在后台使用TensorFlow工具箱。TensorFlow是Google的开源产品，它为许多不同的平台实现了深度神经网络的核心功能。我们选择Keras不仅是因为它很受欢迎，并且还处于积极的开发改进中，还因为它易于使用。我们的目标是熟悉深度学习，使我们可以实施模型并以最少的编程量使用它们。

1.2　安装工具包

我们无法合理地给出在所有系统和硬件上安装工具包的详尽指南。取而代之的是，我们将用本书使用的特定系统当作参考系统来进行分步说明。这些步骤，以及库的最低版本号，应该足以满足大多数读者搭建适当工作系统的需求。

请记住，假设我们正在Linux环境中工作，特别是Ubuntu 20.04。Ubuntu是一种广泛使用的Linux发行版，它几乎可以在任何计算机系统上运行。其他Linux发行版也可以使用，macOS也可以使用，但是此处的说明限定于Ubuntu。在大多数情况下，机器学习社区已剥离了Windows操作系统。但仍然有人将工具包移植到Windows。因此，喜欢探索的读者可能会尝试Windows。

新安装的Ubuntu 20.04基本桌面系统免费提供Python 3.8.2。要安装其余软件包，需要进入脚本并按照给定的顺序执行以下步骤：

```
$ sudo apt-get update
$ sudo apt-get install python3-pip
$ sudo apt-get install build-essential python3-dev
$ sudo apt-get install python3-setuptools python3-numpy
$ sudo apt-get install python3-scipy libatlas-base-dev
$ sudo apt-get install python3-matplotlib
$ pip3 install scikit-learn
$ pip3 install tensorflow
$ pip3 install pillow
$ pip3 install h5py
$ pip3 install keras
```

安装完成后，我们将安装以下版本的库和工具包：

```
NumPy 1.17.4
sklearn 0.23.2
keras 2.4.3
tensorflow 2.2.0
pillow 7.0.0
h5py 2.10.0
matplotlib 3.1.2
```

pillow库是一类图像处理库，h5py库用于处理HDF5格式数据文件，而matplotlib库用于绘图。HDF5是一种通用的分层文件格式，用于存储科学数据。Keras则使用它来存储模型参数。

以下两节是对本书中将要涉及的一些数学知识的简要介绍。

1.3 线性代数基础

我们先来回顾向量和矩阵。这些数学知识是处理线性代数或矩阵理论的通用概念。您可能会想到，线性代数是一个复杂的领域。对于本书，我们需要知道的是向量是什么，矩阵是什么，以及如何将两个向量或两个矩阵或向量与矩阵相乘。稍后我们将看到，这为我们提供了一种实现特定模型（尤其是神经网络）的强大方法。

我们先从向量开始。

1.3.1 向量

向量是一维数字列表。数学上，向量可能会表示为

$$a = [0,1,2,3,4]$$

第三个元素的给定值为$a_2=2$。注意，我们遵循从零开始编制索引的编程约定，因此a_2表示向量中的第三个元素。

上面的向量是水平写入的，因此称为行向量。但是，在数学表达式中使用向量时，通常假定它们是垂直书写的：

$$a = \begin{bmatrix} 0 \\ 1 \\ 2 \\ 3 \\ 4 \end{bmatrix}$$

垂直写入时，向量称为列向量。此向量有五个元素，表示为五元素列向量。在本书中，我们通常使用向量来表示一个样本：输入模型的特征集合。

在数学上，向量用于表示空间中的点。如果我们谈论的是二维笛卡儿平面，将给定一个具有两个数字(x, y)的向量的点，其中x是沿x轴的距离，y是沿y轴的距离。即使向量本身只有一个维度，该向量也代表二维的点。如果具有三个维度，则需要定义一个含有三个元素的向量(x, y, z)。

在机器学习中，由于我们经常使用向量来表示模型的输入，因此我们将处理数十乃至数百个维度。当然，我们不能将它们绘制为空间中的点，但是从数学上可以这样理解它们。就像我们将看到的那样，某些模型（例如k-最近邻法）仅将特征向量用于高维空间中的点。

1.3.2 矩阵

矩阵是数字的二维数组，通过行号和列号来建立矩阵中元素的索引。例如，这是一个矩阵：

$$a = \begin{bmatrix} 1 & 2 & 3 \\ 4 & 5 & 6 \\ 7 & 8 & 9 \end{bmatrix}$$

如果要引用6，我们写$a_{1,2}$=6。同样，我们从零开始索引。由于此矩阵a具有三行三列，因此我们将其称为3×3矩阵。

1.3.3　向量和矩阵相乘

将两个向量相乘的最简单方法是将它们对应的元素相乘。例如：

$$[1,2,3] \times [4,5,6] = [4,10,18]$$

这是使用NumPy之类的工具箱时最常见的数组乘法，我们将在随后的章节中大量使用它。但是，在数学中，实际上很少这样做。

在数学上将向量相乘时，我们需要知道它们是行向量还是列向量。我们将使用两个向量A=（a，b，c）和B=（d，e，f），根据数学惯例，它们被认为是列向量。添加上标T可将列向量转换为行向量。数学上允许的将A和B相乘的方式是

$$AB^{\mathrm{T}} = \begin{bmatrix} a \\ b \\ c \end{bmatrix} \begin{bmatrix} d & e & f \end{bmatrix} = \begin{bmatrix} ad & ae & af \\ bd & be & bf \\ cd & ce & cf \end{bmatrix}$$

这就是所谓的输出结果

$$A^{\mathrm{T}}B = \begin{bmatrix} a & b & c \end{bmatrix} \begin{bmatrix} d \\ e \\ f \end{bmatrix} = ad + be + cf$$

上式称为内积或点积。注意，外部乘积变成一个矩阵，而内积变成一个整数，一个标量。

将矩阵与向量相乘时，向量通常位于矩阵的右侧。如果矩阵中的列数与向量中的元素数匹配（再次假定为列向量），则可以相乘，结果也是一个向量，其元素与矩阵中的行数一样多（将$ax+by+cz$读取为单个元素）。

例如：

$$\begin{bmatrix} a & b & c \\ d & e & f \end{bmatrix} \begin{bmatrix} x \\ y \\ z \end{bmatrix} = \begin{bmatrix} ax + by + cz \\ dx + ey + fz \end{bmatrix}$$

在这里，我们将2×3矩阵乘以3×1列向量，得到2×1输出向量。注意，矩阵的列数和向量的行数匹配。如果不匹配，则不定义乘法。另外，注意，输出向量中的值是矩阵和向量的乘积之和。将两个矩阵相乘时，也适用同样规则：

$$\begin{bmatrix} a & b & c \\ d & e & f \end{bmatrix} \begin{bmatrix} A & B \\ C & D \\ E & F \end{bmatrix} = \begin{bmatrix} aA + bC + cE & aB + bD + cF \\ dA + eC + fE & dB + eD + fF \end{bmatrix}$$

在这里，将2×3矩阵乘以3×2矩阵可得到2×2矩阵。

当我们使用卷积神经网络时，将使用具有三个甚至四个维度的数组。通常，这些被称为张量。如果我们想象一堆大小相同的矩阵，将获得三维张量，并且可以使用第一个索引来引用矩阵中的任何一个，而使用剩余的两个索引来引用该矩阵的特定元素。类似地，如果我们有一个

三维张量的堆栈，那么就有一个四维张量，并且可以使用第一个索引来引用该张量中的任何一个三维张量。

本部分的要点是向量具有一维，矩阵具有二维，还有将这些对象相乘的规则，并且我们的工具包最后都将使用四维张量。我们会在本书后面的部分中对其中一些要点展开介绍。

1.4 统计和概率

统计学和概率论的相关主题太过广泛，因此，我将仅提及我们将在整本书中使用的关键思想，并在您认为合适的时候将其余思考空间留给您。我假设您了解有关掷硬币和掷骰子等概率的一些基本知识。

1.4.1 描述性统计

在进行实验时，我们需要以某种有意义的方式报告结果。通常，对于我们来说，我们将结果报告为平均值（算术平均值）加上或减去平均值的标准误差（SE）。让我们通过示例定义平均值的标准误差。

如果我们有很多测量值x，例如花朵一部分的长度，那么我们可以将所有值相加并除以我们添加的值的数量来计算平均值（$\bar{x}$）。然后，一旦有了平均值，就可以从平均值中减去每个值，对结果进行平方，并将所有这些平方值相加，然后再除以我们添加的值的数量减去1，就可以计算出各个值在平均值附近的平均分布。这个数字是方差。如果取该值的平方根，则会得到标准偏差（σ），我们将在下面再次看到。有了标准偏差，我们可以计算平均值的标准误差为$SE = \sigma / \sqrt{n}$，其中n是我们用于计算平均值的数量。SE越小，则表明值围绕均值越紧凑。我们可以将此值理解为我们对平均值的不确定性。这意味着我们只是期望，但是实际上我们并不知道实际均值，而实际均值应该介于$x-SE$与$x+SE$之间。

有时，我们将谈论中位数而不是均值。中位数是中间值，即一半样本低于该值以及另一半样本高于该值。为了找到一组值的中位数，我们首先对这些值进行数字排序，然后找到中间值。如果样本数为奇数，中位数为确切的中间值；如果样本数为偶数，中位数则为两个中间值的平均值。如果样本的质量不佳，甚至在均值附近分布，则中位数有时比均值更有用。典型的例子是收入，一些非常有钱的人将平均收入提高到没有太大意义的地步。取而代之的是中位数，即一半的人收入减少而一半的人收入增加的价值，更具代表性。

在后面的章节中，我们将讨论描述性统计。这些是从数据集派生的值，可用于理解数据集。我们只提到了其中三个：平均值、中位数和标准偏差。我们将看到如何使用它们以及如何绘制它们以帮助我们理解数据集。

1.4.2 概率分布

在本书中，我们将讨论一种称为概率分布的东西。您有时可以将其视为某种预言，它将为我们提供一个数字或一组数字。例如，当我们训练模型时，我们使用要测量的数字或一组数字。我们可以认为这些数字来自概率分布。我们将该分布称为父分布，将其视为产生数据的事物，我们将为模型提供数据；另一种更为柏拉图式的思考方式是作为我们的数据近似的理想数据集。

概率分布有许多不同的形式，有些甚至有名字。我们将遇到的两个最常见的是：均匀分布和正态分布。我们已经遇到了一种均匀分布：这就是我们掷出合理的骰子所能得到的。如果骰子有六个面，我们知道获得任何值（1～6）的可能性是相同的。如果我们掷骰子100次并计算出出现的数字，每个数字的计数将大致相等，并且从长远来看，我们可以轻松地说服自己该数字将趋于均匀。

均匀分布是一种预言，它同样有可能给我们任何允许的响应。从数学上讲，我们将均匀分布写为U（a,b），其中U表示均匀，而a和b是用于将其响应括起来的值的范围。除非我们指定分布仅给出整数，否则允许使用任何实数作为响应。从概念上讲，我们将$x \sim$ U（0,1）表示为x是一种随机值，它以相等的可能性给出范围（0，1）内的实数。另外，注意，使用"（"和"）"括起来的范围会排除关联的边界，而使用"["和"]"会包括边界。因此，U[0，1）返回从0到1的值，包括0但不包括1。

正态分布（也称为高斯分布）在视觉上是钟形曲线，其中1值表示最可能出现，然后其他值的可能性随着1值与最可能值的距离越来越远而减小。最可能的值是平均值$\bar{x}$，控制似然性下降到零的速度（从未真正达到）的参数是标准偏差σ（sigma）。出于我们的目的，如果要从正态分布中获取样本，我们将$x \sim$ N($\bar{x}, \sigma$)表示为x是从正态分布中提取的，均值为$\bar{x}$，标准偏差为σ。

1.4.3　统计检验

时不时会出现的另一个主题是统计检验的概念，这是一种用于确定特定假设是否可能成立的度量。通常，假设与两组测量有关，并且假设两组测量来自相同的父分布。如果检验计算的统计量超出某个范围，则我们拒绝该假设，并声称我们有证据表明两组测量值并非来自同一父分布。

在这里，我们通常使用t检验，这是一种常见的统计检验，假设我们的数据呈正态分布。因为我们假设数据是正态分布的（可能正确也可能不正确），所以t检验被称为参数检验。

有时，我们使用另一个测试，即曼-惠特尼（Mann-Whitney）U检验，它类似于t检验，因为它可以帮助我们确定两个样本是否来自同一父分布，但不对数据的取值做任何分布的假设。这样的测试称为非参数检验。

无论检验是参数检验还是非参数检验，我们最终从检验中获得的值称为p值。它表示如果样本来自相同父分布的假设为真，我们将看到计算出的检验统计值的可能性。如果p值较低，则有证据表明该假设不成立。

通常的p值截止值为0.05，这表示即使样本来自相同的父分布，我们也有1/20的机会来测量检验统计值（t检验或U检验）。但是，近年来研究表明，这个阈值显然太宽泛了。当p值接近0.05但不大于0.05时，我们开始认为有一些证据反对该假设。如果p值等于或小于0.001，则我们有充分的证据表明样本不是来自同一父分布。在这种情况下，我们说差异在统计上是显著的。

1.5　图形处理单元

强大的图形处理单元（GPUs）的开发是现代深度学习的一项重要技术。这些是在图形卡上实现的协同计算机。GPUs最初是为视频游戏而设计的，其高度并行性已经适应了深度神经网络模型的极端计算需求。如果没有GPUs向基本台式计算机提供类似于超级计算机的功能，则近年来的许多进步是不可能实现的。英伟达（NVIDIA）在创建用于深度学习的GPUs方面处于领先地位，并且通过其统一计算框架（Compute Unified Device Architecture, CUDA），为深度学习的成功奠定了基础。毫不夸张地说，没有GPUs，深度学习将不会发生，或者至少不会得到如此广泛的使用。

　　换个角度说，我们并不希望在本书使用的模型中会包含GPUs。我们将使用足够小的数据集和模型，以便仅使用CPU即可在合理的时间内进行训练。由于我们安装的TensorFlow版本是仅限CPU的版本，因此我们已经在安装的软件包中强制执行了此决定。

　　如果您确实具有支持CUDA的GPU，并且希望将其用于本书的深度学习部分，那也可以这样做，但这不是必须的。如果您使用的是GPU，请确保正确安装CUDA，然后再安装上述软件包，并确保安装具有GPU功能的TensorFlow版本。sklearn工具包仅适用于CPU。

Python

小结

　　在本章中，我们总结了操作环境，然后描述了在整本书中要使用的Python基本工具包，并给出了在假设使用Ubuntu 20.04 Linux发行版的情况下安装工具包的详细说明。如前所述，这些工具包将在许多其他Linux发行版以及macOS上正常运行。然后，我们简要回顾稍后将要遇到的一些数学知识，最后解释了为什么我们的模型不需要GPU。

　　在下一章中，我们将介绍Python的基础知识。

第 **2** 章

使用 Python

如果您已经熟悉Python，则可以直接跳过本章。本部分适用于那些有一定编程基础但不熟悉Python的读者。我们将尽量使用精练的语言为读者提供全面的信息，以便帮助读者能够阅读和理解本书中的代码示例。

如果您几乎没有计算机编程经验，则应该首先阅读更完整的教材，例如Eric Matthes撰写的《Python速成 第二版》[*Python Crash Course*，*2nd Edition*（No Starch Press, 2019）]。

简单来说，Python的内容包括：通过缩进将顺序语句分组为多个块；数据结构，例如数字、字符串、元组、列表和字典；控制结构，包括if-elif-else、for循环、while循环、with语句和try-except块；具有可选嵌套函数的函数；以及一些大型的可导入模块库。我们将在本书介绍以上这些功能。

2.1 Python解释器

在Linux系统中，通常以两种方式之一使用Python。您可以从命令行运行Python解释器并以交互方式输入命令，也可以运行Python命令的脚本。只需在控制台中输入python3即可实现交互使用Python：

```
$ python3
Python 3.6.7 (default, Oct 22 2018, 11:32:17)
[GCC 8.2.0] on linux
Type "help", "copyright", "credits" or "license" for more information.
>>>
```

如您所见，Python在您输入命令时会打开一个提示，该提示以>>>表示。从键盘键入1+2之类的表达式，然后按回车键（Enter），Python将立即做出响应，通过评估方程式并将结果进行显示。当您要退出控制台时，直接键入Ctrl-D。

2.2 语句与空格

与几乎所有其他编程语言一样，除非通过控制流程结构进行修改，否则Python中的语句将按照它们在代码中出现的顺序一个接一个地执行。例如，考虑以下代码：

```
语句1
语句2
```

语句**3**

这里，首先执行语句1，然后执行语句2，最后执行语句3。

多个语句集成一个分组单元，被称为块。例如，如果if语句的判断结果为True，则可能触发块运行。语法上，if后面的语句需要以某种方式进行标记，以便计算机知道要执行的语句。诸如Pascal之类的经典语言使用笨重的BEGIN和END关键字，C语言家族（包括当前广泛使用的大多数语言）往往使用大括"{"和"}"。

在Python中，我们使用缩进。在遵循传统代码书写格式的同时，也使得阅读Python代码变得简易。这也使得不同作者的代码在视觉上更加一致，留下更少的混淆空间。在Python中，当我们使用if else语句时，可以轻松地看到哪条语句对应在条件的哪一部分运行，即使我们尚未了解if语句的格式。例如：

```
if 条件1:
    语句1
    语句2
else:
    语句3
```

缩进清楚地表明，当条件1（无论它是什么）成立时，将执行语句1和语句2。类似地，我们看到，当条件1不成立时，将执行语句3。

注意前面示例中的冒号。Python使用这些冒号来指定代码块。代码编写时，您必须在控制语句后放置一个冒号，然后从下一行开始缩进一个级别。如果您尝试使用控件结构，但未在控件结构的主体中提供任何语句，则Python会引发错误。

例如，对于else代码块来说，该块中至少要编写一行语句，否则该块会报错。如果不需要else代码块，那就别把它编写在程序内（如果您确实要使用该块，请使用pass关键字向Python表示您知道需要在这里存在一条语句，但实际上您不希望该条件执行任何操作）。

缩进对于刚接触Python的人来说似乎很吓人，但是您可以通过正确配置文本编辑器来简化缩进。Python约定提示您应该设置您的文本编辑器并执行以下操作：

① 插入空格代替制表符，尽量避免使用制表符；

② 每次按Tab键时，请插入四个空格；

③ 按下Enter键时自动缩进。

配置好这些设置，当您在控制语句后输入"："时，只需按回车（Enter）键，Python将自动缩进该代码块。

当然，配置这些设置的方法取决于所使用的文本编辑器，但是任何公认的文本编辑器都可以执行这些设置，并且许多文本编辑标准都将自动缩进设置为标准。如果您使用集成开发环境（IDE），IDE如果识别出您正在编写Python代码，则会自动执行上述配置。

2.3 变量与基本数据结构

Python的原生数据结构简单而优雅。在本节中，我们将涵盖数字表示、变量、字符串、列表和字典。

2.3.1 数字表示

Python中的数字有两种：整数或浮点数。整数，例如42和66。浮点数是带有小数点的实数，例如3.1415和2.718。尽管Python支持复数，但本书中我们忽略复数。

如果您没有指定小数点，Python会假设您定义的是整数；否则，它将使用浮点数。浮点数也可以使用科学记数法表示，例如6.022e23表示6.023×10^{23}。

大多数编程语言只能表示一定范围内的数字，但是Python没有对整数的限制，整数的范围可以与本机的内存一样大。为了娱乐，请输入$2^{**}2001$，然后看看会发生什么。计算机存储和操作数字的许多方式都非常引人入胜。如果你好奇，则可以进一步去探究[1]。

2.3.2　变量

变量提供了一个有用的空间来存储数据以备使用。幸运的是，使用Python变量很简单。Python是动态类型的语言，这意味着我们无须预先声明变量存储的数据类型，只需将数据分配给变量，Python就会为我们找出类型。

我们甚至可以通过分配一个新值来更改存储在变量中的数据类型，而无论其类型如何。例如，所有这些都是Python中的有效分配的变量：

```
❶ >>> v = 123
❷ >>> n = 3.141592
❸ >>> v = 6.022e23
```

该代码将整数123分配给v，将浮点值3.141592分配给n，然后将浮点值重新分配给v：6.022×10^{23}。

Python变量名称区分大小写，必须以字母开头，可以包含字母、数字和"_"（下画线）字符。许多Python程序员遵循Java的驼峰式约定，如下所示，但这不是严格要求的：

```
>>> myVariableName=123
```

2.3.3　字符串

Python支持带字符串的文本数据。您可以使用单引号（'）、双引号（"）或三引号（"""）标记字符串的开头和结尾，只要在开始和结束时都使用引号即可。用三引号引起来的字符串是特殊的：它可以跨越多行文本，您通常会在定义一个实现简单文档字符串的函数后使用到三引号。

所有这些都是有效的Python字符串：

```
>>> thing1 = 'how now brown cow?'
>>> thing2 = "I don't think; therefore I am not."
>>> thing3 = """
one
two
three
"""
```

在这里，thing1是一个简单的字符串，thing2也是一个简单的字符串。但是注意，它嵌入了一个单引号，作为一撇。这样做是因为我们以双引号字符开头，如果我们想在字符串中使用双引号，则必须用单引号将其引起来。

最后一个字符串thing3跨越多行。换行符也是字符串的一部分，并且在打印时也会显示出

---

[1] 参见Ronald T. Kneusel所著《数字计算机》（斯普林格 - 维拉格，2017）。

来。注意，如果您实际上是在Python解释器中输入对thing3的赋值，则会看到该解释器插入了省略号（...）。我们在本章中忽略了上述示例中的此类内容，因为它们实际上不是字符串的一部分，会造成混淆。

2.3.4 列表

字符串和数字是原始数据类型，这意味着它们不是由分组的数据集合组成。将它们视为原子。通过使用元组和列表，可以将它们组合为更复杂的数据结构。列表是其他数据的有序集合，可以是原始数据或任何其他数据集合。例如，列表可以包含列表。

（1）基本列表操作

与某些其他数据类型不同，将成员附加到列表的顺序很重要。让我们看一些列表示例，然后看看发生了什么。

```
❶ >>> t = ["Quednoe","Biggles",39]
   >>> t
      ['Quednoe', 'Biggles', 39]
❷ >>> t[0]
      'Quednoe'
   >>> t[1]
      'Biggles'
   >>> t[2]
      39
```

首先，我们定义一个列表❶。我们使用"["字符来开始列表，输入成员，并以"]"字符结束。列表中的成员用逗号（,）分隔。该列表包含三项，正如我们在要求Python对表达式t求值时所看到的那样，它就是列表本身。

我们可以使用数字和方括号来索引列表，就像数组一样。在这里，我们使用括号请求列表中的第一项❷。我们对第二个和第三个进行相同的操作。

我们可以使用append方法添加项到列表中：

```
>>> t.append(3.14)
>>> t
   ['Quednoe', 'Biggles', 39, 3.14]
```

在这里，我们想向列表t添加第四个成员——3.14。注意，将新成员追加到列表时会将其添加到列表的末尾。

让我们再看一些带有列表的示例。

```
❶ >>> t[-1]
      3.14
❷ >>> t[0:2]
      ['Quednoe', 'Biggles']
❸ >>> t[1] = 'Melvin'
   >>> t
      ['Quednoe', 'Melvin', 39, 3.14]
❸ >>> t.index("Melvin")
      1
```

这些示例向我们展示了如何使用负索引❶，该索引将从列表的末尾开始并向后计数，因此−1将始终返回列表中的最后一项。我们还将看到如何使用区间来选择列表的子集❷。

要使用Python区间，应遵循[a: b]格式，将返回从索引a到索引b−1的这个区间里的成员。从数学上讲，这是[*a*, *b*)，其中不包括第*b*个成员。因此，语句t[0：2]将仅返回项目0和1。注意，如果您缺省区间的开头或结尾部分，则默认为从第一项（如果缺省开头）或直到最后一项（如果缺省结尾）。

如果在赋值语句的左侧使用索引，则列表中的该元素将被修改❸。现在，我们看到列表的第二个元素已更改。

最后，我们使用索引方法在列表中搜索成员❹。如果找到该成员，则index返回该项目的索引。如果该成员不在列表中，Python将引发错误。

如果您想知道某个成员是否在列表中，但是不在乎它在哪里，请使用in，如下所示：

```
>>> b = [1,2,3,4]
>>> 2 in b
    True
>>> 5 in b
    False
```

这里返回的是布尔值：True和False。注意True和False的大小写形式。布尔值也可以分配给变量。我们还应该注意"None"，这是Python版本中的"无"，而其他程序设计版本都使用"NULL"（至少Python第一个如此表示"无"）。在后文"函数"中讨论Python函数时，我们会看到None的很多好处。

（2）复制列表

关于列表我们要注意的最后一件事是，当您将列表分配给新变量时，Python不会复制列表。相反，它将新变量指向列表中已经存在的内存中的位置。例如：

```
>>> a = [0,1,2,3,4]
>>> a
    [0, 1, 2, 3, 4]

>>> b = a
>>> b
    [0, 1, 2, 3, 4]
```

在这里，我们将a定义为五个数字的列表。然后，我们将该列表分配给新变量b，然后看到b确实与a相同。

到现在为止还挺好。但是，如果我们决定如此更改列表，该怎么办：

```
>>> a[2] = 3
>>> a
    [0, 1, 3, 3, 4]
>>> b
    [0, 1, 3, 3, 4]
```

我们看到a已按照我们的期望进行了更新，但b可能也是如此。这是因为将a分配给b会将b指向与a在内存中相同的位置。它实际上并不复制a的内容。

如果要在将a赋给b时复制a，则需要显示选择a的所有元素，如下所示：

```
❶ >>> b = a[:]
   >>> a
       [0, 1, 3, 3, 4]
   >>> b
       [0, 1, 3, 3, 4]
   >>> a[2] = 2
   >>> a
       [0, 1, 2, 3, 4]
```

```
>>> b
   [0, 1, 3, 3, 4]
```

在这里，我们定义一个列表a，然后通过选择a的所有元素将a分配给b。我们看到b现在看起来像a。接下来，我们更新a中的第三项，并看到a现在看起来确实如我们期望的那样，其第三项现在是2而不是3。但是，在这种情况下b并未更改，因为原始分配在内存中创建了一个新列表，选择a的所有元素。

Python不会自动复制列表的原因是列表可能很大，因此不必要的复制会浪费大量内存。完全复制由其他嵌套列表组成的列表可能很简单。全选方法❶仅进行浅表复制——嵌套元素仍然是别名。使用复制模块的deepcopy函数以递归方式复制具有嵌套元素的列表的所有级别。

Python还有另一种类似于列表的数据类型，称为元组。用括号而不是方括号定义的元组与列表一样，只是元组一旦定义就不能修改。通常，我们会坚持使用列表，但是NumPy会经常使用元组（请参阅第3章）。

2.3.5 字典

我们要关注的最后一种数据类型是字典。字典由一组键（key）组成，每个键都与一个值（value）相关联。您可以使用"{"和"}"字符来定义字典。与列表一样，该值可以是任何值，包括另一个字典。它们的键通常是字符串，但也可以是数字或其他对象。您可以这样定义字典：

```
>>> d = {"a":1, "b":2, "c":3}
>>> d.keys()
   dict_keys(['a', 'b', 'c'])
```

本示例展示如何通过直接列出字典的内容来定义字典。字典中的元素以"键:值（key:value）"对的形式给出。在这里，键都是字符串，与每个键关联的值是整数。keys方法返回字典中的所有键。

当字典的内容已知时，以上语法很有用。通常情况并非如此。在大多数情况下，都会定义字典，然后我们分别添加元素：

```
>>> d = {}
>>> d["a"] = 1
>>> d["b"] = 2
>>> d["c"] = 3
```

在这里，我们定义了一个空字典d，并独立为新的一组键赋值。如果键在字典d中已经存在，则其值将更新。

要获取与特定键关联的值，只需使用该键索引字典：

```
>>> d["b"]
   2
```

如果该词典中不存在该键，则Python会引发错误。要测试关键字是否在字典中，请使用in，如下所示：

```
>>> "c" in d
   True
```

在列表和字典之间，您可以方便地存储几乎所有数据。这是像Python这样的语言的好处之一：程序员可以将精力投入完成手头的任务上，而不用实现复杂的数据结构。列表和字典易于使用，通常都是您所需要的，除非进行科学编程，这种情况下我们将使用NumPy，这将在第3章中做论述。

2.4　控制结构

Python实现了几种控制结构，使您可以使用语法更改程序流程，主要有：

• if-elif-else 语句；
• for 循环；
• while 循环；
• with 语句；
• try-except 块。

2.4.1　if-elif-else 语句

if语句可以做出判断。您给它提供一个条件，该条件必须返回布尔值True或False。如果条件为真，则执行if语句的第一个块。如果条件为假，则什么也不会发生，并且代码会越过if语句，除非包含else，在这种情况下，else的主体将被执行。可以使用elif关键字在一个语句中测试多个条件，该关键字将附加条件与它们自己的代码块一起运行。例如：

```
❶ >>> disc = b**2 - 4*a*c
❷ >>> if (disc < 0):
            print("imaginary")
  ❸ elif (disc == 0):
            print("single real")
    else:
      ❹ print("two real")
```

这里将检查二次多项式的判别式ax^2+bx+c，以识别解的数量和类型：1个实数，1对实数或虚数。解是使多项式等于零的x的值。

首先，代码计算判别值（disc）❶。然后询问该值是否小于零❷。如果是这样，则意味着有两个虚数解。如果判别式正好为零❸，则只有一个解，即实数。如果两个条件都不成立，则执行else，在这种情况下，意味着有两个实数解❹。条件周围的括号不是必需的，但可以帮助提高可读性。另请注意，Python使用"**"进行幂运算，因此b**2-4*a*c=b^2-4ac。您可以根据需要使用任意多个elif子句，包括无子句，后面跟其他可选的else子句做结尾。Python缺少其他常见编程语言中的case或switch语句。

2.4.2　for循环

几乎所有的结构化编程语言都有循环来重复运行特定的代码块。在本节中，我们将介绍几种Python中的循环方式。

Python的主要循环结构是for循环。在其他语言中，for循环通常是从某个起始值到一个以某个固定量递增的结束值的计数循环。在Python中，循环运行于可以迭代的对象上，包括字符串的字符、列表或元组的元素或字典的元素。

Python有两个内置函数，这些函数在使用循环时非常方便。第一个是区间，它将创建一个生成器对象，该生成器对象按顺序生成整数，除非另有说明，否则从0开始。

```
❶ >>> for i in range(6):
        print(i)
    0
    1
    2
    3
    4
    5
```

区间函数❶返回值0…5，对于循环的每次迭代，for语句在每次循环时都会对i进行赋值。在这里，我们仅使用内置的Python函数print打印i的当前值。与for循环一起使用的另一个有用函数是枚举。此函数返回两个值：第一个是其参数的当前元素的索引，第二个是元素本身。示例如下：

```
>>> x = ["how","now","brown","cow"]
>>> for i in x: ❶
        print(i)
how
now
brown
cow
>>> for i,v in enumerate(x): ❷
        print(i,v)
0 how
1 now
2 brown
3 cow
```

在列表x的第一个循环❶中，每次迭代时，将x中的每个元素赋值给i。第二个循环❷使用枚举，每次迭代提供两个值：存储在i中的当前索引和存储在v中的列表x的当前元素。Python能够同时将多个部分赋值给多个变量。在这种情况下，循环主体将打印索引，然后打印该索引处的元素。

当我们将for循环与字典一起使用时会发生什么？让我们来看看：

```
❶ >>> d = {"a":1, "b":2, "c":2.718}
❷ >>> for i in d:
        print(i)
    a
    b
    c
❸ >>> for i in d:
        print(i, d[i])
    a 1
    b 2
    c 2.718
```

这里，我们首先定义具有三个键的字典d❶。如果我们简单地循环字典变量，将得到键❷。但是，如果像第二个循环中那样使用键返回关联的值❸，我们将遍历整个字典，每个值正好访问一次。

Python一个特别吸引人的功能是我们可以将for循环与列表思想下的列表结合使用。列表思想从一个以"["开头的列表开始，但是列表的主体实际上是生成列表的代码，而不是列出各个元素。这个简写需要一些时间来习惯，但是一旦您熟悉了它，就会发现它是许多for循环的有效替代品。例如：

```
❶ >>> import random
  >>> a = []
  >>> for i in range(10000):
❷        a.append(random.random())
❸ >>> b = [random.random() for i in range(10000)]
❹ >>> m3 = [i for i in range(10000) if (i % 3) == 0]
```

我们首先导入标准随机数库❶，然后用[0，1）范围内的10000个随机数填充列表a（意味着包括0，不包括1）❷。接下来，我们在列表思想下用10000个随机数填充b❸。注意，这里语法与定义带有值的列表的语法相同，但是这里的列表主体是返回值的内容。在这种情况下，对random.random（）的调用是一个10000个元素以上的for循环。最后创建一个列表——m3，为3的所有倍数，包括0，小于10000❹。if子句是用来确定列表中是否包含特定i值的测试。百分比运算符是取模的，即除法后得到的余数。在这种情况下，它询问使用整数除法将i除以3后的余数是否为零，如果是，则没有余数，这意味着i是3（或0）的倍数。

2.4.3　while循环

许多编程语言都包括顶部测试（top-tested）和底部测试（bottom-tested）循环。顶部测试循环在执行任何主体之前都会在开始时测试循环条件，如果测试不正确，则永远不会执行主体。底部测试循环至少执行一次主体，然后进行测试以查看循环是否应再次执行。C语言中的while循环是顶部测试的循环，而do … while循环是底部测试的循环。Python使用以下语法的顶部测试while循环：

```
❶ >>> i = 0
❷ >>> while (i < 4):
         print(i)
      ❸ i += 1
  0
  1
  2
  3
```

在开始循环之前，我们必须将循环控制变量（i）初始化为0❶，以使条件i＜4成立，以确定开始执行循环的条件成立❷。还要注意，我们在循环的末尾明确地增加了i❸。表达式i+=1是i=i+1的简写，表示将i递增1。Python不支持C风格的递增和递减，例如i ++。如果您尝试这样做，Python会通知您语法错误（Syntax Error）。

只要条件评估为True，就会重复while循环。程序员必须在循环主体中做一些事情，这些事情最终会使条件为False，因此循环将结束。您也可以手动退出循环，该内容在后面会提到。

2.4.4　break与continue语句

for和while循环可与其他两个Python语句一起使用：如需立即退出循环，可使用break语句；如需移至下一个迭代，可使用continue。break的一种常见用法是跳出无限循环：

```
>>> i = 0
>>> while True:
        print(i)
        i += 1
        if (i == 4):
         ❶ break
```

```
0
1
2
3
```

这段示例与先前的while循环示例有相同的输出，但是是在满足终止条件i递增到4的时候，通过break退出循环的。对于这个示例，使用break并没有多大意义，因为还有其他更清晰的方法可以执行此操作，但是通常可能需要执行循环，直到程序结束或出现其他罕见情况为止或错误发生。例如，命令行解释器将继续检查键盘输入，随着每个字符的出现，它将被添加到缓冲区中。但是，如果字符是"换行符"，则它会跳出循环并解释缓冲区的内容。

continue语句则无须在其后执行任何主体语句就可迭代循环。例如：

```
>>> for i in range(4):
        print(i)
      ❶ continue
        print("xyzzy")
0
1
2
3
```

在这里，continue的存在确保了第二个打印语句从不执行❶。

2.4.5　with语句

Python中的with语句在处理文件时很有用。例如，以下代码使用with语句打开文件并将其内容读取为字符串：

```
>>> with open("sesame") as f:
        s = f.read()
>>> s
'this is a file\n'
```

with语句将打开一个名为sesame的文件，并将该文件对象分配给f。然后，使用read方法将整个文件作为字符串读取，并将其分配给s。运行s会显示文件中的内容——字符串"this is a file"，并且结尾处带有换行符。

注意，上面的示例使用打开和读取，但完成后并没有明确关闭文件。这是因为当with语句退出时，随着f离开作用域（意味着f仅在with语句的主体内定义），将自动调用close方法。

2.4.6　使用try-except块处理错误

最后，让我们快速看一下Python捕获和处理错误的能力，而不是让错误暂停我们的程序。再次，我们将快速了解Python的错误控制功能，以帮助进行调试。

为了捕获错误而不是让错误停止程序执行，我们可以使用try … except块封装可能导致错误的语句。如果在try之后、except之前的任何语句引发错误，则将捕获该错误并将执行传递给except子句的语句。此处的示例显示了如何捕获try块所包含的语句内发生的任何错误。尽管了解Python具有丰富的错误类型集非常有用，但用户可以定义自己的错误类型：

```
>>> x = 1.0/0.0
Traceback (most recent call last):
  File "<stdin>", line 1, in <module>
```

```
ZeroDivisionError: float division by zero
>>> try:
        x = 1.0/0.0
    except:
        x = 0
>>> x
0
```

在这里，我们首先尝试将除以零的结果分配给x，这会失败，并显示来自Python的错误消息。但是，如果将赋值语句写在try块中，Python将移至except块的x=0行，并分配x=0。

如果您使用的不是复杂的Python编程环境，该环境在执行代码时会支持中断，则以下结构会很有用，因为遇到这种情况会中止执行。在这里，它会在被零除错误发生后立即停止执行：

```
>>> try:
        x = 1.0/0.0
    except:
        import pdb; pdb.set_trace()
```

发生错误时，将导入pdb模块（如果尚未导入），并且将调用set_trace函数以进入调试环境。当然，可以在代码中的任何位置调用pdb.set_trace（）函数——而不是必须在try … except块内。

2.5　函数

您可以在Python中使用def关键字定义一个函数，其后是函数名称，括号中是该函数的参数列表。即使不包含任何参数，也必须包含一对括号。由于Python是动态的编辑环境，因此您只需列出函数的参数，无须给出参数类型。如有必要，还可以包括默认值。同样，我们将忽略Python的面向对象功能，而只关注我们可以使用函数执行的一小部分功能。让我们定义一个简单的函数：

```
>>> def product(a,b):
        return a*b
>>> product(4,5)
    20
```

此函数称为乘积，它有两个参数，分别定义为a和b。该函数的主体由一个语句组成——return语句，该语句返回代码中使用给定值做相应运算的点，此处是两个参数的乘积。如果我们测试此功能，那么我们会发现它确实将其参数相乘。

接下来，让我们重新定义product函数，并使用以下代码为第二个参数提供默认值：

```
>>> def product(a,b=3):
        return a*b
>>> product(4,5)
    20
>>> product(3)
    9
```

我们在函数的参数列表中使用默认值。如果我们使用两个参数，Python将像以前一样在函数内分配第二个参数的值。但是，如果不提供第二个参数，Python将使用给定的默认值3，给我们返回一个值3×3=9。正如我们在上面看到的，当我们调用函数时，我们不需要为该参数提供值。这项技术特别方便，我们会不时在代码示例中看到它。

下面的示例显示了如何定义没有参数的函数：

```
>>> def pp():
      print("plugh")
>>> pp()
   plugh
```

函数pp的参数列表为空。函数主体中的唯一语句将打印出单词plugh，没有返回值。 Python 允许嵌套函数定义，以便函数本身可以在其中定义函数。内部功能只能由外部功能访问。如果 您发现自己经常这样做，则可能需要考虑将其重构为面向对象的设计。最后要做的一件事是将 默认值设置为None，使我们能够在函数内部通过测试参数是否为None来检查该值是否为给定 值。无论何种数据类型的变量都可以进行None的测试。

2.6 模块

我们通过模块系统来结束对Python的回顾。模块类似于C标准库，它为Python提供了一系 列现成的、丰富的工具，所有工具都定义为模块。用户自然也可以创建自己的模块。因此，模 块是可以导入程序中的功能的集合。您也可以将特定功能从特定模块导入自己的程序中，而不是 整个模块中，只要您知道所导入的功能与另一个命名空间中的功能具有相同名称的可能性即可。

命名空间是指一组函数，有点像一个家族，其中函数是家族中个体的名字。我们程序知道 的所有函数都在我们的命名空间中。如果我们从模块导入函数，那么该函数也在命名空间中。 如果导入整个模块，并通过在模块名称前添加前缀来引用该函数，则可以使用该函数，但该函 数不在我们的命名空间中。我们很快就会看到为什么这种区别很重要。

让我们来看一些使用Python库模块的示例：

```
>>> import time
>>> time.time()
   1524693601.402852
```

我们首先导入时间模块。这意味着，只要我们给函数名称加上时间前缀，就可以访问时间 模块中的所有功能。时间模块的时间函数以1970年1月1日以来的秒数返回当前时间。这对于计 算代码执行所需的时间很有用。由于返回的值仅增加，因此从代码开始到代码结束这段时期的 时间差表示代码执行的时间长度。

让我们来看另一个例子：

```
>>> from time import ctime, localtime
>>> ctime()
   'Wed Apr 25 16:00:21 2020'
>>> localtime().tm_year
   2018
```

在这里，我们没有导入整个时间模块，而是仅从其中导入了两个函数。这样做会将函数放在 我们的命名空间中，以便我们可以直接调用它们。ctime函数返回当前日期和时间的字符串，而 localtime函数返回按日期和时间部分细分的当前时间部分。在这里，我们显示了撰写本书时的年份。

最后一个示例向我们展示了为什么通常最好直接导入模块，而不是从模块导入函数：

```
>>> def sqrt(x):
        return 4
>>> sqrt(2)
    4
>>> from math import *
>>> sqrt(2)
    1.4142135623730951
```

首先，我们定义一个名为 sqrt 的函数。无论参数是什么，此函数始终返回 4。当然，它不是特别有用，但仍然是有效的 Python 函数。

接下来，让我们导入整个函数库。这种语法将模块中的所有功能都放在了我们的命名空间中，因此我们也可以在不使用模块名称的情况下引用它们。完成此操作后，我们看到 sqrt 现在返回实际的平方根。

sqrt 的实施发生了什么事情？当我们导入整个函数库时，它会被掩盖，因为函数库还包含一个名为 sqrt 的函数，由于函数库是在定义 sqrt 之后导入的，因此函数库的 sqrt 版本优先。

就实用性而言，Python 的模块库是该语言的主要优势之一。标准库含有大量文档。要快速查看可用的 Python 3.X 模块列表，请参阅 Python 网站。我强烈建议您花一些时间在这些网页上，并有必要真正学习 Python 提供的所有内容。

小结

在本章中，我们回顾了 Python 的基础知识，提供了理解本书其余部分中的代码示例所需的背景知识。我们了解了 Python 语法和语句，还检查了 Python 变量和数据结构，然后探讨了 Python 的控制结构和函数，最后介绍了 Python 的模块库。

在下一章中，我们将深入研究 NumPy，以便看看它如何使 Python 更高效。NumPy 是几乎所有机器学习库（包括我们将在本书中使用的库）使用的机器学习工具包的核心部分。

第 **3** 章

使用 NumPy

NumPy是我们将在本书中探讨的所有机器学习的基础。如果您已经熟悉NumPy，则可以跳过本章。如果不是，请不要害羞，随本章学习并深入。

关于NumPy的完整教程超出了我们的介绍范围，因此，如果您有兴趣，可以查看其他相关书籍或资料。

3.1 为什么是NumPy？

Python是一种优雅的编程语言，但是它缺乏科学和数学编程所必需的重要数据结构：数组。是的，您可以将字典用作数组或较大的预定义列表，但这将滥用这些数据结构，并且从实际角度讲，它会很慢。让我们看一下数组和列表在实现上的区别。Python列表比我们在此使用的列表概念更高级，但从本质上讲它们是相同的。

3.1.1 数组对列表

数组只是一个固定大小的简单连续内存块，一个没有间隙的RAM块，用于表示一组n个元素，每个元素都使用m个字节。例如，IEEE 754双精度浮点数占用64位内存，即8个字节，这是Python在其内部使用浮点数据类型的形式。因此，一个$n=100$的Python浮点数组将至少占用$nm=100\times8=800$字节的内存。如果Python将数组作为数据结构，它将分配800字节的内存，并将数组变量名A指向内存，如图3-1所示。

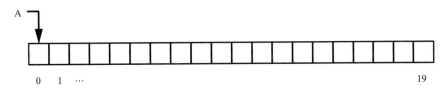

图3-1　数组在连续内存空间中的存储

每当我们要访问数组元素，例如x[3]时，我们可以通过在数组的内存地址中加上$3\times8=24$以便非常快速地计算出内存中的确切位置。这是数组的索引操作。

多维数组也作为连续块存储在内存中，而索引操作只是稍微复杂一点。多维数组使用两个或多个数字来索引元素。想一想国际象棋棋盘，确定元素的位置需要两个数字：行和列。因此，国际象棋棋盘是一个二维数组。如果再增加一个尺寸将国际象棋棋盘变成一组国际象棋棋盘，则需要三个数字来定位棋子：行、列和棋盘号。因此，我们有一个三维数组。

在整本书中，我们将使用一维、二维和三维数组。所有这些都作为一个RAM块存储在内存中。关键是，数组可以快速建立索引，因此可以非常快速地对数组元素执行操作。

将此与列表进行对比。图3-2显示了内存中列表B的基本结构。在这种情况下，列表中的元素不在连续的内存中，而是散布在整个RAM中，并且指针将一个元素连接到另一个元素，就像一条链一样。链中的每个连接都包含我们要存储的数据值和指向链中下一个连接的内存的指针。

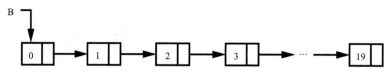

图3-2　列表存储为分散在整个内存中的连接节点的集合

我们不能仅通过向基本内存地址添加偏移量来索引列表。相反，如果我们想要列表的第四个元素，那么我们需要从列表的开头开始，使用表头连接到下一个元素，下一个接下一个元素，以到达与第四个元素相关联的内存，得到图3-2中的3。上述操作还算不错，然而当我们要为第1000000个元素建立索引时，则必须重复该过程1000000次（而不是将800万个内存单元添加到基址）。

大多数机器学习都涉及数组。如果数组只有一个维度，则称其为向量。向量组可以作为许多模型的输入。如果数组具有二维，则为矩阵。可以将矩阵视为棋盘或图像，其中图像的每个像素都是棋盘位置之一。矩阵也可以作为我们模型的输入，或者由模型内部使用。例如，神经网络的权重矩阵或卷积神经网络的卷积核和滤波器输出就是矩阵。

因此，至关重要的是要能够快速处理数组数据。这是引入NumPy库的原因。它将原本缺少的数组数据类型添加到Python，以便我们可以快速执行计算。坦率地讲，没有它，Python将不适合实现除最简单的机器学习算法之外的任何东西。但是，借助NumPy，Python立即成为机器学习研究的主要环境。

3.1.2　测试数组与列表的速度

让我们看一个简单的例子，说明NumPy如何在速度上超过了纯Python。所执行的代码如下所示。

```
❶ import numpy as np
  import time
  import random

  n = 1000000
  a = [random.random() for i in range(n)]
  b = [random.random() for i in range(n)]

  s = time.time()
❷ c = [a[i]*b[i] for i in range(n)]
  print("comprehension:", time.time()-s)

  s = time.time()
  c = []
❸ for i in range(n):
      c.append(a[i]*b[i])
```

```
    print("for loop:", time.time()-s)

    s = time.time()
❹  c = [0]*n
    for i in range(n):
        c[i] = a[i]*b[i]
    print("existing list:", time.time()-s)

❺  x = np.array(a)
    y = np.array(b)
    s = time.time()
    c = x*y
    print("NumPy time", time.time()-s)
```

将NumPy与纯Python进行比较。参考numpy_speed_test.py

首先导入numpy库❶，然后创建两个随机数列表。这些列表各包含1000000个元素。我们的目标是尽快地将两个列表逐个元素相乘。

我们可以先记录开始时间，并在打印输出时从结束时间中减去开始时间，来测量程序运行所花费的时间（s）。time模块的time函数返回默认的原始时间（1970年1月1日）以来的秒数。每次运行后都打印time.time（）-s。

在第一次将a和b相乘时，使用列表推导❷。接下来，使用循环❸，从a和b中选择每个元素，并将它们的乘积添加到列表c中。注意，此方法从一个空列表开始，并将每个新产生的结果添加到该列表中，此过程伴随着该列表所需内存的增长。

第三种方法是，预设一个列表，以便更新列表c中的每个元素❹，而不是将每个输出添加到c。这种方法可能会更快一些。

最后，使用NumPy进行计算❺。由于我们可以通过调用NumPy随机数模块轻松地创建随机数组（一维向量组），因此该方法不包括将两个列表放入NumPy数组中的时间。使用NumPy向量的整体操作为c=x*y。注意，这里没有显式循环。NumPy是一个数组处理库，它将自动遍历数组的所有元素。

如果将上面的代码运行十次以获取四种方法中每种方法的平均运行时间，如表3.1所示。

表3-1 四种方法的平均运行时间

方法	运行时间（s，平均值 ± 标准误差）
列表理解	0.158855 ± 0.000426
for循环	0.226371 ± 0.000823
含有现有列表的for循环	0.201825 ± 0.000409
NumPy	0.009253 ± 0.000027

这张表显示，NumPy方法比纯Python方法平均快25倍之多。这就是为什么我们要在Python中使用NumPy进行机器学习的原因！标准误差是度量值与平均值之间的差异的量度。标准误差大意味着这些值分布在较宽的范围内。这些标准误差很小，意味着每次运行的时间是一致的。

上面的代码向我们展示了NumPy的真正威力。上述操作可在不同维度下立即执行，而无须显式循环。向量和矩阵的常规线性代数运算都可执行，但是通常，对NumPy数组的运算是自动逐元素执行的，而不会循环。

现在，您已经了解了为什么我们使用 NumPy，下面让我们看一下它的一些功能。

3.2 基本数组

NumPy 就是关于数组的，所以我们将从这里开始。让我们深入了解一些基本示例，然后解释它们的工作方式以及它们为什么看起来如此。

3.2.1 使用 np.array 定义数组

让我们从一些基本的数组创建开始：

```
>>> import numpy as np
>>> a = np.array([1,2,3,4])
>>> a
    array([1, 2, 3, 4])
>>> a.size
    4
>>> a.shape
    (4,)
>>> a.dtype
    dtype('int64')
```

这里，我们使用 array 函数定义一个数组 a。数组函数的参数必须是使用 NumPy 可以转换为数组的。NumPy 可以将列表转换为数组，就像元组一样，因此列表通常是数组函数的参数。

如果我们要求 Python 显示 a 中的内容，则会被告知它是一个数组并给定数值。NumPy 将显示一个数组的内容，但是如果该数组包含很多元素，它将仅向我们显示前几个和最后几个。

接下来，我们介绍 NumPy 数组的三个最常见的属性：大小、形状和数据类型（dtype）。数组 a 具有四个元素，因此其大小为 4。数组的大小是其包含的元素数。数组 a 是向量，表示它仅是一维的，因此形状总是以元组的形式返回，其中元组第一个元素也是唯一的维度是 4，这意味着第一个维度有四个元素。

数据类型是新的提法，因为 Python 通常不关心数据类型。但是要提高内存效率，NumPy 库就必须关注它们。当我们创建一个即时使用的数组时，我们没有指定数据类型，因此 NumPy 默认为 64 位整数，因为我们提供给数组的列表中的所有值都是整数。如果其中某一元素是浮点数，NumPy 将默认为 64 位浮点数，与 C、C++ 和 Java 等语言中的 double 类型相同。

我们希望 NumPy 数组保存的数据类型如下：

```
>>> b = np.array([1,2,3,4], dtype="uint8")
>>> b.dtype
    dtype('uint8')
>>> c = np.array([1,2,3,4], dtype="float64")
>>> c.dtype
    dtype('float64')
```

在这里，我们定义了两个数组 b 和 c。两个数组都包含列表 [1,2,3,4] 中的相同元素。但是，注意数组的关键参数 dtype。这是告诉 NumPy 数组要使用的数据类型。对于 b，我们告诉 NumPy 使用无符号的 8 位整数（uint8）。这是一个字节或单个 ASCII 字符。如果请求查询 dtype 属性，我们将会得到如下信息，数组 b 实际上是数据类型为无符号的 8 位整数。

数组 c 包含与 b 相同的元素，但是在这里，我们告诉 NumPy 使数组保留 64 位浮点数。同样地，在查询数据类型时，我们可以得到数组 c 的类型。使用 NumPy 时，我们必须预先确定数组将保存的数据类型。

表3-2给出了最常用的NumPy数据类型及对应的C语言下的数据类型。定义数组时，将NumPy数据类型指定为带有数据类型名称的字符串。接下来，我们将看到此示例。

表3-2 NumPy数据类型，C语言下的等效数据类型名称，取值范围

NumPy数据类型	C语言下的等效数据类型名称	取值范围
float64	double	$\pm[2.225 \times 10^{-308}, 1.798 \times 10^{308}]$
float32	float	$\pm[1.175 \times 10^{-38}, 3.403 \times 10^{38}]$
int64	long long	$[-2^{63}, 2^{63}-1]$
uint64	unsigned long long	$[0, 2^{64}-1]$
int32	long	$[-2^{31}, 2^{31}-1$
uint32	unsigned long	$[0, 2^{32}-1]$
uint8	unsigned char	$[0, 255=2^8-1]$

到目前为止，我们仅使用NumPy创建了向量。让我们看一下如何创建一个二维数组矩阵：

```
>>> d = np.array([[1,2,3],[4,5,6],[7,8,9]])
>>> d.shape
    (3, 3)
>>> d.size

    9
>>> d
    array([[1, 2, 3],
           [4, 5, 6],
           [7, 8, 9]])
```

我们像以前一样使用数组函数，引入一个列表的列表，而不是单个列表。所引入列表的每个元素本身就是一个包含三个元素的列表，并且存在三个这样的列表。因此，以NumPy数组展示则是一个3×3矩阵。矩阵的第一行是三个元素的第一个列表（[1,2,3]），第二行是第二个列表（[4,5,6]），第三行是第三个列表（[7,8,9]）。

如果我们要请求d的形状，我们会得到它的形状为（3,3）。这个元组表示数组有两个维度，因为元组中有两个元素，第一个维度的长度为3（三行），第二个维度的长度也为3（三列）。请求d的大小我们获得九个元素。NumPy数组的大小等于shape返回的元组中所有值的乘积，此处为3×3=9。

请求数组本身会导致NumPy打印数组。由于数组很小，NumPy将整个数组显示为二维矩阵：

$$\begin{bmatrix} 1 & 2 & 3 \\ 4 & 5 & 6 \\ 7 & 8 & 9 \end{bmatrix}$$

NumPy不限于二维数组。例如，以下所示是一个三维数组：

```
>>> d = np.array([[[1,11,111],[2,22,222]],
                  [[3,33,333],[4,44,444]]])
>>> d.shape
    (2, 2, 3)
>>> d
    array([[[  1,  11, 111],
```

```
            [ 2,  22,  222]],

           [[ 3,  33,  333],
            [ 4,  44,  444]]])
```

我们知道d是三维的，因为shape返回一个包含三个元素的元组。我们也知道d是三维的，因为我们传递给数组的列表包含两个子列表，每个子列表包含两个子列表，每个子列表有三个元素，因此形状为（2,2,3）。NumPy中显示的d，两个2×2子数组之间有一行空行。我们可以将三维数组视为一个向量，其中向量的每个元素都是一个矩阵。我们将使用三维NumPy数组来保存图像集合。对于这个例子，d 可以被认为是保存两个图像，每一个都是两行三列。

3.2.2　用0和1定义数组

如果我们想要一个大数组，那么使用array函数定义NumPy数组将非常烦琐，因为我们需要提供数组的元素。幸运的是，NumPy 并没有那么残忍。现在让我们看一下本书中经常使用的两个NumPy函数。

第一个函数构建数组，其中每个元素都初始化为0，如下所示：

```
>>> x = np.zeros((2,3,4))
>>> x.shape
    (2, 3, 4)
>>> x.dtype
    dtype('float64')
>>> b = np.zeros((10,10),dtype="uint32")
>>> b.shape
    (10, 10)
>>> b.dtype
    dtype('uint32')
```

zeros函数返回每个元素都设置为0的新数组。该例子将x定义为三维数组，在这种情况下因为参数全为0，所以新数组的形状为元组（2,3,4）。可以将这个数组视为一对微小的图像，每个图像为3×4像素。请注意，使用零创建的数组的默认数据类型是64位浮点数（dtype）。这意味着数组的每个元素在内存中使用8个字节。

数组b有两个维度，10×10个元素，我们已经明确声明它是32位无符号整数。这意味着每个元素在内存中仅使用4个字节。使用NumPy时，我们需要了解数组可能使用多少内存，以避免分配特别大的数组或大数据类型（例如float64）而浪费内存的数组。

类似于全零矩阵，我们的第二个函数将每个元素初始化为1，如下所示：

```
>>> y = np.ones((3,3))
>>> y
    array([[1., 1., 1.],
           [1., 1., 1.],
           [1., 1., 1.]])
>>> y = 10*np.ones((3,3))
>>> y
    array([[10., 10., 10.],
           [10., 10., 10.]
           [10., 10., 10.]])
```

```
>>> y.dtype
    dtype('float64')
>>> y.astype("uint8")
    array([[10, 10, 10],

          [10, 10, 10],
          [10, 10, 10]], dtype=uint8)
```

就像全零矩阵一样,全1数组需要一个元组,指定数组在每个维度上的元素数量,这里是一个3×3的矩阵。我们还可以选择指定元素为dtype 数据类型以使数组包含64位浮点数以外的内容。

全1矩阵的真正作用是帮助创建初始值可为任何值的数组。我们通过将一个数组乘以我们想要的值来做到这一点,这里是10。注意,NumPy 是如何意识到我们正在乘以一个标量值并自动对数组的每个元素执行操作,而不需要循环。

我们引入了一些新的东西,即astype方法。针对数组应用此方法返回数组的副本,将每个元素转换为给定的数据类型。注意,如果转换为无法保存原始值的数据类型,例如将64位浮点数转换为无符号字节,将导致数据丢失。NumPy会尽力而为,但这也是使用NumPy时需要注意的事情。

最后,在Python中,列表或字典对象是通过引用传递的,因此将一个对象分配给新变量而不会直接复制;它只是创建一个指向原始内存的别名。这可以节省时间和空间,但如果我们粗心大意,可能会导致意想不到的后果。NumPy 数组也是如此。它们可能非常大,因此每次将它们传递给函数时都复制它们是没有意义的。如果要实际创建NumPy数组的新副本,请使用copy方法或表示数组所有元素的数组切片。与Python列表不同,NumPy数组是扁平的:数组中特定位置的值不能是另一个数组。

因此,除了第二个语句,以下所有语句,都创建了数组a的副本。

```
>>> a = np.arange(10)
>>> b = a
>>> c = a.copy()
>>> d = a[:]
```

更改元素a也将更改元素b,因为b与a指向相同的内存,但c和d的元素将不受影响。

3.3 访问数组中的元素

在本节中,我们将研究访问数组中的元素的两种不同方式。

3.3.1 数组索引

对于数组来说,如果我们不能引用其中的元素,也不能在必要时更新它们,则数组没有多大用处。这里称为数组索引。理解数组的索引对于充分利NumPy 至关重要。让我们来看一些例子:

```
>>> b = np.zeros((3,4),dtype='uint8')
>>> b
    array([[0, 0, 0, 0],
```

```
            [0, 0, 0, 0],
            [0, 0, 0, 0]], dtype=uint8)
❶ >>> b[0,1] = 1
  >>> b[1,0] = 2
  >>> b
     array([[0, 1, 0, 0],
            [2, 0, 0, 0],
            [0, 0, 0, 0]], dtype=uint8)
```

我们以与索引列表相同的方式索引数组，使用方括号[表示开始索引，]表示结束索引。方括号之间是一个表达式，它告诉NumPy返回或分配数组的哪些元素——这里使用下标。将下标附加到数组名上以指定数组的一个或多个元素。

在上面的例子中，b是一个三行四列的矩阵，每个元素都初始化为0。我们在运行b时就能看到。

接下来，我们做一些新的事情：我们设置了一个赋值语句❶，其中语句的左侧不是单个变量名，而是一个带有下标的变量名，文本[0,1]。这个下标告诉NumPy语句右侧的值，这里是1，应该放入b的第0行和第1列的元素中。同样，NumPy应该将2放入第1行、第0列的元素。当我们查看b时，NumPy按照我们的要求执行，第0行第2列现在是1，第1行第1列现在是2。

如果我们继续使用之前定义的b，我们会看到如何使用NumPy访问数组中的元素：

```
>>> b[1,0]
    2
>>> b[1]
    array([2, 0, 0, 0], dtype=uint8)
>>> b[1][0]
    2
```

由于b是一个矩阵，我们需要下标来选择它的特定元素，一个用于行，另一个用于列。因此，b[1,0]应该返回第2行第1列中的值，正如我们看到的那样。

下一行使用单个下标b[1]，并返回b的整个第2行。这是一个非常有用的特性，我们将在整本书中看到相关的代码。

最后，如果b[1]返回矩阵的整个第2行b，那么我们可以使用b[1][0]来请求该行的第一个元素。我们看到它与我们开始使用的b[1,0]语法的结果相匹配。

3.3.2 数组切片

使用单个索引访问数组或整个子数组的单个元素很有用，但NumPy比这灵活得多。可以使用切片来指定数组的一部分，切片返回从较大数组中切割出来的子数组，就像用刀一样。让我们看看它是如何工作的：

```
>>> a = np.arange(10)
>>> a
    array([0, 1, 2, 3, 4, 5, 6, 7, 8, 9])
>>> a[1:4]
    array([1, 2, 3])
>>> a[3:7]
    array([3, 4, 5, 6])
```

这里我们使用arange，它是NumPy中类似Python range的函数，将a设置一个属于[0,9]的数字向量。然后我们请求这个向量的一个切片a[1:4]，并看到它返回[1,2,3]。切片指定了两个值：第一个是起始索引1，第二个是结束索引4。

如果结束索引是4，那么切片不应该返回[1,2,3,4]吗？NumPy遵循Python列表约定，因此结束索引永远不会包含在返回的子数组中。我们可以将切片解读为要求从索引1开始直到但不包括索引4的a的所有元素。在数学上，以a[x:y]给出的切片表示a的所有元素i使得$x \leq i < y$。因此，第二个示例a[3:7]现在是有意义的，因为它要求从索引3开始直到但不包括索引7的所有元素。

切片选择了给定范围内的所有元素。NumPy允许使用可选的第三个切片参数来指定步长。如果没有给出，则步长为1。因此，像以前一样将a作为数字的向量，我们得到：

```
>>> a[0:8:2]
    array([0, 2, 4, 6])
>>> a[3:7:2]
    array([3, 5])
```

第一个切片从数组的开头——索引0开始执行操作，然后转到索引8（但不包括索引8），每隔一个元素返回一次。第二个示例从索引3开始执行相同的操作。

完整切片语法[x:y:z]的任何部分都可以省略，但必须至少保留一个冒号。如果是，则默认值是第一个索引（对于x）、最后一个索引（对于y）和1（对于z）。例如：

```
>>> a[:6]
    array([0, 1, 2, 3, 4, 5])
>>> a[6:]
    array([6, 7, 8, 9])
```

在第一个示例中，省略了起始索引，因此默认为0，并且得到了a的前六个元素。在第二个例子中，结尾索引被省略，所以它默认为最后一个索引，意思是"从索引6到最后返回所有内容"。在这两种情况下，增量都被省略并默认到1。

数组切片衍生了一些方便的快捷方式。这里给出了两个：

```
>>> a[-1]
    9
>>> a[::-1]
    array([9, 8, 7, 6, 5, 4, 3, 2, 1, 0])
```

第一个示例向我们展示了与Python列表一样，NumPy数组可以使用负值进行索引并从轴的末端开始计数。因此，请求索引-1将始终返回最后一个元素。

第二个例子一开始有点神秘。我们知道a是从0到9的数字向量。该示例以相反的顺序返回向量。让我们来解释::-1的含义。我们说过数组切片符号的任何部分都可以省略，如果是，则默认为第一个索引、最后一个索引或增量。在这种情况下，第一个索引被省略，因此默认为0。存在所需的冒号（:），然后省略最后一个索引，因此默认为最后一个索引。然后有一个":"用于增量，它被指定为-1，从结束索引到开始索引向后计数。这是向后计数并反转数组元素的方法。

自然地，数组切片适用于任意维数的NumPy数组。让我们看看对二维矩阵进行切片：

```
>>> b = np.arange(20).reshape((4,5))
>>> b
    array([[ 0,  1,  2,  3,  4],
           [ 5,  6,  7,  8,  9],
           [10, 11, 12, 13, 14],
           [15, 16, 17, 18, 19]])
```

```
>>> b[1:3,:]
    array([[ 5, 6, 7, 8, 9],
           [10, 11, 12, 13, 14]])
>>> b[2:,2:]
    array([[12, 13, 14],
           [17, 18, 19]])
```

我们使用 arange 将 b 定义为属于 [0,19] 的数字向量，然后立即使用 reshape 将向量更改为四行五列的矩阵。reshape 的参数是一个元组，用来指定数组的新形状。数组中的元素必须与新形状的数量完全一样。向量有 20 个元素，新形状有 4×5=20 个元素，所以在这种情况下我们使用 reshape 没问题。

数组切片适用于每个维度，因此第二个示例 b[1:3,:] 表示请求第 1 行和第 2 行以及这些行中的所有列。":"就是沿该轴的所有元素的意思。

下一个示例表示请求从第 2 行和第 2 列开始的所有行和列。这是从完整矩阵 b 的右下角拉出的子矩阵。

3.3.3　省略号

NumPy 支持一种用于切片的速记符号，有时很有用。让我们展示一下它，然后讨论一下它的作用。首先，我们需要定义一些数组。

```
>>> c = np.arange(27).reshape((3,3,3))
>>> c
    array([[[ 0, 1, 2],
            [ 3, 4, 5],
            [ 6, 7, 8]],
           [[ 9, 10, 11],
            [12, 13, 14],
            [15, 16, 17]],
           [[18, 19, 20],
            [21, 22, 23],
            [24, 25, 26]]])
>>> a = np.ones((3,3))
>>> a
    array([[1., 1., 1.],
           [1., 1., 1.],
           [1., 1., 1.]])
```

首先，我们将 c 定义为每个维度具有 3 个元素的三维数组。我们使用与之前相同的 reshape 方法，因为 3×3×3=27，所以由 arange 生成的初始向量中有 27 个元素。同样，我们可以将 c 视为堆叠在一起的 3 个 3×3 图像。接下来，我们使用全 1 来定义一个简单的 3×3 矩阵，其中每个值都设置为 1。

到目前为止，在对数组切片的讨论中，我们知道可以使用冒号符号替换 c 中任何特定"图像"的 3×3 子数组。例如，用 a 替换 c 的第二个"图像"：

```
>>> c[1,:,:] = a
>>> c
array([[[ 0, 1, 2],
        [ 3, 4, 5],
        [ 6, 7, 8]],
```

```
    [[ 1, 1, 1],
     [ 1, 1, 1],
     [ 1, 1, 1]],

    [[18, 19, 20],
     [21, 22, 23],
     [24, 25, 26]]])
```

这里我们告诉NumPy用a中的3×3数组替换第二个3×3子数组。这是第二个子数组，因为第一个索引为1。当我们打印c时，我们看到第二个3×3子数组现在全是1。

现在来看省略号。这一次，我们想用a替换c的第一个3×3子数组。我们可以使用 c[0,:,:] 的语法来做到这一点，但这里将使用省略号来实现：

```
>>> c[0,...] = a
>>> c
    array([[[ 1, 1, 1],
            [ 1, 1, 1],
            [ 1, 1, 1]],
           [[ 1, 1, 1],
            [ 1, 1, 1],
            [ 1, 1, 1]],
           [[18, 19, 20],
            [21, 22, 23],
            [24, 25, 26]]])
```

请注意，我们使用了c[0,...]，而不是c[0,:,:]，我们指定了c剩余维度的所有索引，而NumPy将其解释为"尽可能多的冒号覆盖所有剩余的维度"。当然，a的形状必须与所有剩余维度指定的子数组的形状相匹配。在这个例子中，剩下两个维度和a是一个二维数组，所以可以匹配。省略号（...）常用于与机器学习相关的Python代码中，这就是我在这里提到它的原因。您可能会争辩说，从可读性的角度来看，使用省略号（...）不是一个好主意，因为它要求代码的读者记住特定数组有多少维。

3.4 算子和广播

NumPy使用所有标准数学算子以及大量实现更高级运算的其他方法和函数。NumPy还使用一个称为广播的概念来决定如何将算子应用于数组。

让我们看一些简单的算子和广播：

```
>>> a = np.arange(5)
>>> a
    array([ 0, 1, 2, 3, 4])
>>> c = np.arange(5)[::-1]
>>> c
    array([ 4, 3, 2, 1, 0])
>>> a*3.14
    array([ 0., 3.14, 6.28, 9.42, 12.56])

>>> a*a
    array([ 0, 1, 4, 9, 16])
>>> a*c
    array([0, 3, 4, 3, 0])
```

```
>>> a//(c+1)
    array([0, 0, 0, 1, 4])
```

从前面的例子中,我们知道a是数字0~4的向量,c是数字4~0的向量,与a相反。

考虑到这一点,我们将a乘以3.14会使每个元素乘以3.14。NumPy已在数组a的所有元素上广播了标量3.14。无论a是什么形状,NumPy都会这样做。使用标量对数组进行运算,将对数组的所有元素执行运算,而不管其形状如何。

表达式a*a是将a自身相乘。在这种情况下,NumPy看到两个数组具有相同的形状,因此将对应的元素相乘,从而对a的每个元素进行平方。将a乘以c也很简单,因为c的形状与a相同。

最后一个例子使用了两次广播。首先,它通过c广播标量1以向c的每个元素添加1。此操作不会改变c的形状,因此使用整数除法(//不是/)除以表达式(c+1)来除以a是有效的,因为具有相同的形状。

为帮助我们巩固概念,此处再展示一组示例。首先是一个更复杂的广播示例:

```
>>> a
    array([0, 1, 2, 3, 4])
>>> b=np.arange(25).reshape((5,5))
>>> b
    array([[ 0,  1,  2,  3,  4],
           [ 5,  6,  7,  8,  9],
           [10, 11, 12, 13, 14],
           [15, 16, 17, 18, 19],
           [20, 21, 22, 23, 24]])
>>> a*b
    array([[ 0,  1,  4,  9, 16],
           [ 0,  6, 14, 24, 36],
           [ 0, 11, 24, 39, 56],
           [ 0, 16, 34, 54, 76],
           [ 0, 21, 44, 69, 96]])
```

记住,a是数字向量。然后我们将 b 定义为数字0~24的5×5矩阵。接下来,我们将a和b相乘。

这个时候,你应该反对。当两个数组的形状不匹配时,我们如何将这两个数组相乘?数组a只有5个元素,而b有25个元素。这就是广播发挥作用的地方。NumPy识别出a中的五元素向量与b每一行的大小匹配,因此它将b的每一行乘以a以返回一个新的5×5矩阵。这种广播实际上非常方便。我们将主要数据集存储为二维NumPy数组,其中每一行是一个样本,列对应于该样本的输入值。

NumPy还支持矩阵数学运算。例如:

```
>>> x = np.arange(5)
>>> x
    array([0, 1, 2, 3, 4])
>>> np.dot(x,x)
    30
```

这里我们将x定义为一个包含5个元素的简单向量。然后我们引入NumPy的主要向量和矩阵乘积函数dot,将x与自身相乘。我们已经知道,如果以标准方式将x乘以自身,使用x*x,即每个元素乘以自身,得到[0,1,4,9,16],但这不是我们在这里得到的。相反,我们得到了标量值30。为什么?

答案与dot的作用有关。它不实现元素乘法，而是实现线性代数乘法。具体来说，因为dot的两个参数都是向量，所以它实现了向量乘以向量，这被称为点积，因此得名NumPy函数。向量的点积是将第一个向量的每个元素乘以第二个向量的对应元素，然后将所有这些乘积加在一起。因此，对于dot（x,x），NumPy计算如下：

$$[0,1,2,3,4]\times[0,1,2,3,4]=[0,1,4,9,16];0+1+4+9+16=30$$

这个dot函数可用于两个向量相乘、一个向量和一个矩阵或两个矩阵，都遵循线性代数的规则，这超出了本书的详细探讨范围。也就是说，dot函数对我们来说非常重要，因为它是使用NumPy进行机器学习的主力函数。最后，大多数现代机器学习归结为向量和矩阵的数学。

让我们看一个两个矩阵使用dot函数的例子：

```
>>> a = np.arange(9).reshape((3,3))
>>> b = np.arange(9).reshape((3,3))
>>> a
    array([[0, 1, 2],
           [3, 4, 5],
           [6, 7, 8]])
>>> np.dot(a,b)
    array([[ 15, 18, 21],
           [ 42, 54, 66],
           [ 69, 90, 111]])
>>> a*b

    array([[ 0, 1, 4],
           [ 9, 16, 25],
           [36, 49, 64]])
```

这里我们将a和b定义为数字0～9的相同3×3矩阵。然后我们对这两个矩阵使用点积。出于比较的目的，我们还展示了两个矩阵的正常乘法。

这两个结果并不相同。第一个使用线性代数规则将两个3×3矩阵相乘，表示3×3输出的第一个元素将是b的第一列[0,3,6]，与a的第一行[0,1,2]逐个元素相乘，然后将乘积求和：

$$[0,3,6]\times[0,1,2]=[0,3,12];0+3+12=15$$

其他的过程类似。对于简单的乘法，3×3输出的第一个元素就是0×0=0。

如果dot的输入是矩阵，那么dot就如我们所料：它是矩阵乘法。当其中一个输入是向量而另一个输入是矩阵时，事情就会变得有点草率。NumPy对向量是行向量还是列向量有点粗心——它无论如何都会产生正确的结果，尽管结果的形状可能不会精确地遵循线性代数规则。

我们艰难地浏览了线性代数示例，因为随着您继续探索机器学习，您会经常遇到使用dot的代码。很高兴知道它的作用，但由于它对其输入形状的容忍度，您可能需要通过代码来仔细注意数组的实际形状以避免困惑。

3.5 数组的输入与输出

如果NumPy不提供在磁盘上存储数组和从磁盘读取数组的方法，它将很难使用。当然，我们可以使用像pickle这样的Python标准模块，但这样效率低下，并且使软件包之间的交换变得困难。幸运的是，NumPy的创建思考得非常全面，并且包含了输入/输出功能。

下面，我们将参考几个磁盘文件。第一个是abc.txt，它看起来像这样：

```
1 2 3
4 5 6
7 8 9
```

这是一个三行文件，每行三个数字，中间用空格隔开。第二个是abc_tab.txt，它与abc.txt相同，但空格已被替换为制表符，Python中的\t。制表符分隔的文件通常用于在文件中存储数据。最后一个文件是abc.csv，它是电子表格程序经常使用的逗号分隔值（CSV）文件。也和abc.txt一样，只是空格换成了逗号。现在，让我们看看NumPy的基本输入/输出功能。

例如：

```
    >>> a = np.loadtxt("abc.txt")
    >>> a
    array([[1., 2., 3.],
           [4., 5., 6.],
           [7., 8., 9.]])
    >>> a = np.loadtxt("abc_tab.txt")
    >>> a
    array([[1., 2., 3.],
           [4., 5., 6.],
           [7., 8., 9.]])
❶ >>> a = np.loadtxt("abc.csv", delimiter=",")
    >>> a
    array([[1., 2., 3.],
           [4., 5., 6.],
           [7., 8., 9.]])
❷ >>> np.save("abc.npy", a)
❸ >>> b = np.load("abc.npy")
    >>> b
    array([[1., 2., 3.],
           [4., 5., 6.],
           [7., 8., 9.]])
❹ >>> np.savetxt("ABC.txt", b)
    >>> np.savetxt("ABC.csv", b, delimiter=",")
```

前三个例子使用loadtxt，它读取文本文件，并从中产生NumPy数组。前两个例子表明loadtxt知道如何解析用空格和制表符分隔的数值的文件。该函数将文本文件的行作为矩阵的行，将每行的值作为每行的元素。

第三个例子明确指出，文本文件中数值之间的分隔符是逗号字符（,）❶。这就是如何在NumPy中读取一个.csv文件。

NumPy使用save函数将数组写入磁盘❷。这个函数将一个数组写入给定的文件名。NumPy使用.npy文件扩展名来标识该文件是否包含一个NumPy数组。在本书中我们将大量使用.npy文件。

要从磁盘上读回一个数组，使用load❸。注意，数组中的数据已被加载，但你必须将其赋值给一个新的变量名。.npy文件并不存储数组的原始名称。有时我们想把数组写成其他程序或人类可以读取的格式。在这些场合，我们会使用savetxt函数❹。这些例子写的是文本文件，首先在值之间使用空格，然后在值之间使用逗号。

如果我们想把多个数组写到磁盘上呢？我们是否被迫为每个数组使用一个文件？不是的，我们可以使用savez，用load读取它们。

比如说：

```
>>> a
array([[1., 2., 3.],
       [4., 5., 6.],
       [7., 8., 9.]])
>>> b
array([[1., 2., 3.],
       [4., 5., 6.],
       [7., 8., 9.]])
❶ >>> np.savez("arrays.npz", a=a, b=b)
>>> q = np.load("arrays.npz")
❷ >>> list(q.keys())
['a', 'b']
>>> q['a']
array([[1., 2., 3.],
       [4., 5., 6.],
       [7., 8., 9.]])
>>> q['b']
array([[1., 2., 3.],
       [4., 5., 6.],
       [7., 8., 9.]])
```

这里，我们将两个数组a和b存储到单个文件arrays.npz❶中。我们仍然用load读取文件，但q更像是一个字典，而不是数组，所以如果我们以列表的形式请求键，我们会得到一个从文件中读取的数组名称的列表。通过名称引用数组会返回它。

再次查看savez❷的调用。请注意我们如何指定数组。这是关键字方法，我们给定数组关键字名称，该名称与变量名称相同，以便在打开文件后请求键时，我们能够得到期望的名称。我们本可以省去关键字名称而简单地使用以下内容：

```
>>> np.savez("arrays.npz", a, b)
```

这将使用arr_0和arr_1默认名称的数组写入文件。最后，由于数组可能非常大，我们可能想要压缩它们（无损！），为此，我们会使用savez_compressed代替savez。

压缩可能是值得的，但它确实会降低读取和写入速度。例如，一个包含1000万个元素的64位浮点数组至少需要80000000字节的内存。使用savez将这样的数组写入磁盘使用80000244字节，并且只需要几分之一秒。额外的244字节是字典结构的开销。将压缩文件写入磁盘需要一两秒钟，但会生成一个11960115字节的文件，相当小。由于此示例是使用arange制作的，所以输出数组的每个元素都是唯一的，因此压缩不是存储1000万个零的数组的结果。奇怪的是，未压缩存储1000万个零仍然使用80000244字节，但压缩后仅使用磁盘上的77959字节。因此，阵列中的冗余越多，压缩时节省得就越多。

3.6 随机数

NumPy广泛支持伪随机数生成。我们一般草率地将它们简单地称为随机数，了解计算机无法通过任何算法过程产生实际的随机数——如果你对伪随机数的生成感到好奇，你可以阅读我的书《随机数和计算机》（*Random Numbers and Computers*，Springer 2018）。NumPy随机数库是随机的，可以从许多不同的分布中生成样本，最常见的是均匀分布[0,1)。这意味着该范围内的任何（可表示的）浮点数都是同样概率的。通常，这就是我们想要的。在其他时候，我们可能想要使用看起来像经典钟形曲线的正态分布。许多物理过程都遵循这条曲线。NumPy也可以生成这样的样本。

我们将在本书中使用的随机数函数是random.random，从[0,1）生成随机数，random.normal从钟形曲线中生成随机数，random.seed设置种子生成器，因此我们可以一遍又一遍地生成相同的随机数序列。

3.7　NumPy和图像

我们未来使用的一些数据集是基于图像的。我们要使用NumPy中的数据集，就需要了解如何在Python中处理图像以及如何将图像传入和传出NumPy数组的相关知识。幸运的是，它非常简单。除了NumPy，我们还需要使用Pillow（PIL）模块来读取和写入图像。我们已经安装了Pillow——它与我们的主要工具包一起安装。我们还有一些示例图像作为sklearn的一部分。

在处理图像时，我们需要考虑两个世界。有"NumPy"世界，其中图像已转换为NumPy数组，还有PIL世界，可以读取和写入常见图形格式（如JPEG和PNG）。区别真的不是那么明显——我们也可以在PIL中进行图像处理，有时这样更方便。但就目前而言，我们仅将PIL用作读取和写入图像文件的一种方式。

图像是数字的二维数组，但如果图像是彩色的，我们将为每个像素提供三个甚至四个数字，每个数字代表一个字节值，代表红色、绿色、蓝色，有时还有强度通道。我们将假设所有的图像都是单通道灰度或三通道RGB。当我们遇到一个alpha通道时，我们将消除它。alpha通道决定了像素的透明度。

首先，让我们看看如何获取sklearn提供的示例图像以及如何将它们转换为PIL图像，将它们存储在磁盘上并显示它们：

```
❶ >>> from PIL import Image
   >>> from sklearn.datasets import load_sample_images
❷ >>> china = load_sample_images().images[0]
   >>> flower = load_sample_images().images[1]
   >>> china.shape, china.dtype
   ((427, 640, 3), dtype('uint8'))
   >>> flower.shape, flower.dtype
   ((427, 640, 3), dtype('uint8'))
❸ >>> imChina = Image.fromarray(china)
   >>> imFlower = Image.fromarray(flower)
   >>> imChina.show()
   >>> imFlower.show()
❹ >>> imChina.save("china.png")
   >>> imFlower.save("flower.png")
❺ >>> im = Image.open("china.png")
   >>> im.show()
```

首先，我们需要从sklearn中导入PIL❶和示例图像函数。一旦我们有了这些，我们就可以将实际图像作为NumPy数组❷。我们看到瓷器和花卉图像是三维数组，这意味着它们是RGB图像。图像为427×640像素。第三维是3，分别对应红绿蓝通道。如果图像是灰度的，它们将只有两个维度。

我们可以使用fromarray函数将NumPy数组转换为PIL图像对象❸。假定参数是转换正确格式的NumPy数组，这意味着数组必须是uint8数据类型。一旦我们有了PIL图像对象，我们就可以使用show方法查看图像。

要将图像作为实际图形文件而不是NumPy数组写入磁盘，我们对PIL对象使用save方法❹。输出文件的格式由文件扩展名决定。这里我们使用PNG。

要从磁盘读取图像文件，我们使用open函数❺。注意，open返回一个PIL图像对象，而不是一个NumPy数组。

让我们看看如何将PIL图像对象转换为NumPy数组。另外，让我们看看在将其转换为NumPy数组之前，如何使用PIL使彩色图像灰度化。我们将在本书后面使用这些步骤：

```
      >>> im = Image.open("china.png")
❶ >>> img = np.array(im)
      >>> img.shape, img.dtype
          ((427, 640, 3), dtype('uint8'))
❷ >>> gray = im.convert("L")
      >>> gray.show()

      >>> g = np.array(gray)
      >>> g.shape, g.dtype
          ((427, 640), dtype('uint8'))
```

首先将图像从磁盘加载到PIL图像对象中。然后通过数组函数❶将图像对象传递给NumPy。这个函数足以识别PIL图像对象并正确转换为NumPy数组。

我们还可以使用convert方法将PIL RGB图像转换为灰度图像。请注意，PIL使用L表示亮度以指代灰度图像❷。同样，数组将现在的灰度图像转换为NumPy数组。我们看到图像只有两个维度，正如我们对灰度图像所期望的那样，其中每个像素值只是一个灰色阴影，而不是一种颜色。

PIL模块还有许多其他功能。最好查看Pillow网站，了解您可以使用PIL执行的其他操作。

小结

在本章中，我们回顾了如何使用NumPy，这是sklearn和Keras使用的基础工具包。这为我们提供了理解本书后面的代码示例所需的背景知识。了解如何使用NumPy至关重要，至少在基本层面上如此。本章中的示例应该会有所帮助。

现在我们已经熟悉了NumPy，我们已经准备好深入研究数据了。

第4章

使用数据工作

开发合适的数据集是构建成功的机器学习模型最重要的部分。机器学习模型的成功与否取决于"垃圾进,垃圾出"这句话。正如您在第1章中看到的,模型使用训练数据来针对问题进行自我配置。如果训练数据不能很好地表示模型在使用时将收到的数据,我们就不能期望我们的模型表现良好。在本章中,我们将学习如何创建一个好的数据集来表示模型将在现场中遇到的数据。

4.1 分类与标签

在这本书中,我们正在探索分类:构建将事物放入离散的类别或类中的模型,例如狗的品种、花型、数字等。为了表示类别,我们在训练集中给每个输入一个称为标签的标识符。标签可以是字符串"边境牧羊犬",或者更好的是,像0或1这样的数字。

模型不知道它们的输入代表什么。它们不在乎输入的是边境牧羊犬的图片还是谷歌的股价。对模型而言,一切都是数字。标签也是如此。因为输入的标签对模型没有内在意义,所以我们可以根据自己的选择来表示类。实际上,分类标签通常是从0开始的整数。因此,如果有10个类,则分类标签为0,1,2,…,9。在第5章中,我们将使用一个数据集,该数据集有10个类,代表现实世界不同事物的图像。我们将它们简单地映射到表4-1中的整数。

表4-1 以整数0,1,2,…命名的标签分类

标签	实际类
0	飞机
1	汽车
2	鸟
3	猫
4	鹿
5	狗
6	青蛙
7	马
8	船
9	卡车

有了这个标签，狗的每一个训练输入都被标记为5，而卡车的每一个训练输入都被标记为9。但是我们要标记的到底是什么？在下一节中，我们将介绍特征和特征向量，它们是机器学习的命脉。

4.2 特征与特征向量

机器学习模型将特征作为输入，并在分类器的情况下提供标签作为输出。那么这些功能是什么，它们来自哪里？

对于大多数模型，特征就是数字。数字代表什么取决于手头的任务。如果我们有兴趣根据其物理特性的测量来识别花朵，我们的特征就是这些测量。如果我们有兴趣使用医学样本中细胞维度来预测肿瘤是否为乳腺癌，那么特征就是这些维度。使用现代技术，特征可能是图像的像素（数字），或声音的频率（数字），甚至是相机陷阱在两周内统计了多少只狐狸（数字）。

那么，特征就是我们想要用作输入的任何数字。训练模型的目标是让它学习输入特征和输出标签之间的关系。在训练模型之前，我们假设输入特征和输出标签之间存在关系。如果模型训练失败，可能是没有学习的关系。

训练结束后，将具有未知类标签的特征向量提供给模型，模型的输出根据它在训练过程中发现的关系来预测分类标签。如果模型反复做出糟糕的预测，一种可能是所选的特征没有充分捕捉这种关系。在我们讨论什么是好的特征之前，让我们仔细看看特征本身。

4.2.1 特征的类型

概括地说，特征是代表测量或已知事物的数字，特征向量是这些数字的集合，用作模型的输入。您可以将不同种类的数字用作特征，正如您将看到的，它们并非都是一样的。有时，您必须针对特征先进行一定的操作，然后才能将它们输入模型中。

（1）浮点数

在第5章中，我们将构建一个花朵历史数据集。该数据集的特征是对花朵宽度和高度（以厘米为单位）等事物的实际测量。典型的测量值可能是2.33cm。这是一个浮点数——一个带小数点的数字，或者，是一个实数。大多数模型都希望使用浮点数，因此您可以直接使用测量值。浮点数是连续的，这意味着在一个整数和下一个整数之间有无数个值，因此我们可以在它们之间平滑过渡。正如我们稍后将看到的，一些模型期望连续值。

（2）间隔值

然而，浮点数并不适用于所有情况。显然，尽管花朵可能有9、10或11个花瓣，但它们不能有10.14个花瓣。整数是指没有小数部分或小数点的数。与浮点数不同，它们是离散的，这意味着它们只选取某些值，而在两者之间留有空隙。对我们来说幸运的是，整数只是特殊的实数，因此模型可以按原样使用它们。

在花瓣示例中，9、10和11之间的区别是有意义的，因为11大于10，而10大于9。不仅如此，11大于10的方式与10大于9的方式完全相同，值之间的差异或间隔是相同的，都为1。该值称为间隔值。

图像中的像素是间隔值，因为它们表示某些测量设备（如相机或MRI机器）对某些物理过程（如可见光的强度和颜色或自由中的氢质子数）的（假设为线性）响应组织中的单元。关键点是，如果x是y之后的序列中的下一个数字，而z是y之前的数字，那么x和y之间的差值与y和z之间的差值相同。

（3）序数值

有时，值之间的间隔不相同。例如，使用一些包括某人的教育水平的模型来预测他们是否会拖欠贷款。如果我们通过计算受教育年数来对某人的教育水平进行编码，我们可以安全地使用它，因为受教育年数10年和8年之间的差异与受教育年数8年和6年之间的差异相同。但是，如果我们简单地分配"1"表示"高中毕业"，2表示"有本科学位"，3表示"拥有博士学位或其他专业学位"，我们可能会遇到麻烦；虽然3>2>1为真，无论对我们的模型是否有意义，3和2与2和1所代表的值之间的差异是不一样的。像这样的特征被称为序数值，因为它们表达了一种排序，但值之间的差异不一定总是相同的。

（4）分类值

有时我们使用数字作为代码。例如，我们可能将性别编码为0代表男性，1代表女性。在这种情况下，1不被理解为大于0或小于0，因此这些不是间隔值或序数值。相反，这些是分类值。它们表达了一个类别，但没有提及类别之间的任何关系。

另一个可能与花的分类有关的常见示例是颜色。我们可能使用0代表红色，1代表绿色，2代表蓝色。同样，在这种情况下，0、1或2之间不存在任何关系。这并不意味着我们不能在我们的模型中使用分类特征，但这确实意味着我们通常不能按原样使用它们，因为如果不是间隔值的话，大多数类型的机器学习模型至少需要序数值。

我们可以使用以下技巧使分类值至少是有序的。如果我们想使用一个人的性别作为输入，我们将创建一个二元素向量，每个元素代表一种可能性，而不是说0代表男性和1代表女性。向量中的第一个数字将通过发出0（表示他们不是男性）或1（表示他们是）的信号来指示输入是否为男性。第二个数字将表明他们是不是女性。我们将分类值映射到一个二元向量，如表4-2所示。

表4-2　将类别表示为向量

类别值	向量表示
0	1　0
1	0　1

这里"男性"特征中的0小于该特征中的1是有意义的，这符合序数值的定义。我们付出的代价是扩大特征向量中的特征数量，因为我们需要给每个可能的分类值提供一个特征。例如，对于5种颜色，我们需要一个5元素向量；5000种颜色的话，就需要一个5000元素的向量。

要使用此方案，类别必须是互斥的，这意味着每一行中只有一个1。因为每行总是只有一个非零值，所以这种方法有时被称为独热编码（one-hot encoding）。

4.2.2　特征选择与维数灾难

本节讲解特征选择，包括在特征向量中选择使用哪些特征，以及为什么不应该包含不需要的特征。这是一个很好的经验：特征向量应该只包含捕获数据方面的特征，这些特征允许模型泛化到新数据。

换句话说，特征应该捕获数据的各个方面以帮助模型分离类。因为最好的特征集总是特定于数据集的，这是可遇不可求的。但这并不意味着我们不能做一些有助于指导我们为正在使用的数据集提供一些有用功能的工作。

与机器学习中的许多事情一样，选择特征也需要权衡。我们需要足够的特征来捕获数据的所有相关部分，以便模型可以从中学习一些东西，但是如果有太多的特征，我们就会成为维数灾难（the curse of dimensionality）的受害者。

　　为了解释这意味着什么，让我们看一个例子。假设我们的特征都被限制在[0,1）的范围内。这不是打字错误；我们使用区间表示法，其中方括号表示界限包含在范围内，圆括号表示界限被排除在外。所以这里允许包含0但不包含1。我们还假设特征向量是二维或三维的。这样，我们可以将每个特征向量绘制为二维或三维空间中的一个点。最后，我们将通过随机均匀地选择特征向量（二维或三维）来模拟数据集，以便向量的每个元素都在[0,1）中。

　　让我们将样本数量固定为100。如果我们有两个特征或一个二维空间，我们可以表示100个随机选择的二维向量，如图4-1的上部所示。现在，如果我们有三个特征，或者一个三维空间，那100个特征看起来像图4-1的下部。

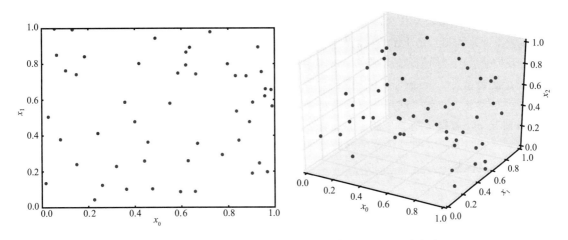

图4-1　二维空间（上部）和三维空间（下部）中的100个随机样本

　　由于我们假设特征向量可以来自二维或三维空间中的任何地方，我们希望数据集尽可能多地从该空间采样，以便它能很好地代表空间。我们可以通过将每个轴分成10个相等的部分来衡量100个点填充空间的程度。让我们称这些部分为数据分箱（bins）。我们将在二维空间中得到100个分箱，因为它有两个轴（10×10），而在三维空间中有1000个，因为它有三个轴（$10\times10\times10$）。现在，如果我们计算至少一个点占据的分箱数量并将该数字除以分箱总数，我们将得到被占用的分箱比例。

　　这样做，可以得到二维空间的分箱比例为0.410（最大值为1.0），三维空间的分箱比例为0.048。这意味着100个样本能够对大约一半的二维特征空间进行采样。不错！但是3D特征空间中的100个样本仅采样了大约5%的空间。要将3D空间填充到与2D空间相同的比例，我们需要大约1000或10倍于我们已有的数据。这里有一条一般规则适用于维数的增加：4D特征空间需要大约10000个样本，而十维特征空间需要大约10000000000个样本！随着特征数量的增加，我们需要获得特征空间的代表性样本的训练数据量急剧增加，大约为10^d，其中d是维数。这就是所谓的维数灾难（the curse of dimensionality），也是几十年来机器学习的祸根。对我们来说幸运的是，现代深度学习已经克服了这个灾难，但在使用传统模型时仍然具有相关性，我们将在第6章中探讨这个问题。

　　例如，计算机上的典型彩色图像的一侧可能有1024个像素，其中每个像素需要3个字节才能将颜色指定为红色、绿色和蓝色的混合。如果我们想将此图像用作模型的输入，我们需要一个具有$d=1024\times1024\times3=3145728$个元素的特征向量。这意味着我们需要大约$10^{3145728}$个样本来填充我们的特征空间。显然，这是不可能的。我们将在第12章中看到如何通过使用卷积神经网络来克服这个维数灾难。

现在我们了解了类型、特征和特征向量，让我们描述一下拥有一个好的数据集意味着什么。

4.3 优秀数据集的特征

数据集就是一切。这并不夸张，因为我们要从数据集构建模型。该模型具有参数——可以是神经网络的权重和偏差、朴素贝叶斯模型中每个特征出现的概率，或者是最近邻算法中的训练数据本身。参数是我们使用训练数据时找出的参数：它们对模型的知识进行编码，并由训练算法学习。

让我们稍微回顾一下并给出数据集的相关定义和术语，因为我们将在本书中使用它们。直观上，我们理解数据集是什么，但让我们更科学地将其定义为一组值 {X,Y} 的集合，其中 X 是模型的输入，Y 是标签。这里 X 是我们测量并组合在一起的一组值，例如花朵部分的长度和宽度，而 Y 是我们想要教会模型理解的东西，例如数据最可能代表哪种花或哪种动物。

对于监督学习（supervised learning），我们充当老师，模型充当学生。我们通过一个又一个的例子来教学生，比如"这是一只猫"和"这是一只狗"，就像我们用图画书教一个小孩一样。在这种情况下，数据集是一个例子的集合，训练包括重复向模型展示这些例子，直到模型"得到它"——也就是说，直到模型的参数被条件化和调整到以最小的错误来展示这个特定数据集的模型。这是机器学习的学习部分。

4.3.1 插值与外推

插值（interpolation）是在某个已知范围内进行估计的过程。当我们使用的估计数据超出已知范围时，就会发生外推。一般来说，我们的模型在某种意义上进行插值时会更准确，这意味着我们需要一个数据集，该数据集可综合表示模型输入值的范围。

例如，让我们看看 1910 ～ 1960 年的世界人口（以 10 亿计）（表 4-3）。我们拥有已知范围内每 10 年的数据，从 1910 年到 1960 年。

表4-3　1910～1960年的世界人口

年份	人口/10亿
1910	1.750
1920	1.860
1930	2.070
1940	2.300
1950	2.557
1960	3.042

如果我们找到"最佳拟合"线来绘制这些数据，我们就可以将其用作模型来预测人口值。这称为线性回归，它能估计我们选择的任何年份的人口。我们将跳过实际的拟合过程，您只需使用在线工具即可完成，并得到模型：

$$p=0.02509y-46.28$$

对于任何年份 y，我们都可以得到对人口 p 进行的估计。例如，1952 年的世界人口是多少？表 4-3 中没有 1952 年的实际数据，但使用该模型，我们可以这样估计：

$$p=0.02509\times1952-46.28=2.696（10亿）$$

通过检查1952年的实际世界人口数据，我们知道它是26.37亿，比我们估计的26.96亿仅减少了大约6000万。模型好像还不错！

在使用该模型估计1952年的世界人口时，我们进行了插值。我们对我们拥有的数据点之间的值进行了估计，该模型给了我们一个很好的结果。另一方面，外推法是在我们数据范围之外的已知条件内进行测量。

让我们使用模型来估计2000年的世界人口，即我们用构建的模型来估计40年后的数据：

$$p=0.02509\times2000-46.28=3.900（10亿）$$

根据模型，应该接近39亿，但我们从实际数据中知道，2000年世界人口为60.89亿。超过我们的模型20亿人。之所以发生这样的事情，是我们的模型输入不合适。如果我们保持在模型"训练"已知的输入范围内，即从1910年到1960年的日期，那么模型的表现就足够好。然而，一旦我们超越了模型的训练范围，它就会崩溃，因为它假设了我们所不具备的知识。

当我们进行插值法时，模型将看到与它在训练期间看到的样本集相似的样本。也许不出所料，与我们使用外推法（exrtapolation）并超越模型训练样本时相比，插值法在这些样本上会做得更好。

在分类方面，我们必须拥有全面的训练数据。假设我们正在训练一个模型来识别狗的品种。在我们的数据集中，我们有数百张经典黑白边境牧羊犬的图像，如图4-2（a）。如果我们给模型一个经典边境牧羊犬的新图像，我们有望得到一个正确的标签："边境牧羊犬"。这类似于要求模型进行插值：它正在处理一些之前已经见过的东西，因为训练数据中的"边境牧羊犬"标签包括许多经典边境牧羊犬的样本。

图4-2　带有经典斑纹的边境牧羊犬（a），带有肝色斑纹的边境牧羊犬（b），澳大利亚牧羊犬（c）

然而，并不是每只边境牧羊犬都有经典的边境牧羊犬斑纹。有些被标记为图4-2（b）的牧羊犬。由于我们没有在训练集中包含这样的图像，所以模型现在必须尝试超越它训练要做的事情，并为它训练过的类的实例提供正确的输出标签，但属于它的类型没有受过训练。它可能会失败，给出错误输出，如"澳大利亚牧羊犬"，一种类似于边境牧羊犬的品种，如图4-2（c）所示。

然而，要记住的关键概念是，当模型预测未知标签的输入时，数据集必须涵盖模型将看到的类别内的全部变化范围。

4.3.2　父分布

数据集必须代表它正在建模的类。这个想法中隐藏着这样一种假设，即我们的数据有一个父分布，一个未知的数据生成器，它创建了我们正在使用的特定数据集。

从哲学考虑这个"理想"的概念。古希腊哲学家柏拉图使用了理想的概念。在他看来,"外面"某处有一把理想的椅子,所有现有的椅子或多或少都是那把理想椅子的完美复制品。这就是我们所说的数据集、副本和父分布(理想的生成器)之间的关系。我们希望数据集是理想的表示。

我们可以将数据集视为来自某个未知过程的样本,该过程根据父分布生成数据。它产生的数据类型——特征的值和范围——将遵循一些未知的统计规律。例如,当您掷骰子时,从长远来看,六个值中的每一个都具有同样的可能性。我们称之为均匀父分布。如果您在多次掷骰子时制作每个值出现次数的条形图,那么您将得到一条(或多或少)水平线,因为每个值出现的可能性相同。当我们测量成年人的身高时,我们会看到不同的分布。身高分布将具有两个隆起的形式,一个围绕男性平均身高,另一个围绕女性平均身高。

父分布是产生这种整体形状的原因。训练数据、测试数据以及您为模型提供决策的数据都必须来自相同的父分布。这是模型做出的一个基本假设。尽管如此,有时在测试或使用来自不同父分布的数据的模型时,很容易混合使用来自一个父分布的数据进行训练。[如何使用一个父分布进行训练并将该模型与来自不同分布的数据一起使用是目前非常活跃的研究领域。读者感兴趣可搜索"领域自适应"(domain adaptation)相关文献资料。]

4.3.3　先验类概率

先验类概率是数据集中每个类出现在现场的概率。

一般来说,我们希望我们的数据集与类的先验概率相匹配。如果A类出现85%的时间而B类仅出现15%的时间,那么我们希望在我们的训练集中A类也出现85%的时间,B类出现15%的时间。

但是,也有例外。假设我们希望模型学习的类很少,每10000个输入只出现一次。如果我们在第4章选取60个样本作为严格遵循实际先验概率的数据集,模型可能看不到足够的稀有类型样本来学习任何有用的信息。而且,更糟糕的是,如果稀有类型是我们最感兴趣的类型怎么办?

假设我们正在构建一个定位四叶草的机器人。假设我们已经知道模型的输入是三叶草;我们只想知道它是三片叶子还是四片叶子。我们知道,估计每5000株三叶草中就有1株是四叶草。为每1个四叶草实例建立一个包含5000个三叶草的数据集似乎是合理的,直到我们意识到这个模型正确辨别每个输入都是三叶草很容易,因为,平均而言,5000次中有4999次!这将是一个极其准确但完全无用的模型,因为它永远找不到我们感兴趣的类。

相反,我们可能会使用比例为10∶1的三叶草和四叶草所组成的数据集。或者,在训练模型时,我们可能从偶数的三叶草和四叶草开始,然后在训练一段时间后,更改为越来越接近实际先验概率的混合。这个技巧并不适用于所有模型类型,但它适用于神经网络。为什么这个技巧我们比较难以理解,单就直观上讲,我们可以想象网络首先学习三叶草和四叶草之间的视觉差异,然后学习一些关于以接近实际先验概率出现的四叶草混合物的数据集。

实际上,使用这个技巧是因为它通常会产生性能更好的模型。对于大部分机器学习,尤其是深度学习,经验技巧和技术远远领先于任何支持它们的理论。如果此技巧对于某些问题来说有效,则我们可以采用此方法来处理问题。尽管这样的回答不能让人满意。"它只是工作得更好;这就是我使用这种方法的原因。

如何处理不平衡的数据是科研界仍在积极研究的问题。有些人选择从更平衡的类型比例开始;有些人使用数据增强(参见第5章)来增加代表性不足的类的样本数量。

4.3.4　混淆

我们说过我们需要在我们的数据集中包含样本,以反映我们想要学习的类中的所有自然变化。这绝对是真的，但有时包含与我们的一个或多个类相似但实际上又不是该类样本的训练样本尤为重要。

考虑两个模型：第一个学习狗和猫的图像之间的区别；第二个学习狗的图像和非狗的图像之间的区别。第一个模型很容易，输入是狗或猫，模型使用狗的图像和猫的图像进行训练。然而，第二个模型更粗糙。很明显，我们需要狗的图像进行训练。但是，"非狗"图像应该是什么？鉴于前面的讨论，我们凭直觉就可以想象我们需要那些涵盖了模型在现场所能看到的所有"非狗"图像。

我们可以更进一步。如果要区分狗和非狗，训练时一定要把狼列入"非狗"类。如果我们不这样做，当它遇到狼时，模型可能无法学习到足够的知识来区分差异，并会返回"狗"分类。如果我们使用数百张都是企鹅和鹦鹉图片的"非狗"图像来构建数据集，如果模型决定称狼为狗，我们是否会感到惊讶？

一般而言，我们需要确保数据集包含混淆样本或负样本——与其他类足够相似以致被误认为但不属于该类的样本。混淆器让模型有机会学习更精确的类特征。负样本在区分某物和一切别的东西时特别有用，例如"狗"与"非狗"。

4.3.5　数据集规模

到目前为止，我们已经讨论了要包含在数据集中的数据类型，但是我们需要多少数据？"所有的一切"是一个诱人的厚颜无耻的回答。为了让我们的模型尽可能精确，我们应该使用尽可能多的样本。但是很少有可能获得所有数据。

选择数据集的大小意味着要在准确性与获取数据所需的时间和精力之间进行权衡。获取数据可能很昂贵或很慢，或者，正如我们在三叶草示例中看到的那样，有时数据集的关键类别很少见。因为标记数据通常昂贵且缓慢，所以在开始之前我们应该了解我们需要多少。

不幸的是，没有公式可以回答多少数据是足够数据的问题。在某一点之后，额外数据带来的收益会递减。从100个样本增加到1000个样本可能会显著提高模型的准确性，但是从1000个样本增加到10000个样本可能只会提高一点点准确性。增加的准确性需要与获得额外9000个训练示例的努力和费用相平衡。

另一个需要考虑的因素是模型本身。模型具有容量，这决定了它们可以支持的相对于可用训练数据量的复杂性。模型的容量与其参数的数量直接相关。具有更多参数的更大模型将需要大量训练数据才能找到合适的参数设置。虽然训练样本多于模型参数通常是个好主意，但当训练数据少于参数时，深度学习也能很好地工作。例如，如果这些类别彼此非常不同——想想建筑物和橘子——我们很容易分辨出差异，模型也可能会很快了解差异，所以我们可以用更少的训练样本来完成。另一方面，如果我们试图将狼与哈士奇分开，我们可能需要更多的数据。我们将在第5章讨论当没有大量训练数据时该怎么做，但这些技巧都不能很好地替代直接获取更多数据的这类方案。

需要多少数据这个问题的唯一正确答案是"全部"。考虑到问题的限制：费用、时间、稀有性等，我们应尽可能多地获取。

4.4　数据准备

在我们继续构建实际数据集之前，我们将介绍在数据集提供给模型之前您可能会遇到的两种情况：如何缩放特征，以及如果特征值缺失该怎么办。

4.4.1　特征缩放

由一组不同特征构建的特征向量可能具有多种范围。一个特征可能具有广泛的值，例如-1000～1000，而另一个特征可能限制在0～1的范围内。发生这种情况时，某些模型将无法正常工作，因为一个特征因其范围而主导其他特征。此外，当特征的平均值接近0时，某些模型类型是最满意的。

解决这些问题的方法是缩放。我们暂时假设特征向量中的每个特征都是连续的。我们将使用由5个特征和15个样本组成的假数据集。这意味着我们的数据集有15个样本——特征向量及其标签，每个特征向量都有5个元素。我们假设有三个类。假想数据集如表4-4所示。

表4-4　假想数据集

样本	x_0	x_1	x_2	x_3	x_4	标签
0	6998	0.1361	0.3408	0.00007350	78596048	0
1	6580	0.4908	3.0150	0.00004484	38462706	1
2	7563	0.9349	4.3465	0.00001003	6700340	2
3	8355	0.6529	2.1271	0.00002966	51430391	0
4	2393	0.4605	2.7561	0.00003395	27284192	0
5	9498	0.0244	2.7887	0.00008880	78543394	2
6	4030	0.6467	4.8231	0.00000403	19101443	2
7	5275	0.3560	0.0705	0.00000899	96029352	0
8	8094	0.7979	3.9897	0.00006691	7307156	1
9	843	0.7892	0.9804	0.00005798	10179751	1
10	1221	0.9564	2.3944	0.00007815	14241835	0
11	5879	0.0329	2.0085	0.00009564	34243070	2
12	923	0.4159	1.7821	0.00002467	52404615	2
13	5882	0.0002	1.5362	0.00005066	18728752	2
14	1796	0.7247	2.3190	0.00001332	96703562	1

由于这是本书涵盖的第一个数据集，让我们彻底回顾一下以便介绍一些符号，看看是什么。表4-4中的第一列是样本编号。样本是一个输入，在本例中是表示一个特征向量的五个特征的集合。注意，编号从0开始。由于我们将使用Python数组（NumPy数组）存储数据，因此在所有情况下我们都将从0开始计数。

接下来的五列是每个样本中的特征，标记为x_0～x_4，同样从0开始索引。最后一列是分类标签。由于有三个类型，标签从0～2。有5个样本来自类0，5个来自类1，5个来自类2。因此，这是一个小而平衡的数据集，每个类别的先验概率为33%，理想情况下，这应该接近于野外出现的类别的实际先验概率。

如果我们有一个模型，那么每一行都是它自己的输入。编写$\{x_0,x_1,x_2,x_3,x_4\}$来引用这些是乏味的，因此，当我们引用完整的特征向量时，我们将使用大写字母。例如，我们将样本2称为数据集X的X_2。我们有时也会使用矩阵——二维数字数组，为了清晰起见，它们也用大写字母标记。当我们想要引用单个特征时，我们将使用带下标的小写字母，例如x_3。

让我们看看特征的范围。各特征的最小值、最大值和范围（最大值与最小值之差）如表4-5所示。

表4-5 表4-4中各特征的最小值、最大值和范围

特征	最小值	最大值	范围
x_0	843.0	9498.0	8655.0
x_1	0.0002	0.9564	0.9562
x_2	0.0705	4.8231	4.7526
x_3	4.03e-06	9.564e-05	9.161e-05
x_4	6700340.0	96703562.0	90003222.0

注意使用计算机符号，如9.161e-05。这就是计算机表示科学记数法的方式：$9.161 \times 10^{-5} =$ 0.00009161。另请注意，每个特征涵盖的范围非常不同。因此，我们希望对特征进行缩放，使它们的范围更加相似。在训练模型之前，以相同的方式缩放所有新输入是一件有效的事情。

（1）平均值中心化

最简单的缩放形式是平均值中心化。这很容易做到：从每个特征中，只需减去整个数据集特征的均值（平均值）。一组值的均值，x_i，$i=0,1,2,\cdots$，指所有值的总和除以值的数量：

$$\bar{x} = \frac{1}{N}\sum_{i=0}^{N} x_i$$

特征x_0的平均值是5022，所以要以x_0为中心，我们像这样替换每个值：

$$x_i \leftarrow x_i - 5022, i = 0,1,2\cdots$$

在这种情况下，i索引跨越样本，而不是特征向量的其他元素。

对所有其他特征的平均值重复前面的步骤将使整个数据集中心化。结果是数据集上每个特征的平均值现在为0，这意味着特征值本身都高于和低于0。对于深度学习，平均值中心化通常是通过从每个输入图像中减去一个均值图像来完成的。

（2）将标准偏差更改为1

平均值中心化会有所帮助，但在0附近的分布与减去均值之前相同。我们所做的只是将数据向下移至0。围绕均值的分布值有一个正式名称，称为标准偏差，它的计算方法为方差的算术平方根：

$$\sigma = \sqrt{\frac{\sum_{i=0}^{N}(x_i - \bar{x})^2}{N-1}}$$

字母σ（sigma）是数学中标准偏差的常用名称。你不需要记住这个公式。它向我们展示了如何度量数据相对于平均值的分布范围。

平均值中心将x变为0，但它不会改变σ。有时我们想更进一步，连同平均值中心化，改变数据的分布，使范围相同，这意味着每个特征的标准偏差为1。幸运的是，这样做很简单。我们将每个特征值x替换为

$$x \leftarrow \frac{x - \bar{x}}{\sigma}$$

其中x和σ是数据集中每个特征的平均值和标准偏差。例如，前面的假想数据集可以存储为二维NumPy数组。

```
x = [
  [6998, 0.1361, 0.3408, 0.00007350, 78596048],
  [6580, 0.4908, 3.0150, 0.00004484, 38462706],
  [7563, 0.9349, 4.3465, 0.00001003, 6700340],
  [8355, 0.6529, 2.1271, 0.00002966, 51430391],
  [2393, 0.4605, 2.7561, 0.00003395, 27284192],
  [9498, 0.0244, 2.7887, 0.00008880, 78543394],
  [4030, 0.6467, 4.8231, 0.00000403, 19101443],
  [5275, 0.3560, 0.0705, 0.00000899, 96029352],
  [8094, 0.7979, 3.9897, 0.00006691, 7307156],
  [843, 0.7892, 0.9804, 0.00005798, 10179751],
  [1221, 0.9564, 2.3944, 0.00007815, 14241835],
  [5879, 0.0329, 2.0085, 0.00009564, 34243070],
  [923, 0.4159, 1.7821, 0.00002467, 52404615],
  [5882, 0.0002, 1.5362, 0.00005066, 18728752],
  [1796, 0.7247, 2.3190, 0.00001332, 96703562],
]
```

整体数据集可以用以下一行代码来处理：

```
x = (x - x.mean(axis=0)) / x.std(axis=0)
```

这种方法称为标准化或归一化，您应该对大多数数据集执行此操作，尤其是在使用第6章中讨论的传统模型之一时。尽可能对数据集进行标准化，使特征具有平均值0和标准偏差1。

如果我们标准化前面的数据集，它会是什么样子？每个特征减去该特征的平均值并除以标准偏差，我们得到一个新的数据集（表4-6）。在这里，我们将数字缩短为四位十进制数字以供显示，并去掉了标签。

表4-6   表4-4中的数据标准化

样本	x_0	x_1	x_2	x_3	x_4
0	0.6930	−1.1259	−1.5318	0.9525	1.1824
1	0.5464	−0.0120	0.5051	−0.0192	−0.1141
2	0.8912	1.3826	1.5193	−1.1996	−1.1403
3	1.1690	0.4970	−0.1712	−0.5340	0.3047
4	−0.9221	−0.1071	0.3079	−0.3885	−0.4753
5	1.5699	−1.4767	0.3327	1.4714	1.1807
6	−0.3479	0.4775	1.8823	−1.4031	−0.7396
7	0.0887	−0.4353	−1.7377	−1.2349	1.7456
8	1.0775	0.9524	1.2475	0.7291	−1.1207
9	−1.4657	0.9250	−1.0446	0.4262	−1.0279
10	−1.3332	1.4501	0.0323	1.1102	−0.8966
11	0.3005	−1.4500	−0.2615	1.7033	−0.2505
12	−1.4377	−0.2472	−0.4340	−0.7032	0.3362
13	0.3016	−1.5527	−0.6213	0.1780	−0.7517
14	−1.1315	0.7225	−0.0250	−1.0881	1.7674

如果你比较这两个表，你会发现在我们的操作之后，特征比原始集合中的更相似。如果我们查看x_3，会看到这些值的平均值是−1.33e-16=−1.33×10^{-16}=−0.000000000000000133，实际上

是0。很好！这就是我们想要的。如果您进行计算，则会发现其他特征的平均值同样接近于0。标准偏差呢？对于x_3，它是0.99999999，实际上是1，这也是我们想要的。我们将使用这个新的、经过转换的数据集来训练模型。

因此，我们必须将在训练集上测量的每个特征平均值和标准偏差应用于我们提供给模型的任何新输入：

$$x_{new} \leftarrow \frac{x_{new} - \overline{x}_{train}}{\sigma_{train}}$$

这里，x_{new}是我们要应用于模型的新特征向量，$\overline{x}_{train}$和σ_{train}是训练集中每个特征的平均值和标准偏差。

4.4.2 特征缺失

有时，我们没有样本所需的所有特征。例如，我们可能忘记了进行测量。这些是缺失的特征，我们需要找到一种方法来纠正它们，因为大多数模型都没有能力接受缺失的数据。

一种解决方案是用特征范围之外的值填充缺失值，希望模型能够学会忽略这些值或更多地使用其他特征。事实上，一些更高级的深度学习模型有意将一些输入归零作为正则化的一种形式（我们将在后面的章节中看到这意味着什么）。

现在，我们将学习第二个最明显的解决方案：用数据集上的特征的平均值替换缺失的特征。让我们再看看之前的练习数据集。这一次，我们将要处理一些缺失的数据（表4-7）。

表4-7 表4-4中存在缺失的样本数据集

样本	x_0	x_1	x_2	x_3	x_4	标签
0	6998	0.1361	0.3408	0.00007350	78596048	0
1		0.4908		0.00004484	38462706	1
2	7563	0.9349	4.3465		6700340	2
3	8355	0.6529	2.1271	0.00002966	51430391	0
4	2393	0.4605	2.7561	0.00003395	27284192	0
5	9498		2.7887	0.00008880	78543394	2
6	4030	0.6467	4.8231	0.00000403		2
7	5275	0.3560	0.0705	0.00000899	96029352	0
8	8094	0.7979	3.9897	0.00006691	7307156	1
9			0.9804		10179751	1
10	1221	0.9564	2.3944	0.00007815	14241835	0
11	5879	0.0329	2.0085	0.00009564	34243070	2
12	923			0.00002467		1
13	5882	0.0002	1.5362	0.00005066	18728752	2
14	1796	0.7247	2.3190	0.00001332	96703562	1

空格表示缺失值。忽略缺失值后，每个特征的平均值如表4-8所示。

表4-8　表4-7中特征的平均值

x_0	x_1	x_2	x_3	x_4
5223.6	0.5158	2.345	4.71e−05	42957735.0

如果用平均值替换每个缺失值，我们将得到一个可以标准化并用于训练模型的数据集。

当然，真实数据更好，但平均值是我们可以合理使用的最简单的替代品。如果数据集足够大，我们可能会生成每个特征值的直方图并选择数据集中的最常见的值——但使用平均值应该会很好，尤其是如果您的数据集有很多样本并且缺失特征的数量相当少时。

4.5　训练、验证和测试数据

现在我们有了一个数据集——特征向量的集合，我们就可以准备开始训练一个模型了吗？实际上不是。这是因为我们不想使用整个数据集进行训练。我们需要将一些数据用于其他目的，因此我们需要将数据集分成至少两个子集。尽管理想情况下我们会有三个。我们称这些子集为训练数据、验证数据和测试数据。

4.5.1　三个子集

训练数据是我们用来训练模型的子集。这里重要的是选择能够很好地代表数据父分布的特征向量。

测试数据是用于评估训练模型表现的子集。我们在训练模型时从不使用测试数据，那将被视为作弊，因为那代表我们使用模型在之前看到过的数据上进行模型测试。将测试数据集放在一边，拒绝使用它们进行模型训练，直到模型完成，然后用它来评估模型。

第三个数据集是验证数据。并非每个模型都需要验证数据集，但对于深度学习模型，拥有一个验证数据集是有帮助的。我们在训练期间使用验证数据集，就好像它是测试数据一样，以了解训练的效果如何。它可以帮助我们决定什么时候停止训练以及我们是否使用了正确的模型。

例如，神经网络有一定数量的层，每层都有一定数量的节点。我们称之为模型的架构。在训练过程中，我们可以用验证数据测试神经网络的性能，以确定我们是应该继续训练，还是应该停止训练并尝试一个不同的架构。我们不使用验证集训练模型，也不使用验证集修改模型参数。我们在报告实际模型性能时也不能使用验证数据，因为我们首先使用基于验证数据的结果来选择模型。同样地，这会使模型的训练工作看起来更好。

图4-3说明了三个子集之间的关系。左边是整个数据集，这是特征向量和相关标签的整个集合。右边是三个子集。训练数据和验证数据一起训练和开发模型，而测试数据被保留，直到模型准备好。圆柱体的大小反映了应该属于每个子集的数据的相对数量，但实际上验证集和测试集可能更小。

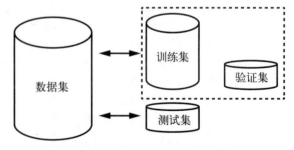

4.5.2　数据集划区

每个数据集应该有多少数据？

图4-3　训练集、验证集和测试集之间的关系

典型的分割是90%用于训练，5%用于验证，5%用于测试。对于深度学习模型，这是相当标准的。如果您正在处理一个非常大的数据集，您可以将验证集和测试集的比例分别设置低至1%。对于无法学习的经典模型，我们可能希望测试数据集更大，以确保能够涵盖各种可能的输入。在这些情况下，您可能会尝试将80%用于训练，分别将10%用于验证和测试。如果不使用验证数据，那么20%的数据可能会用于测试。这些较大的测试集可能适用于具有低先验概率类的多类模型。或者，由于测试集不用于定义模型，您可能会增加测试集中稀有类的数量。如果丢失罕见类是一个代价高昂的事件（想想在医学图像中丢失肿瘤），这可能特别有价值。

现在我们已经确定了每个集合要放入多少数据，让我们使用sklearn生成一个我们可以分区的虚拟数据集：

```
>>> import numpy as np
>>> from sklearn.datasets import make_classification
>>> x,y = make_classification(n_samples=10000, weights=(0.9,0.1))

>>> x.shape
    (10000, 20)
>>> len(np.where(y == 0)[0])
    8969
>>> len(np.where(y == 1)[0])
    1031
```

在这里，我们使用了两个类和20个特征来生成10000个样本。数据集是不平衡的，90%的样本属于第0类，10%的样本属于第1类。输出是一个二维样本数组（x）和关联的0类或1类的标签（y）。数据集是从多维高斯曲线生成的。多维高斯曲线类似于一维以上的正态钟形曲线。对我们有用的部分是我们有一个特征向量和标签的集合，这样我们就可以查看将数据集拆分为子集的方式。

前面代码的关键是对make_classification的调用，它接受请求的样本数和每个类的分数。简单地调用np.where找到所有0类和1类的实例，以便len可以对它们计数。

早些时候，我们讨论了保留（或至少接近）数据集中不同类别的实际先验概率的重要性。如果一个类占真实世界案例的10%，那么理想情况下它会占我们数据集的10%。现在我们需要找到一种方法来保存我们为训练、验证和测试所做的子集中的先验类概率。有两种主要方法可以做到这一点：按类划分和随机抽样。

（1）按类划分

确切的方法适用于数据集较小或某个类别稀少的情况，即确定代表每个类别的样本数量，然后按类别留出每个类别的选定百分比，将它们合并在一起。因此，如果有9000个来自第0类的样本和1000个来自第1类的样本，我们希望将90%的数据用于训练，将各5%的数据用于验证和测试，则将从中随机选择8100个0类样本和900个1类样本，组成训练集。类似地，我们将随机选择剩余900个未使用的0类样本中的450个以及剩余的50个未使用的1类样本作为验证集。剩余的0类和1类样本成为测试集。

清单4-1显示了使用90/5/5比例对原始数据进行分割来构造子集的代码。

```
import numpy as np
from sklearn.datasets import make_classification

❶ a,b = make_classification(n_samples=10000, weights=(0.9,0.1))
   idx = np.where(b == 0)[0]
```

```
      x0 = a[idx,:]


      y0 = b[idx]
      idx = np.where(b == 1)[0]
      x1 = a[idx,:]
      y1 = b[idx]

❷   idx = np.argsort(np.random.random(y0.shape))
      y0 = y0[idx]
      x0 = x0[idx]
      idx = np.argsort(np.random.random(y1.shape))
      y1 = y1[idx]
      x1 = x1[idx]

❸   ntrn0 = int(0.9*x0.shape[0])
      ntrn1 = int(0.9*x1.shape[0])
      xtrn = np.zeros(((int(ntrn0+ntrn1),20))
      ytrn = np.zeros(int(ntrn0+ntrn1))
      xtrn[:ntrn0] = x0[:ntrn0]
      xtrn[ntrn0:] = x1[:ntrn1]
      ytrn[:ntrn0] = y0[:ntrn0]
      ytrn[ntrn0:] = y1[:ntrn1]

❹   n0 = int(x0.shape[0]-ntrn0)
      n1 = int(x1.shape[0]-ntrn1)
      xval = np.zeros(((int(n0/2+n1/2),20))
      yval = np.zeros(int(n0/2+n1/2))
      xval[:(n0//2)] = x0[ntrn0:(ntrn0+n0//2)]
      xval[(n0//2):] = x1[ntrn1:(ntrn1+n1//2)]
      yval[:(n0//2)] = y0[ntrn0:(ntrn0+n0//2)]
      yval[(n0//2):] = y1[ntrn1:(ntrn1+n1//2)]

❺   xtst = np.concatenate((x0[(ntrn0+n0//2):],x1[(ntrn1+n1//2):]))
      ytst = np.concatenate((y0[(ntrn0+n0//2):],y1[(ntrn1+n1//2):]))
```

清单4-1　训练、验证和测试数据集的精确构造

　　这段代码中有很多值得关注的地方。首先，我们创建虚拟数据集❶并将其拆分为第0类和第1类集合，分别存储在x0、y0和x1、y1中。然后对上述数据进行随机排序❷。这将使我们能够提取子集的前 n 个样本，而不必担心我们可能会因为数据排序而引入偏差。由于sklearn生成虚拟数据集的方式，这一步不是必需的，但确保样本排序的随机性始终是一个好主意。

　　我们使用了一个对样本进行重新排序时有用的技巧。因为我们将特征向量存储在一个数组中，而将标签存储在另一个数组中，所以NumPy shuffle方法将不起作用。相反，我们生成一个与样本数量相同长度的随机向量，然后使用argsort返回向量的索引，以便将其按顺序排列。由于向量中的值是随机的，用于对其进行排序的索引的顺序也将是随机的。然后这些索引对样本和标签重新排序，以便每个标签仍然与正确的特征向量相关联。

　　接下来，我们提取两个类的前90%的样本，并使用xtrn中的样本和ytrn❸中的标签构建训练子集。我们对5%的验证集❹和其余5%的测试集❺执行相同的操作。

　　按类进行分区可以说很乏味。然而，我们确实知道，每个子集中的第0类与第1类的比率完全相同。

（2）随机抽样

　　我们必须如此精确吗？一般来说，不必。对完整数据集进行分区的第二种常用方法是随机

抽样。如果我们有足够的数据——10000个样本就足够了。我们可以随机化整个数据集，然后提取前90%的样本作为训练集，接下来的5%作为验证集，以及最后5%的样本来构建我们的测试集。这就是我们在清单4-2中展示的内容。

```
❶ x,y = make_classification(n_samples=10000, weights=(0.9,0.1))
   idx = np.argsort(np.random.random(y.shape[0]))
   x = x[idx]
   y = y[idx]

❷ ntrn = int(0.9*y.shape[0])
   nval = int(0.05*y.shape[0])

❸ xtrn = x[:ntrn]
   ytrn = y[:ntrn]
   xval = x[ntrn:(ntrn+nval)]
   yval = y[ntrn:(ntrn+nval)]
   xtst = x[(ntrn+nval):]
   ytst = y[(ntrn+nval):]
```

清单4-2 训练、验证和测试数据集的随机构造

我们需要知道随机化存储在x和y❶中的虚拟数据集中每个子集包含多少个样本。首先，训练集的样本数占数据集❷总数的90%，而验证集中的样本数占总数的5%。剩余的5%是测试集❸。

这种方法比清单4-1中显示的方法简单得多。使用它的缺点是什么？可能的缺点是每个子集中的类混合不是我们想要的分数。例如，假设我们想要一个包含9000个样本的训练集，或者原始10000个样本的90%，其中8100个来自第0类，其中900个来自第1类。运行清单4-2代码10次会得到表4-9中的训练集中第0类和第1类的拆分结果。

表4-9 以随机抽样法生成的10次训练集的拆分

运行次数	0类	1类
1	8058 (89.5)	942 (10.5)
2	8093 (89.9)	907 (10.1)
3	8065 (89.6)	935 (10.4)
4	8081 (89.8)	919 (10.2)
5	8045 (89.4)	955 (10.6)
6	8045 (89.4)	955 (10.6)
7	8066 (89.6)	934 (10.4)
8	8064 (89.6)	936 (10.4)
9	8071 (89.7)	929 (10.3)
10	8063 (89.6)	937 (10.4)

第1类中的样本数量从少至907个到多至955个不等。随着完整数据集中特定类别的样本数量减少，子集中的数量将开始变化更多。对于较小的子集尤其如此，例如验证集和测试集。

让我们单独运行一次，看看这次测试集中每个类的样本数（表4-10）。

表4-10　以随机抽样法生成的10次测试集的分裂样本

运行次数	0类	1类
1	446 (89.2)	54 (10.8)
2	450 (90.0)	50 (10.0)
3	444 (88.8)	56 (11.2)
4	450 (90.0)	50 (10.0)
5	451 (90.2)	49 (9.8)
6	462 (92.4)	38 (7.6)
7	441 (88.2)	59 (11.8)
8	449 (89.8)	51 (10.2)
9	449 (89.8)	51 (10.2)
10	438 (87.6)	62 (12.4)

在测试集中，第1类的样本数量从38到62不等。

这些差异会影响模型的学习方式吗？可能不会，但它们可能会使测试结果看起来比实际情况更好，因为大多数模型都难以识别训练集中最不常见的类。虽然存在病态拆分的可能性，导致没有来自特定类别的样本，但实际上，除非您的伪随机数生成器特别差，否则不太可能出现病态拆分。不过，这种可能性值得警惕。如果担心，请使用清单4-1中的精确拆分方法。事实上，与往常一样，更好的解决方案可以获取更多数据。

从算法上讲，生成训练、验证和测试集的拆分步骤如下：

① 随机化整个数据集的顺序，使类均匀混合。

② 按所需的分区的份数，通过乘以完整的样本数来设置计算训练集（ntrn）和验证集（nval）中的样本数。剩余的样本将落入测试集。

③ 将第一个ntrn样本分配给训练集。

④ 将下一个nval样本分配给验证集。

⑤ 最后，将剩余的样本分配到测试集。

在任何时候，都要确保样本的顺序是真正随机的，并且在对特征向量进行重新排序时，您一定要以完全相同的顺序对标签进行重新排序。这样做的时候，除非数据集非常小或某些类非常稀少，否则这个简单的拆分过程将提供良好的拆分。

我们忽略了讨论这种方法的一个后果。如果开始时整个数据集很小，则对其进行分区将使训练集更小。在第7章中，我们将看到一种处理小型数据集的强大方法，该方法在深度学习中被大量使用。但首先，让我们看一下处理小数据集的原则性方法，以了解它在新数据上的表现如何。

4.5.3　k折交叉验证

现代深度学习模型通常需要非常大的数据集，因此，您可以使用前面描述的单个训练集/验证集/测试集的拆分方法。然而，更传统的机器学习模型，如第6章中的模型，通常使用对于深度学习模型来说太小的数据集。如果我们在这些数据集上使用单个训练集/验证集/测试集拆分方法，可能会保留太多数据用于测试，或者测试集中的样本太少而无法对模型的工作情况进行有意义的测量。

解决这个问题的一种方法是使用k折交叉验证，这是一种确保数据集中的每个样本都可以在某个时间点用于训练和测试的技术。此技术用于传统机器学习模型的小型数据集。作为在不同模型之间做出决定的一种方法，它很有用。

要进行 k 折交叉验证，首先将完整的随机数据集划分为 k 个不重叠的组：x_0，x_1，x_2，$\cdots$，x_{k-1}。您的 k 值是任意的，但通常范围为 $5 \sim 10$。图4-4(a)显示了这种拆分，将整个数据集想象为水平放置。

我们可以通过保留 x_0 作为测试数据，并使用其他组 x_1、x_2、$\cdots$、x_{k-1} 作为训练数据来训练模型。我们暂时忽略验证数据，在构建当前的训练数据之后，如果我们愿意，可以将其中的一些作为验证数据保留下来。将此训练模型称为 m_0。然后您可以从头开始，这次保留 x_1 作为测试数据并与所有其他组（包括 x_0）一起训练。我们将获得一个新的训练模型，叫它 m_1。根据设计，m_0 和 m_1 是同一类型的模型。我们在这里感兴趣的是使用完整数据集的不同子集训练完成同一类型模型的多个实例。

对每个组重复此过程，如图4-4（b）所示，我们将用 $(k-1)/k$ 个数据训练 k 个模型，每个模型保留 $1/k$ 个数据用于测试。k 值取决于完整数据集中的数据量。较大的 k 意味着更多的训练数据但更少的测试数据。如果每个模型的训练时间较短，则趋向于更大的 k，因为这会增加每个模型的训练集大小。

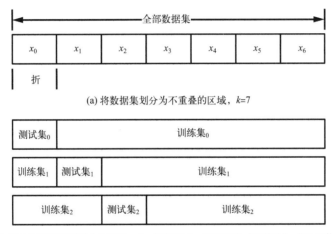

(a) 将数据集划分为不重叠的区域，$k=7$

(b) 前三个训练/测试拆分使用第一个 x_0 进行测试，然后使用 x_1 进行测试，依此类推

图4-4　k 折交叉验证

训练 k 个模型后，可以评估它们的单独指标或平均值，以了解在完整数据集上训练模型的行为方式。请参阅第11章了解评估模型的方法。如果使用 k 折交叉验证在两个或多个模型中进行选择（例如，在使用 k-NN 或支持向量机❶时），请对每种类型的模型重复完整的训练和评估过程并比较它们的结果。

一旦我们了解模型在平均值指标上的表现如何，我们就可以重新开始并使用所有用于训练的数据集来训练选定的模型类型。这就是 k 折交叉验证的优势。

4.6　看看你的数据

组装特征和特征向量非常容易，然后继续将训练集、验证集和测试集放在一起，而无须停下来查看数据是否有意义。对于使用大量图像或其他多维数据的深度学习模型来说尤其如此。以下是您需要注意的几个问题。

---

❶ 这些是经典机器学习模型的示例。我们将在本书后面详细了解它们。

① 错误标记的数据 假设我们正在构建一个大型数据集——一个包含数十万个标记样本的数据集。此外，假设我们将使用该数据集来构建一个能够区分狗和猫的模型。自然，我们需要为模型提供很多很多狗的图像和很多猫的图像。你说，没问题，我们将使用诸如Google图片之类的工具收集大量图片。好的，那行得通。但是，如果您只是设置一个脚本来下载与"狗"和"猫"匹配的图像搜索结果，您还会得到很多不是狗或猫的图像，或者包含狗和猫以及其他事物的图像。标签不会是完美的。虽然深度学习模型确实可以抵抗这种标签噪声，但您希望尽可能避免它。

② 缺失或离群数据 假设您有一组特征向量，但您不知道特征缺失的普遍性。如果某个特定特征大部分缺失，该特征将成为模型的障碍，您应该消除它。或者，如果数据中存在极端异常值，您可能希望删除这些样本，尤其是在您要标准化时，因为异常值会强烈影响特征值中的均值。

4.6.1 从数据中寻找问题

我们如何在数据中寻找这些问题？好吧，对于特征向量，如果它不是太大的话，我们通常可以将数据集加载到电子表格中。或者我们可以编写一个Python脚本将特征逐个汇总为数据，或者将数据带入统计程序并进行检查。

通常，在做统计汇总时，我们会查看先前定义的均值和标准偏差，以及最大值和最小值。我们还可以查看中位数，即当我们将值从小到大排序并选择中间的那个数时得到的值（如果取值的数量是偶数，我们将取两个中间值的平均值）。让我们看一下前面示例中的一个特征。将值从小到大排序后，我们可以通过以下方式汇总数据。

x_2		
0.0705		
0.3408		
0.9804		
1.5362		
1.7821	平均值($\bar{x}$)	= 2.3519
2.0085	标准偏差(σ)	= 1.3128
2.1271	标准误差(SE)	= 0.3390
2.3190	中位数	= 2.3190
2.3944	最小值	= 0.0705
2.7561	最大值	= 4.8231
2.7887		
3.0150		
3.9897		
4.3465		
4.8231		

我们已经探讨了均值、最小值、最大值和标准偏差的概念，也包括中位数的概念。注意，排序后，中位数出现在列表的正中间。它通常被称为第50百分位数，因为它前面的数据量和后面的数据量相同。

这里还列出了一个新值，即标准误差，也称为平均值的标准误差。这是标准偏差除以数据集中值数量的平方根：

$$SE = \frac{\sigma}{\sqrt{n}}$$

标准误差是我们的平均值$\bar{x}$与父分布的平均值之间差异的度量。基本思想是这样的：如果我们有更多的测量值，我们将对生成数据的父分布有更好的了解，因此测量值的平均值将更接近于父分布的平均值。

另请注意，均值和中位数彼此相对接近。"相对接近"当然没有严格的数学含义，但我们可以将其用作数据可能呈正态分布的临时指标，这意味着我们可以用均值（或中位数）合理地替换缺失值，如我们所见之前。

使用NumPy可以轻松计算前面的值，如清单4-3所示。

```
import numpy as np

❶ f = [0.3408,3.0150,4.3465,2.1271,2.7561,
       2.7887,4.8231,0.0705,3.9897,0.9804,
       2.3944,2.0085,1.7821,1.5362,2.3190]
   f = np.array(f)
   print
   print("mean = %0.4f" % f.mean())
   print("std = %0.4f" % f.std())
❷ print("SE = %0.4f" % (f.std()/np.sqrt(f.shape[0])))
   print("median= %0.4f" % np.median(f))
   print("min = %0.4f" % f.min())
   print("max = %0.4f" % f.max())
```

清单4-3　计算基本统计信息（参见feature_stats.py）

加载NumPy后，我们手动定义x_2特征（f）并将它们转换为NumPy数组❶。一旦数据是一个NumPy数组，计算所需的值就很简单了，因为除了标准误差之外，所有这些都是简单的方法或函数调用。标准误差是通过前面的公式❷计算的，其中元组NumPy为形状返回的第一个元素是向量中的元素数。

数字很好，但图片往往更好。您可以在Python中使用箱线图可视化数据。让我们生成一个图来查看数据集的标准化值，然后讨论这张图向我们展示了什么。创建绘图的代码在清单4-4中。

```
import numpy as np
import matplotlib.pyplot as plt

❶ d = [[ 0.6930, -1.1259, -1.5318, 0.9525, 1.1824],
       [ 0.5464, -0.0120, 0.5051, -0.0192, -0.1141],
       [ 0.8912, 1.3826, 1.5193, -1.1996, -1.1403],
       [ 1.1690, 0.4970, -0.1712, -0.5340, 0.3047],
       [-0.9221, -0.1071, 0.3079, -0.3885, -0.4753],
       [ 1.5699, -1.4767, 0.3327, 1.4714, 1.1807],
       [-0.3479, 0.4775, 1.8823, -1.4031, -0.7396],
       [ 0.0887, -0.4353, -1.7377, -1.2349, 1.7456],
       [ 1.0775, 0.9524, 1.2475, 0.7291, -1.1207],
       [-1.4657, 0.9250, -1.0446, 0.4262, -1.0279],
       [-1.3332, 1.4501, 0.0323, 1.1102, -0.8966],
       [ 0.3005, -1.4500, -0.2615, 1.7033, -0.2505],
       [-1.4377, -0.2472, -0.4340, -0.7032, 0.3362],
       [ 0.3016, -1.5527, -0.6213, 0.1780, -0.7517],
       [-1.1315, 0.7225, -0.0250, -1.0881, 1.7674]]
❷ d = np.array(d)
   plt.boxplot(d)
   plt.show()
```

清单4-4　标准化数据集的箱线图（参见box_plot.py）

取值来自表4-6。我们可以将数据存储为二维数组并使用清单4-4制作箱线图。手动定义数组❶，然后绘制它❷。该情节是交互式的，因此在提供的环境中进行实验，直到您对它感到满意为止。点击老式的软盘图标会将绘图存储到您的磁盘中。

程序生成的箱线图如图4-5所示。

我们如何解释箱线图？我将通过检查代表标准化特征x_2的框向您展示，如图4-6所示。

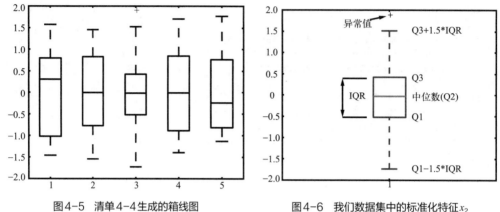

图4-5　清单4-4生成的箱线图　　　　　图4-6　我们数据集中的标准化特征x_2

下方框线Q1标志着第一个四分位数的结束，这意味着一个特征下的所有要素的25%的数据值小于此值。中位数Q2是50%的标记，因此是第二个四分位数的结尾，一半的数据值小于此值。上方框线Q3是75%的标记。其余25%的数据值高于Q3。

框上方和下方的两条线是胡须（Matplotlib称它们为传单，但这是一个非常规术语）。胡须是Q1−1.5×IQR和Q3+1.5×IQR处的值。按照惯例，超出此范围的值被视为异常值。

查看异常值可能会有所帮助，因为您可能会意识到它们是数据输入中的错误并将它们从数据集中删除。但是，无论您对异常值做什么，如果您计划发布或以其他方式呈现基于数据集的结果，请准备好证明它的合理性。相似地，您可能删除具有缺失值的样本，但要确保没有因为缺失数据导致系统错误，并检查您没有通过删除这些样本将偏差引入数据。最后，上述处理方法还应该遵循常识。

4.6.2　警示案例

因此，冒着重复的风险，查看您的数据。您使用它的次数越多，就会越了解它，并且您将能够更有效地就进入和退出的内容以及原因做出合理的决定。回想一下，当模型被使用时，数据集的目标是忠实的且完整地获取父分布。

两个快速的实例浮现在脑海中。它们都说明了模型可以很好地学习我们不打算甚至没有考虑的事情的方式。

第一个警示实例发生在20世纪80年代，当时我还是一名本科生。在这个故事中，神经网络早期的任务是检测坦克和非坦克图像。神经网络在测试中似乎运行良好，但在现场使用时，检测率迅速下降。研究人员意识到坦克图像是在阴天拍摄的，而非晴天拍摄。识别系统根本没有识别坦克和非坦克之间的区别；相反，它已经学会了阴天和晴天的区别。这个故事的寓意是训练集需要包括模型将在现场看到的所有条件。

第二个警示实例是最近的。2016年，我在西班牙巴塞罗那举行的神经信息处理系统（NIPS）会议上的一次演讲中听到了它，后来在研究人员的论文中发现上述的那种情况又再一次出现了[❶]。在这种情况下，为了解释它的决定，作者展示了他们获取模型的技术，他们训练了一个模型，该模型声称可以分辨哈士奇图像和狼图像之间的区别。该模型似乎运行良好，在演讲期间，作者对由机器学习研究人员组成的听众进行了调查，了解该模型的可信度。大多数人认为这是一个很好的模型。然后，演讲者透露，使用他们的技术后，该网络没有学到太多关于哈士奇和狼之间的区别（如果有的话）。相反，它了解到狼图片的背景中有雪，而哈士奇图片没有。

重新审视您的数据并注意意外的后果。模型不是人。我们为数据集带来了许多先入为主的观念和无意的偏见。

小结

Python

在本章中，我们描述了数据集的组成部分（类、标签、特征、特征向量），然后描述了一个好的数据集，强调了确保数据集很好地代表父分布的重要性。然后我们描述了基本的数据准备技术，包括如何缩放数据，如何处理缺失特征。之后，我们学习了如何将完整数据集分成训练、验证和测试子集，以及如何应用 k 折交叉验证，这对于小数据集尤其有用。我们在本章结束时介绍了如何检查数据以确保其有意义。

在下一章中，我们将利用本章中学到的知识构建本书其余部分将使用的数据集。

---

❶ Ribeiro、Marco Tulio、Sameer Singh 与 Carlos Guestrin 在第22届 ACM SIGKDD 知识发现与数据挖掘国际会议上发表的合著论文《我为什么要相信你？解释任何分类器的预测》。

第 **5** 章

构建数据集

上一章给出了很多详细的建议。现在让我们将这一切付诸实践，以构建我们将在本书其余部分使用的数据集。其中一些数据集非常适合传统模型，因为它们由特征向量组成，而另一些数据集更适合处理多维输入的深度学习模型，特别是图像或可以可视化为图像的事物。

我们将通过获取原始数据和预处理数据来使数据集更适合我们的建模工具。在将这些数据集用于特定模型之前，我们不会进行实际的训练/验证/测试拆分。这里值得注意的是，预处理数据以使其适用于模型通常是机器学习任务中劳动最密集的任务之一。尽管如此，如果没有完成数据预处理或处理得不够好，您的模型最终可能远没有您希望的那么有用。

5.1 鸢尾花（irises）数据集

也许所有机器学习数据集中最经典的就是鸢尾花数据集，该数据集是由 R. A. Fisher 于 1936 年在他的论文"The Use of Multiple Measurements in Taxonomic Problems"中开发的。这是一个包含三个类的小数据集，每个类有 50 个样本，有四个特征：萼片宽度、萼片长度、花瓣宽度和花瓣长度，均以厘米为单位。这三个类分别是 I. setosa、I. versicolour 和 I. virginica。该数据集内置于 sklearn 中，但我们将从加州大学欧文分校的机器学习库下载它，以实践使用外部来源的数据，并引入适用于许多传统机器学习模型的丰富数据集。您可以直接从网上下载鸢尾花数据集。

在撰写本书时，该数据集已被下载近 180 万次。您可以通过选择页面顶部附近的数据文件夹链接来下载它，然后右键单击并保存 iris.data 文件，最好保存到一个名为 iris 的新目录中。我们来看看这个文件的开头：

```
5.1,3.5,1.4,0.2,Iris-setosa
4.9,3.0,1.4,0.2,Iris-setosa
4.7,3.2,1.3,0.2,Iris-setosa
4.6,3.1,1.5,0.2,Iris-setosa
5.0,3.6,1.4,0.2,Iris-setosa
5.4,3.9,1.7,0.4,Iris-setosa
4.6,3.4,1.4,0.3,Iris-setosa
```

因为每行末尾的类名都是一样的，我们应该立即怀疑这些样本是按类排序的。查看文件的其余部分证实了这一点。因此，正如第 4 章所强调的，我们必须确保在训练模型之前随机化数据。此外，我们需要用整数标签替换类名。我们可以使用清单 5-1 中的脚本将数据集加载到 Python 中。

```
   import numpy as np

❶ with open("iris.data") as f:
       lines = [i[:-1] for i in f.readlines()]

❷ n = ["Iris-setosa","Iris-versicolor","Iris-virginica"]
   x = [n.index(i.split(",")[-1]) for i in lines if i != ""]
   x = np.array(x, dtype="uint8")

❸ y = [[float(j) for j in i.split(",")[:-1]] for i in lines if i != ""]
   y = np.array(y)

❹ i = np.argsort(np.random.random(x.shape[0]))
   x = x[i]
   y = y[i]

❺ np.save("iris_features.npy", y)
   np.save("iris_labels.npy", x)
```

清单5-1　加载原始iris数据集并将其映射到标准格式

　　首先，加载包含数据的文本文件。整理列表并删除无关的换行符❶。接下来，通过将文本标签转换为整数0～2来创建标签向量。列表中的最后一个元素是文本标签，它是通过沿逗号分隔一行而创建的。我们想要NumPy数组，所以把列表变成了一个NumPy数组。不必要转换为uint8数据类型，由于标签永远不会是负数并且它们永远不会大于2，我们通过将数据类型设为无符号8位整数（unsigned 8-bit）来节省一些空间❷。

　　接下来通过双列表整理将特征向量创建为150行×4列矩阵。外部整理（i）从文件中移过行，内部整理（j）获取每个样本的测量值列表并将它们转换为浮点数。然后将列表转换为2D NumPy数组❸。我们像之前那样随机化数据集❹，最后，将NumPy数组写入磁盘，以便我们稍后可以使用它们❺。

　　图5-1显示了特征的箱线图。这是一个表现良好的数据集，但第二个特征确实有一些可能的异常值。因为这些特征都具有相似的尺度，所以我们将按原样使用这些特征。

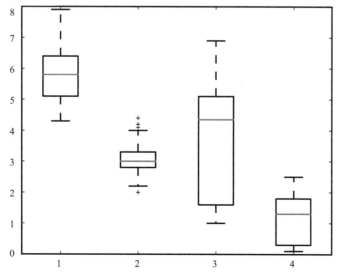

图5-1　四个鸢尾花数据集特征的箱线图

5.2　乳腺癌数据集

我们的第二个数据集威斯康星乳腺癌诊断（Wisconsin Diagnostic Breast Cancer）也在sklearn中，您也可以从UCI机器学习存储库下载它。我们将按照前面的步骤下载数据集。与构建一个好的数据集以希望训练一个好的模型同样重要的是学习如何处理不是我们想要的格式的数据源。如果有一天您决定将机器学习和数据科学作为职业，那么您几乎每天都会面临这个问题。

下载数据集，然后，单击数据文件夹链接，并保存wdbc.data文件。

该数据集包含从乳房肿块的细针活检切片中获取的细胞测量值。有30个连续特征，分两类：恶性（癌症，212个样本）和良性（无癌症，357个样本）。这也是一个流行的数据集，下载量超过670000次。文件的第一行如下所示：

```
842302,M,17.99,10.38,122.8,1001,0.1184, ...
```

该行的第一个元素是的患者ID号，这里我们不需要关心。该行第二个元素是标签——M代表恶性，B代表良性。该行中的其余数字是与细胞大小相关的30个测量值。特征本身具有不同的尺度，因此除了创建原始数据集之外，我们还将创建一个标准化版本。由于这是整个数据集，我们必须保留其中的一部分进行测试，因此在这种情况下，我们不需要记录每个特征的均值和标准偏差。如果我们能够获取更多以相同方式生成的数据，也许是来自一个以前的旧文件，我们需要保留这些值，以便我们可以标准化新输入。构建此数据集并生成汇总箱线图的脚本在清单5-2中。

```
    import numpy as np
    import matplotlib.pyplot as plt

❶ with open("wdbc.data") as f:
        lines = [i[:-1] for i in f.readlines() if i != ""]

❷ n = ["B","M"]
    x = np.array([n.index(i.split(",")[1]) for i in lines],dtype="uint8")
    y = np.array([[float(j) for j in i.split(",")[2:]] for i in lines])
    i = np.argsort(np.random.random(x.shape[0]))
    x = x[i]
    y = y[i]
    z = (y - y.mean(axis=0)) / y.std(axis=0)

❸ np.save("bc_features.npy", y)
    np.save("bc_features_standard.npy", z)
    np.save("bc_labels.npy", x)
    plt.boxplot(z)
    plt.show()
```

清单5-2　加载原始乳腺癌数据集

我们做的第一件事是读取原始文本数据❶。然后提取每个标签并将其映射到相应标签：0表示良性，1表示恶性。请注意，这里我们对自然目标病例使用了1，因此输出概率值的模型表示发现癌症的可能性❷。我们使用嵌套列表理解将每个样本的30个特征提取为浮点，首先提取特征（i）的文本，然后将它们映射到浮点数（j）。这会生成一个嵌套列表，NumPy可以方便地将其转换为569行30列的矩阵。

接下来，我们随机化数据集，然后通过减去每个特征的平均值并除以标准差来计算标准化版本。我们将使用此版本并在图5-2的箱线图中对其进行检查，图5-2显示了标准化后的30个特征。

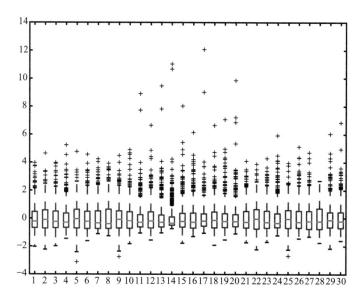

图5-2　30个乳腺癌数据集特征的箱线图

在这种情况下，我们不需要知道特征代表什么。我们将在假设所选特征足以确定恶性肿瘤的情况下使用数据集。我们的模型会告诉我们是不是这种情况。这些特征现在都具有相同的比例，我们可以通过y轴上的框的位置看到：它们都覆盖了基本相同的范围。数据有一个很明显的特征，即有许多明显的异常值，如四分位距所示（见图4-6）。这些不一定是不好的值，但它们表明数据不是正态分布的——它的特征不服从钟形曲线分布。

5.3　MNIST数据集

我们的下一个数据集通常不是由特征向量组成，而是由数千个手写数字的小图像组成。该数据集是现代机器学习的主力军，也是深度学习研究人员在测试新想法时首先使用的数据集之一。它被过度使用了，但那是因为它非常易于理解且易于使用。

该数据集历史悠久，但我们将使用的版本，即最常见的版本，简称为MNIST数据集。我们将使用Keras下载和格式化数据集。

Keras将数据集作为3D NumPy数组返回。第一个维度是图像的数量——60000张用于训练，10000张用于测试。第二维和第三维是图像的像素。图像大小为28×28像素。每个像素都是一个无符号的8位整数，属于[0,255]范围。

因为我们想要使用期望向量作为输入的模型，并且使用这个数据集来说明本书后面的模型的某些属性，所以我们用这个初始数据集来创建额外的数据集。为此，首先分解图像以形成特征向量，以便我们可以将此数据集与期望向量输入的传统模型一起使用。其次，我们将改变数据集中图像的顺序。我们将以相同的方式排列每个图像的像素顺序，因此虽然像素不再是生成数字图像的顺序，但重新排序将是确定性的，并且所有图像都是这样。第三，我们将创建这些排列图像的未分解特征向量版本。我们将使用这些额外的数据集来探索传统神经网络和卷积神经网络模型之间的差异。

使用清单5-3构建数据集文件。

```
      import numpy as np
      import keras
      from keras.datasets import mnist

❶ (xtrn, ytrn), (xtst, ytst) = mnist.load_data()
      idx = np.argsort(np.random.random(ytrn.shape[0]))
      xtrn = xtrn[idx]
      ytrn = ytrn[idx]
      idx = np.argsort(np.random.random(ytst.shape[0]))
      xtst = xtst[idx]
      ytst = ytst[idx]

      np.save("mnist_train_images.npy", xtrn)
      np.save("mnist_train_labels.npy", ytrn)
      np.save("mnist_test_images.npy", xtst)
      np.save("mnist_test_labels.npy", ytst)

❷ xtrnv = xtrn.reshape((60000,28*28))
      xtstv = xtst.reshape((10000,28*28))
      np.save("mnist_train_vectors.npy", xtrnv)
      np.save("mnist_test_vectors.npy", xtstv)

❸ idx = np.argsort(np.random.random(28*28))
      for i in range(60000):
          xtrnv[i,:] = xtrnv[i,idx]
      for i in range(10000):
          xtstv[i,:] = xtstv[i,idx]
      np.save("mnist_train_scrambled_vectors.npy", xtrnv)
      np.save("mnist_test_scrambled_vectors.npy", xtstv)

❹ t = np.zeros((60000,28,28))
      for i in range(60000):
          t[i,:,:] = xtrnv[i,:].reshape((28,28))
      np.save("mnist_train_scrambled_images.npy", t)
      t = np.zeros((10000,28,28))
      for i in range(10000):
          t[i,:,:] = xtstv[i,:].reshape((28,28))
      np.save("mnist_test_scrambled_images.npy", t)
```

清单5-3 加载和构建各种MNIST数据集

我们首先告诉Keras加载MNIST数据集❶。第一次运行时，Keras会提示下载数据集，之后就不会再提示了。

数据集本身存储在四个NumPy数组中。第一个xtrn的形状为（60000,28,28），用于表示60000个训练图像，每个图像为28×28像素。相关标签在ytrn中为整数，属于[0,9]范围。10000张测试图像在xtst中，标签在ytst中。我们还随机将样本进行排序并将数组写入磁盘以备将来使用。

接下来，我们展开训练和测试图像，并将它们转换为784个元素的向量❷。展开处理先采用第一行像素，然后是第二行，依此类推，直到所有行首尾相连。我们得到784个元素，因为28×28=784。接下来，我们生成展开向量（idx）中的784个元素的排列❸。

我们使用置换向量来形成新的、加干扰的数字图像并将它们存储在磁盘上❹。加干扰图像是通过取消展开操作并从加干扰向量中生成的。在NumPy中，这只是对向量数组的reshape方法的调用。注意，我们绝不会改变图像的相对顺序，因此我们只需要为训练和测试标签分别存储一个文件。

图5-3显示了来自MNIST数据集的代表性数字。

我们不需要标准化图像，因为我们知道它们都在相同的比例上，因为它们是像素。我们有时会在使用时对它们进行缩放，但现在我们可以将它们作为字节灰度图像保留在磁盘上。数据集要保证合理和平衡。表5-1显示了训练分布。因此，我们无须担心数据不平衡。

图5-3 代表性的MNIST数字图像

表5-1 MNIST训练集的数字出现频率

数字	出现次数
0	5923
1	6742
2	5958
3	6131
4	5842
5	5421
6	5918
7	6265
8	5851
9	5949

5.4 CIFAR-10数据集

CIFAR-10是另一个标准的深度学习数据集，它足够小，无需大量的训练时间或GPU即可使用。与MNIST一样，我们可以使用Keras提取数据集，这将在第一次请求时下载。

CIFAR-10数据集由来自10个类别的60000张32×32像素的RGB图像组成，每个类别有6000个样本。训练集包含50000张图像，测试集包含10000张图像。表5-2显示了数据集中的10个分类情况。

表5-2 CIFAR-10类标签和名称

标签	类
0	飞机
1	汽车
2	鸟
3	猫

续表

标签	类
4	鹿
5	狗
6	青蛙
7	马
8	船
9	卡车

图5-4逐行显示了来自每个类的代表性图像的集合。让我们提取数据集,并存储以备将来使用,然后创建向量表示,就像我们为MNIST所做的那样。

图5-4　代表性的CIFAR-10图像

清单5-4中展示了执行所有这些操作的脚本。

```python
import numpy as np
import keras
from keras.datasets import cifar10

❶ (xtrn, ytrn), (xtst, ytst) = cifar10.load_data()
idx = np.argsort(np.random.random(ytrn.shape[0]))
xtrn = xtrn[idx]
ytrn = ytrn[idx]
idx = np.argsort(np.random.random(ytst.shape[0]))
xtst = xtst[idx]
ytst = ytst[idx]

np.save("cifar10_train_images.npy", xtrn)
np.save("cifar10_train_labels.npy", ytrn)
np.save("cifar10_test_images.npy", xtst)
np.save("cifar10_test_labels.npy", ytst)

❷ xtrnv = xtrn.reshape((50000,32*32*3))
xtstv = xtst.reshape((10000,32*32*3))
```

```
np.save("cifar10_train_vectors.npy", xtrnv)
np.save("cifar10_test_vectors.npy", xtstv)
```

清单5-4 加载和构建各种CIFAR-10数据集

我们首先从Keras❶加载CIFAR-10。与MNIST一样，数据集将在第一次运行代码时自动下载。而且，与MNIST一样，我们将训练数据和测试数据进行随机拆分。训练数据在xtrn中是一个（50000;32;32;3）数组。最后一个维度是每个像素的三个颜色分量：红色、绿色和蓝色。测试数据也类似，在xtst中是一个（10000;32;32;3）数组。最后，我们将随机选取的训练和测试图像写入磁盘。接下来，我们展开图像以生成表示图像的32×32×3=3072元素特征向量❷，并将它们写入磁盘。

5.5 数据增强

正如我们在第4章中看到的，数据集就是一切，因此它需要尽可能完整。通常，您可以通过仔细选择符合模型在使用时将遇到的输入范围的样本来实现这一点。回想一下我们之前的类比，我们需要模型进行内插而不是外推。但有时，即使我们有广泛的可能样本，我们也没有很多实际样本。这就是数据增强可以提供帮助的地方。

数据增强使用现有数据集中的数据来生成新的可能样本以添加到集合中。这些样本总是以某种方式基于现有数据来生成。数据增强是一种强大的技术，当我们的实际数据集很小时特别有用。实际上，只要可行，就应该使用数据增强。

数据增强采用我们已有的数据并对其进行修改以创建新样本，这些样本可能与我们的实际数据来自相同的父分布。这意味着，如果我们有足够的耐心继续收集真实数据，我们就可以测量这些新样本。有时数据增强可以超出我们实际测量的范围，但仍能帮助模型学习泛化到实际数据。例如，当模型的实际输入永远不会使用这些颜色或背景时，使用图像作为输入的模型可能会受益于不切实际的颜色或背景。

虽然数据增强在许多情况下都有效并且是深度学习的支柱，但您并不总是能够使用它，因为并非所有数据都可以实现增强。

在本节中，我们将看看为什么我们要考虑使用数据增强以及我们将如何去做。然后我们将扩充我们之前开发的两个数据集，因此当我们构建模型时，我们可以看到扩充如何影响模型的学习。就增强而言，这里有一个经验法则：通常，您应该尽可能执行数据增强，尤其是在数据集很小的情况下。

5.5.1 为什么要增强训练数据？

在第4章中，我们遇到了维数灾难。我们看到，对于许多模型，它的解决方案是用越来越多的训练数据填充到可能的输入空间。数据增强是我们可以填补这个空间的一种方式。在未来的研究中，我们会用到数据增强这种方法，例如，在第6章中，我们将遇到k-最近邻分类器，它可能是所有分类器中最简单的。

这个分类器关键取决于有足够的训练数据来充分填充输入特征空间。如果有三个特征，则特征空间是三维的，训练数据将适合该空间中的某个立方体。我们拥有的训练数据越多，立方体中的样本就越多，分类器的表现就越好。这是因为分类器测量训练数据中的点与新的未知特征向量之间的距离，并对要分配的标签进行投票。训练点的空间越密集，投票过程就越成功。粗略地说，数据增强填补了这个空间。对于大多数数据集，获取更多的数据、更多的父分布样本，不会填满特征空间的每一部分，而是针对特征空间创建越来越完备的父分布。

当我们使用现代深度学习模型（第12章）时，我们会看到数据增强有额外的好处。在训练期间，神经网络会适应学习训练数据的特征。如果网络学会关注的特征实际上对区分类别有用，那么一切都很好。但是，正如我们在第4章狼和哈士奇的例子中看到的那样，有时网络会学到错误的东西，这不能用于推广到新的输入——比如狼类图像在背景中有雪而哈士奇图像里没有的事实。

采取措施避免这种趋势被称为正则化。正则化有助于网络学习训练数据的重要特征，这些特征可以按照我们的意愿进行泛化。在缺乏获取更多实际数据的场合下，数据增强——也许是在学习时规范网络的最简单方法。它使学习过程不关注为训练集选择的特定样本的局限，而是关注数据的更一般特征。至少，这是希望。

数据增强的另一个好处是它减少了训练时过度拟合的可能性。我们将在第9章中更多地讨论过拟合（overfitting），但简而言之，就是模型虽然可以完美地学习训练数据但面对新输入时还不能很好地进行泛化。如果模型能够基本上记住训练数据，则使用小数据集可能会导致过度拟合。数据增强增加了数据集的大小，降低了过度拟合的可能性，并可能允许使用更大容量的模型。（容量是一个模糊的概念。想象"更大"，因为模型可以了解更多训练数据中的重要内容，同时仍然可以推广到新数据。）

关于数据增强，需要说明极其重要的一点，因为它与数据集的训练/验证/测试拆分相关：您必须确保每个增强样本都属于同一组。例如，如果我们扩充样本X_{12345}，并且这个样本已经被分配到训练集，那么我们必须确保所有基于X_{12345}的扩充样本也是训练集的成员。这一点非常重要，值得重申：确保永远不要在训练集、验证集和测试集之间出现基于原始样本的混合的增强样本。

如果我们不遵循这条规则，我们对模型质量的看法将是没有根据的，或者至少部分是没有根据的，因为验证集和测试集中的样本本质上也存在于训练集中，因为它们基于训练数据。此警告似乎没有必要，但很容易犯此错误，尤其是在与他人合作或使用某种数据库时。

增加数据的正确做法是在进行训练、验证和测试拆分之后。然后，至少增加训练数据并将所有新样本标记为训练数据。

对验证集和测试集的拆分进行数据增强会怎么样？这样做并没有错，如果您没有很多数据，这样做可能也有意义。我还没有遇到任何试图对增加验证和测试数据的影响进行严格分析的研究，但是，从概念上讲，它不应该有负面影响，并且甚至可能有帮助。

5.5.2　增强训练数据的方法

为了扩充数据集，我们需要从中生成可信的新样本，这意味着它们可能真的出现在数据集中。对于图像，这很简单：您通常可以旋转图像，或者水平或垂直翻转图像，其他时候，您可以操纵像素本身来改变对比度或改变颜色。有些甚至简单地交换整个色带——例如，将红色通道与蓝色通道交换。

当然，操作必须有意义。微妙的旋转可能会模仿相机方向的变化，而从左到右的翻转可能会模仿照镜子的体验。但是从上到下的翻转可能不会那么现实。的确，猴子可能会倒挂在图片中，但翻转图片也会翻转树和地面。另一方面，您可以在航拍图像中进行从上到下的翻转，以显示任何方向的物体。

好的，所以图像通常很容易增强，而且很容易理解增强是否有意义。特征向量的增强更加微妙。如何做并不总是很清楚，甚至是否可以增强也不确定。在这种情况下我们能做什么？

同样，指导原则是增强必须是有意义的。如果我们将颜色编码为一个独热向量，例如红色、绿色或蓝色，并且类的实例可以是红色、绿色或蓝色，那么一种增强方法是在红色、绿色、和蓝色之间进行转换。如果一个样本可以代表男性或女性，那么我们还可以更改这些值以获得相同类别但具有不同性别的新样本。

然而，这些都是不寻常的事情。通常，您尝试创建一个仍代表原始类的新特征向量，用来对连续值进行数据增强。接下来我们将通过扩充鸢尾花数据集来研究一种方法来做到这一点。之后，我们将扩充CIFAR-10数据集以了解如何处理图像。

5.5.3　鸢尾花数据集的增强

鸢尾花（iris）数据集包含来自三个类别的150个样本，每个类别具有四个连续特征。我们将使用主成分分析（PCA）对其进行扩充。这是一种古老的技术，已经使用了一个多世纪。在深度学习出现之前，这种方法在机器学习中很常见，用以消除维数灾难，因为它可以减少数据集中的特征数量。除了机器学习之外，它还具有多种用途。

想象一下，我们有一个只有两个特征的数据集——例如，鸢尾花数据集的前两个特征。这些特征的散点图将向我们展示样本在二维空间中的位置。图5-5显示了类别1和类别2的鸢尾花数据集的前两个特征。该图通过减去每个特征的平均值将原点移动到（0,0）。这不会改变数据的方差或分散，只会改变其来源。

图5-5还显示了两个箭头。这是数据的两个主要组成部分。由于数据是二维的，我们有两个组件。如果我们有100个特征，那么我们将有多达100个主成分。这就是PCA所做的：它告诉您数据方差的方向。这些方向是主要成分。

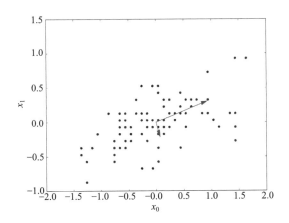

图5-5　鸢尾花数据的前两个特征——类1和类2及其主成分

主成分还告诉您每个方向数据的方差是多少。在图中，箭头的长度对应于每个分量解释的总方差的分数。如您所见，最大的分量沿着对角线匹配点的最分散区域。传统的机器学习使用PCA来减少特征数量，同时仍然希望能够很好地表示数据集。这就是PCA可以帮助消除维度灾难的方式：找到主成分，然后丢弃影响较小的成分。但是，对于数据增强，我们希望保留所有主成分。

生成图5-5的代码在清单5-5中。

```
import numpy as np
import matplotlib.pylab as plt
from sklearn import decomposition

❶ x = np.load("../data/iris/iris_features.npy")[:,:2]
  y = np.load("../data/iris/iris_labels.npy")
```

```
    idx = np.where(y != 0)
    x = x[idx]
    x[:,0] -= x[:,0].mean()
    x[:,1] -= x[:,1].mean()

❷  pca = decomposition.PCA(n_components=2)
    pca.fit(x)
    v = pca.explained_variance_ratio_

❸  plt.scatter(x[:,0],x[:,1],marker='o',color='b')
    ax = plt.axes()
    x0 = v[0]*pca.components_[0,0]
    y0 = v[0]*pca.components_[0,1]
    ax.arrow(0, 0, x0, y0, head_width=0.05, head_length=0.1, fc='r', ec='r')
    x1 = v[1]*pca.components_[1,0]
    y1 = v[1]*pca.components_[1,1]
    ax.arrow(0, 0, x1, y1, head_width=0.05, head_length=0.1, fc='r', ec='r')
    plt.xlabel("$x_0$", fontsize=16)
    plt.ylabel("$x_1$", fontsize=16)
    plt.show()
```

清单5-5　绘制iris PCA图的代码

前面的大部分代码都是为了完成代码段❸所展示的图形。输入都是标准的，除了要导入一个新的sklearn模块外，还要包括分解模块。我们加载之前保存的iris数据集，只保留x中的前两个特征和y中的标签。然后排除第0类，只保留第1类和第2类特征。接下来，我们减去每个特征的均值以将数据集中在点（0,0）❶。

然后，代码段❷展示了我们创建PCA对象并将其应用于iris数据。有两个特征，因此在这种情况下主成分的数量也是两个。PCA Python类模仿sklearn的标准方法：它定义模型，然后将其应用于相应数据。完成此操作后，我们将主成分存储在PCA中并可通过成分成员变量访问。我们将v设置为一个向量，表示由每个主成分方向表示的数据中方差的分量。由于有两个主成分，这个向量也有两个分量。

成分始终按降序列出，因此第一个成分分量是描述大部分方差的方向，第二个成分分量次之，依此类推。在这种情况下，第一个成分分量描述了大约84%的方差，第二个成分分量描述了剩余的16%。当我们生成新的增强样本时，我们将使用这个顺序。在这里，我们使用分数来缩放图中箭头的长度，显示主成分方向和相对重要性。

图5-5对数据增强有何用处？一旦您知道主成分，您就可以使用PCA创建派生变量，这意味着您可以旋转数据以使其与主成分对齐。PCA类的变换方法通过将输入（在我们的例子中是原始数据）映射到方差与主成分对齐的新表示来实现这一点。此映射是精确的，您可以使用inverse_transform方法将其反转。

单独执行此操作不会为我们生成新样本。如果我们取原始数据x，将其转换为新的表示，然后对新的表示进行逆转换。但是，如果我们变换x，然后在调用逆变换之前，修改一些主成分，我们将返回一组不是x而是基于x的新样本。这正是我们想要的数据增强。接下来，我们将看到要修改哪些组件以及如何修改。

成分分量在PCA中按其重要性排序。我们希望最重要的成分保持原样，因为我们希望逆变换产生看起来很像原始数据的数据。我们不想对事物进行太多转换，否则新样本将不是我们希望它们所代表的类的合理样本。我们会武断地说希望保留代表数据中大约 90% ~ 95% 累积方差的成分分量。这些我们根本不会修改。其余组件将通过添加正态分布噪声进行修改。回想一下，正态分布意味着它遵循钟形曲线，因此大部分时间值将接近中间值，我们将其设置为 0，这意味着成分分量没有变化，并且很少会变为更大的值。我们将噪声添加到现有成分分量并调用逆变换以生成与原始样本非常相似但不完全相同的新样本。

上一段写得很密集。代码将使事情更容易理解。我们生成增强数据的方法如清单 5-6 所示。

```python
import numpy as np
from sklearn import decomposition

❶ def generateData(pca, x, start):
    original = pca.components_.copy()
    ncomp = pca.components_.shape[0]
    a = pca.transform(x)
    for i in range(start, ncomp):
        pca.components_[i,:] += np.random.normal(scale=0.1, size=ncomp)
    b = pca.inverse_transform(a)
    pca.components_ = original.copy()
    return b

def main():
❷  x = np.load("../../../data/iris/iris_features.npy")
    y = np.load("../../../data/iris/iris_labels.npy")

    N = 120
    x_train = x[:N]
    y_train = y[:N]
    x_test = x[N:]
    y_test = y[N:]

    pca = decomposition.PCA(n_components=4)
    pca.fit(x)
    print(pca.explained_variance_ratio_)
    start = 2
❸  nsets = 10
    nsamp = x_train.shape[0]
    newx = np.zeros((nsets*nsamp, x_train.shape[1]))
    newy = np.zeros(nsets*nsamp, dtype="uint8")

❹  for i in range(nsets):
        if (i == 0):
            newx[0:nsamp,:] = x_train
            newy[0:nsamp] = y_train
        else:
            newx[(i*nsamp):(i*nsamp+nsamp),:] = \
                            generateData(pca, x_train, start)
            newy[(i*nsamp):(i*nsamp+nsamp)] = y_train

❺  idx = np.argsort(np.random.random(nsets*nsamp))
    newx = newx[idx]
    newy = newy[idx]
    np.save("iris_train_features_augmented.npy", newx)
    np.save("iris_train_labels_augmented.npy", newy)
```

```
        np.save("iris_test_features_augmented.npy", x_test)
        np.save("iris_test_labels_augmented.npy", y_test)

    main()
```

清单5-6　使用PCA增强iris数据（请参阅iris_data_augmentation.py）

主函数❷加载现有的iris数据x和相应的标签y，然后调用PCA，这次使用数据集的四个特征。这给了我们四个主要成分，以下数据向我们展示每个成分表征了多少方差：

```
0.92461621 0.05301557 0.01718514 0.00518309
```

前两个主成分描述了超过97%的方差。因此，当我们想要生成新样本时，将保留前两个组件，即索引0和1，并从索引2开始。

我们接下来声明将定义的集合数❸。这里的集合意味着新的样本集合。由于样本基于原始数据x，这里有150个样本，因此每个新集合也将包含150个样本。事实上，它们将与原始样本的顺序相同，因此每个新样本的类别标签应与y中的类别标签的顺序相同。我们也不想丢失原始数据，因此nsets=10将原始数据和基于该原始数据的九组新样本（总共1500个样本）放入新数据集中。我们获取x中的样本数150，并定义数组以保存我们的新特征(newx)和相关标签（newy）。

接下来，我们循环生成新样本，一次生成一组150个样本❹。第一遍简单地将原始数据复制到输出数组中。其余的过程是类似的，适当地更新输出数组的源和目标索引，但不是分配x，而是分配generateData的输出。循环完成后，我们打乱整个数据集的顺序并将其写入磁盘❺。

所有的技巧都在generateData❶中。我们传入PCA对象（pca）、原始数据（x）和起始主成分索引（start）。我们将最后一个参数设置为2以保留两个最重要的组件。我们保留一份实际组件的副本，以便可以在返回之前重置PCA对象。然后我们定义ncomp、主成分的数量，为方便起见，调用沿主成分映射原始数据的前向变换。

该循环通过添加从平均值为0且标准偏差为0.1的正态曲线中抽取的随机值来更新两个最不重要的组件。为什么是0.1？无特殊原因：如果标准偏差小，那么新样本会靠近旧样本，如果标准偏差更大，它们会离得更远，可能不再代表原来的类。接下来，我们使用修改后的主成分调用逆变换并恢复实际成分。最后，我们返回新的样本集。

让我们看看新的数据集，如图5-6所示。灰色的大点来自我们的原始数据集，较小的黑

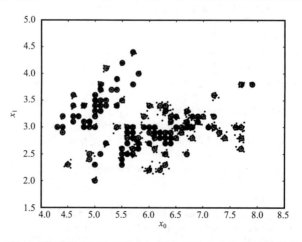

图5-6　原始iris数据集的前两个特征（大点）和清单5-6生成的增强特征（小点）

点是增强样本。正如我们很容易看到的那样，它们都落在现有样本附近，这是我们期望只修改最弱的主成分。由于我们将原始数据复制到增强数据集中，因此每个大点的中心都有一个小点。

如前面所述，这种方法只适合于连续特征，你应该注意只修改最弱的主成分，而且只修改很小的量。实验在这里很重要。作为一个练习，尝试应用同样的技术来增强乳腺癌数据集，该数据集也由连续特征组成。

5.5.4　CIFAR-10数据集的增强

增强iris数据集涉及大量讨论和一些不太明显的数学运算。对我们来说幸运的是，增强图像通常要简单得多，但在训练现代模型时仍然同样有效。当我们构建卷积神经网络模型时（第12章），我们将看到如何在训练时进行动态增强，这是一种特别有用的方法，但现在我们将首先进行增强并构建一个基于现有版本图像的新数据集。

图5-4显示了CIFAR-10数据集中每个类的代表性图像。这些是存储为红色、绿色和蓝色通道的RGB数据的彩色图像。它们来自地面，因此顶部和底部翻转在这里没有意义，而左右翻转则有意义。平移——在x或y方向或两者上移动图像——是一种常见的技术。小旋转是另一种常见的技术。

然而，每一数据增强方式都衍生出一个问题：如何处理移位或旋转后没有数据的像素？如果我将图像向左移动3个像素，我需要用一些东西填充右边的三列。或者，如果我向右旋转，就会出现右上角和左下角需要填充的像素。有几种方法可以处理这个问题。一种是简单地将像素保留为黑色，或全为0值，让模型知道那里没有有用的信息。另一种方法是用图像的平均值替换像素，它也不提供任何信息，我们希望模型忽略它。然而，最流行的解决方案是裁剪图像。

数据集中的图像为32×32。从图像中提取随机补丁，意味着28×28像素的图像相当于向x或y方向将图像随机移动最多4个像素，而无需担心填充任何内容。如果我们先旋转图像，这将需要对像素进行插值，然后裁剪以去除边缘区域，我们同样无须担心空像素。Keras自带训练期间使用的图像生成器对象来执行此操作的工具。当我们使用Keras构建模型时，我们会使用它，但现在，我们将自己完成所有工作以了解过程。

我们需要在这里提一点。到目前为止，我们已经讨论了构建用于训练模型的数据集。当我们要使用模型时，我们应该怎么做？我们是否也要对测试输入的模型进行随机裁剪？不。相反，我们对模型进行了以图像为中心的裁剪。因此，对于CIFAR-10，我们将获取每个32×32的测试输入，并通过删除外部6个像素将其裁剪为28×28，然后将其呈现给模型。我们这样做是因为中心裁剪仍然代表实际的测试图像，而不是它的一些增强版本。

图5-7呈现了我们所说的旋转、翻转、用于训练的随机裁剪和用于测试的中心裁剪的含义。在图5-7（a）中，我们旋转图像并进行中心裁剪，输出图像在白色方块中。在图5-7（b）中，我们从左到右翻转并随机裁剪。在图5-7（c）中，我们在不翻转的情况下进行两次随机裁剪。在图5-7（d）中我们采用中心裁剪进行测试，没有任何旋转或翻转。有些人会对测试图像进行增强，但我们在这里不会这样做。

清单5-7展示了如何使用随机裁剪、旋转和翻转来扩充CIFAR-10训练集。

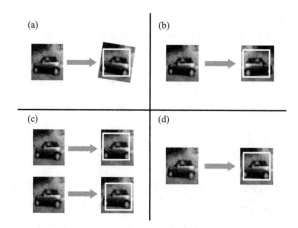

图5-7　(a)旋转，然后居中裁剪；（b）从左到右翻转，然后随机裁剪；（c）训练期间的两种随机裁剪；
(d)用于测试的中心裁剪，没有旋转或翻转

```
    import numpy as np
    from PIL import Image

❶ def augment(im, dim):
        img = Image.fromarray(im)
        if (np.random.random() < 0.5):
            img = img.transpose(Image.FLIP_LEFT_RIGHT)
        if (np.random.random() < 0.3333):
            z = (32-dim)/2
            r = 10*np.random.random()-5
            img = img.rotate(r, resample=Image.BILINEAR)
            img = img.crop((z,z,32-z,32-z))
        else:
            x = int((32-dim-1)*np.random.random())
            y = int((32-dim-1)*np.random.random())

            img = img.crop((x,y,x+dim,y+dim))
        return np.array(img)

    def main():
❷     x = np.load("../data/cifar10/cifar10_train_images.npy")
        y = np.load("../data/cifar10/cifar10_train_labels.npy")
        factor = 10
        dim = 28
        z = (32-dim)/2
        newx = np.zeros((x.shape[0]*factor, dim,dim,3), dtype="uint8")
        newy = np.zeros(y.shape[0]*factor, dtype="uint8")
        k=0
❸     for i in range(x.shape[0]):
            im = Image.fromarray(x[i,:])
            im = im.crop((z,z,32-z,32-z))
            newx[k,...] = np.array(im)
            newy[k] = y[i]
            k += 1
            for j in range(factor-1):
                newx[k,...] = augment(x[i,:], dim)
                newy[k] = y[i]
```

```
            k += 1
        idx = np.argsort(np.random.random(newx.shape[0]))
        newx = newx[idx]
        newy = newy[idx]
        np.save("../data/cifar10/cifar10_aug_train_images.npy", newx)
        np.save("../data/cifar10/cifar10_aug_train_labels.npy", newy)

❹   x = np.load("../data/cifar10/cifar10_test_images.npy")
        newx = np.zeros((x.shape[0], dim,dim,3), dtype="uint8")
        for i in range(x.shape[0]):
            im = Image.fromarray(x[i,:])
            im = im.crop((z,z,32-z,32-z))
            newx[i,...] = np.array(im)
        np.save("../data/cifar10/cifar10_aug_test_images.npy", newx)
```

清单5-7　增强CIFAR-10数据集（参见cifar10_augment.py）

主函数加载现有数据集并定义我们的增强因子、裁剪大小和用于定义中心裁剪的常量❷。

将新图像放入newx中，其维度如下：（500000;28;28;3），有50000张训练图像，每张图像具有32×32像素和三个色带。我们将增强因子设置为10。同样，将有500000个标签。计数器k将对这个新数据集进行索引。对于旧数据集中的每个图像，我们将创建九个全新的版本并居中裁剪原始图像❶❸。

由于数据集由图像组成，最容易以图像形式处理数据，因此我们将当前样本设为实际的PIL图像，以便轻松裁剪。这是原始图像的中心裁剪。我们将它存储在新的输出数组中。

这里有两个Python常用语法，我们将不止一次看到它们。第一种是将表示图像的NumPy数组转换为PIL图像：

```
im = Image.fromarray(arr)
```

第二种是从另一个角度出发，将一个PIL图像转换为一个NumPy数组：

```
arr = np.array(im)
```

我们必须确保NumPy数组是有效的图像数据类型，如无符号字节类型（uint8）。使用astype NumPy数组方法在类型之间进行转换，记住您应该对该转换所涉及的内容负有全部责任。

回到清单5-7，我们正在创建当前图像的九个版本。对于其中的任意一个，我们只需复制标签并为输出数组分配一个数据增强的版本。我们将很快描述增强功能。一旦构建了新的数据集，我们就打乱顺序并将增强的训练数据集写入磁盘❸。

然而，我们还没有完成。我们创建了一个增强训练集，将原始32×32图像裁剪为28×28。因此，我们必须裁剪原始测试集❹。正如我们之前所说，使用中心裁剪并且没有对测试数据进行增强。因此，只需加载测试数据集，定义新的输出测试数据集，然后运行将32×32图像裁剪为28×28的循环。完成后，我们将裁剪后的测试数据写入磁盘。请注意，我们没有修改测试集中图像的顺序，只是裁剪了它们，所以不需要为测试标签编写一个新文件。

数据增强函数❶是所有动作的关键所在。我们立即将输入的NumPy数组更改为实际的PIL图像对象。接下来，我们以五五开的机会决定是否将图像从左向右翻转。注意，我们还没有裁剪图像。

接下来，我们询问是否应该旋转图像。我们以33%的概率（三分之一的机会）选择轮换。为什么是33%？没有特别的原因，但似乎我们可能想要比旋转更频繁地随机裁剪。我们甚至可以将这个概率降低到20%（五分之一的机会）。如果确定旋转，我们选择旋转角度，[–5,5]，然后使用双线性插值调用旋转方法，使旋转后的图像看起来比简单地使用最近邻更好一点，这是PIL的默认设置。接下来，我们将旋转后的图像居中裁剪。这样，我们不会在旋转没有图像信息的边缘上得到任何黑色像素。

如果我们不旋转，则可以自由选择随机裁剪。我们选择这个随机裁剪的左上角，确保裁剪后的正方形不会超过原始图像的尺寸。最后，我们将数据转换为NumPy数组并返回。

小结

在本章中，我们构建了四个数据集，并将在本书的其余部分用作演示。前两个数据集鸢尾花和乳腺癌数据，基于特征向量。后两个数据集MNIST和CIFAR-10，基于图像表示。然后我们学习了两种数据增强方法：使用PCA增强连续值的特征向量；对于深度学习更重要的是，通过基本变换来增强图像。

在下一章中，我们将过渡到对经典机器学习模型的讨论。在之后的章节中，我们将使用这些数据集和这些模型。

第 **6** 章

经典机器学习

能够撰写"经典机器学习"这一章节是相当美妙的一件事，因为它意味着总有一些最新的理念和方法使原有技术变得"经典"。当然，我们现在知道存在深度学习，并将在接下来的章节中讨论它。但首先，需要通过检查有助于巩固我们概念的旧技术来建立我们的直觉，坦率地说，因为当情况需要时，旧技术仍然有用。

在这里探讨某些机器学习的历史会非常激动人心。为了保持本书的实用性，我们不会去回顾历史，但机器学习的历史完整性依然是必需的，很遗憾在撰写本书时，我还没有找到。我会说机器学习历史悠久，并不是新鲜事物。本章的技术可以追溯到几十年前，并且已经取得了相当大的成功。

虽然机器学习很成功，但成功也总是受到限制，深度学习现在已经在很大程度上克服了传统机器学习的局限性。尽管如此，拥有一把锤子并不能让一切都成为钉子。您将遇到非常适合这些原有机器学习技术来解决的问题。这可能是因为可用于训练深度模型的数据太少，因为问题很简单并且可以通过经典机器学习技术轻松解决，或者因为操作环境不利于建立大型深度模型（例如微控制器）。此外，从概念上讲，传统机器学习中的许多技术比深度模型更容易理解，并且对前面章节中关于构建数据集的所有探讨以及第11章中关于评估模型的方法仍然适用。

下面几节将站在理论本质角度介绍几个流行的经典模型。sklearn支持所有这些模型。在第7章中，我们将把模型应用于在第5章中开发的一些数据集。这将使我们了解模型在相互比较时的相对性能，并提供比较后续章节中的深度模型性能的基线。

我们将研究六个经典模型。我们讨论它们的顺序大致与模型类型的复杂性有关。前三个模型是最近质心（Nearest Centroid）、k-最近邻（k-Nearest Neighbors）和朴素贝叶斯（Naïve Bayes），很容易理解和实现。最后三个模型是决策树（Decision Trees）、随机森林（Random Forests）和支持向量机（Support Vector Machines），会比较难，但我们会尽力解释这些方法的运行机制。

6.1 最近质心

假设我们想要构建一个分类器，并且我们有一个正确设计的含 n 类样本的数据集（参见第4章）。为简单起见，我们假设有 n 个类别，每个类别中含有 m 个样本。当然这不是必需的，但可以避免我们为样本添加许多下标。由于我们的数据集设计得当，我们有训练样本和测试样本。在这种情况下，我们不需要验证样本，因此我们可以将它们放入训练集中。我们的目标是拥有一个使用训练集进行学习的模型，这样我们就可以将模型应用于测试集，看看它将如何处理新的未知样本。这里的样本是一个浮点值的特征向量。

为特征向量选择组件的目标是最终得到一个特征向量，使特征空间中的类别不同。假设特征向量有 w 个特征。这意味着我们可以将特征向量视为一个点在 w 维空间中的坐标。如果 $w=2$ 或 $w=3$，我们可以绘制特征向量。然而，在数学上，我们没有理由将 w 限制为 2 或 3，我们在此描述的所有内容都适用于 100、500 或 1000 个维度。请注意，它不会同样有效，可怕的维数灾难会蔓延并最终需要一个指数级大的训练数据集，但我们现在将忽略这一点。

如果特征选择得很好，我们可能会期望使用 w 维空间中的点的图对类进行分组，以便类 0 中的所有样本彼此靠近，而类 1 中的所有样本彼此靠近但不同于类 0，依此类推。如果这是我们的期望，那么如何使用这些知识将新的未知样本分配给特定的类？当然，这是分类的目标，在这种情况下，假设类在特征空间中很好地分离，我们可以做些什么简单的事情？

图 6-1 显示了一个假设具有四个不同类型的二维特征空间。在这个小型示例中，不同的类型被清楚地分开了。一个新的、未知的特征向量将作为一个点落入这个空间，目标是为新点分配一个类标签，可以是正方形、星形、圆形或三角形。

由于图 6-1 中的点分组分得很好，我们可能会认为可以通过特征空间中的平均位置来表示每个组。我们更倾向于使用一个单独的点来表示方块，而不是 10 个方形点。这似乎是完全合理的做法。

事实上，一组点的平均点有一个名字：质心，也就是中心点。我们知道如何计算一组数字的平均值：将它们相加并除以我们相加的数量。为了在二维空间中找到一组点的质心，首先找到所有 x 轴坐标的平均值，然后找到所有 y 轴坐标的平均值。如果有三个维度，我们将对 x 轴、y 轴和 z 轴执行此操作。如果有 w 个维度，我们将对每个维度都这样做。最后，我们将有一个可以用来代表整个组的点。如果对小型示例这样处理，我们会得到图 6-2，其中质心用大点进行标记。

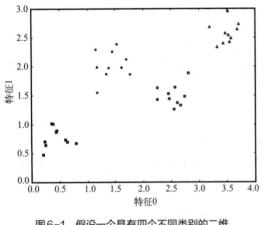

图6-1　假设一个具有四个不同类别的二维
特征空间

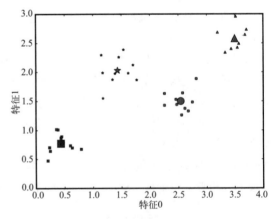

图6-2　一个假想的二维特征空间，有四个不同的
类和它们的质心

质心对我们有什么帮助？好吧，如果给一个新的未知样本，它将是前面提到的特征空间中的一个点。然后可以测量这个点和每个质心之间的距离，并分配最近质心的分类标签。距离的想法有点模棱两可，有许多不同的方法来定义距离。一种明显的方法是在两点之间画一条直线，这个距离被称为欧几里得距离（Euclidean distance），它很容易计算。如果有两个点 (x_0, y_0) 和

(x_1, y_1)，那么它们之间的欧几里得距离为：

$$d = \sqrt{(x_0 - x_1)^2 + (y_0 - y_1)^2}$$

如果有三个维度，两点之间的距离变为

$$d = \sqrt{(x_0 - x_1)^2 + (y_0 - y_1)^2 + (z_0 - z_1)^2}$$

它可以推广到 w 维中的两个点 x_0 和 x_1，如

$$d = \sqrt{\sum_{i=0}^{w-1}(x_0^i - x_1^i)^2}$$

其中 x_0^i 是点 x_0 的第 i 个分量。这意味着需要为每个分量逐个找到两点之间的差值，将其平方，并与所有其他分量的平方之差相加，然后取其平方根。

图6-3显示了特征空间中的一个样本点，以及它与质心的距离。该样本点离圆形类最近，所以我们将新的样本分配到该类型。

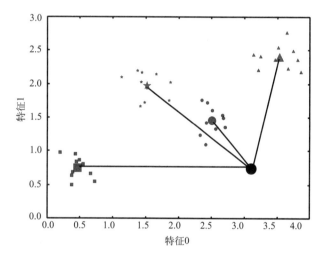

图6-3 假设一个包含四个不同类型、它们的质心以及一个新的未知样本的二维特征空间

刚刚实施的过程称为最近质心分类器，有时也称为模板匹配。从训练数据中学习到的不同类型的质心用作整个类的代理。然后，新样本使用这些质心来决定标签。

这看起来很简单，甚至有些明显，那么为什么这个分类器没有被更多地使用呢？有几个原因。一个已经提到过，维数灾难的问题。随着特征数量的增加，空间变得越来越大，我们需要成倍增加的训练数据才能很好地了解质心应该在哪里。因此，较大的特征空间意味着这可能不是正确的方法。

还有一个比较严重的问题。我们的小型示例有非常紧密的组。如果这些组更加分散，甚至重叠怎么办？那么最近质心的选择就出现了问题：我们如何知道最近的质心是代表A类还是B类？

更严重的是，一个特定的类可能会分为两个或更多不同的组。如果我们只计算整个类的质心，质心将在该类的组之间，不能很好地代表任何一个集群。我们需要知道该类被分成多个组并为该类使用多个质心。如果特征空间很小，我们可以绘制它并看到类在组之间划分。然而，如果特征空间很大，我们就没有简单的方法来决定将类分为多个组，并且需要多个质心。

尽管如此，对于基本问题，这种方法也可能是理想的。并非每个应用程序都处理困难的数

据。我们可能正在构建一个自动化系统，需要对新输入做出简单、轻松的决策。在这种情况下，这个简单的分类器可能是一个完美的选择。

6.2 k-最近邻

正如我们之前看到的，质心方法的一个问题是某类可能被划分到特征空间中的多个组中。随着组数的增加，指定类所需的质心数也会增加。如果我们按原来的方法使用训练数据并通过找到训练集中最接近的成员，并使用其标签为新输入样本选择类标签，而不是计算每个类的质心，该怎么办？

这种类型的分类器称为最近邻分类器。如果我们只查看训练集中最近的样本，我们使用的是一个邻居，因此我们称分类器为1最近邻（1-Nearest Neighbor 或 1-NN）分类器。但是我们不需要只看最近的训练点。我们可能想多查看几个，然后选一个最常见的类标签分配给新样本。如果出现平局，我们可以随机选择一个类标签。如果我们使用三个最近邻居，就有一个3-NN分类器，如果我们使用 k 个邻居，就有一个 k-NN分类器。

让我们重新审视图6-1的假设数据集，但我们生成一个新版本，使其中紧密的集群更加分散。我们仍然有两个特征和四个类，每个类有10个样本。设置 k=3，这是一个典型值。为了给新样本分配标签，我们在特征空间中绘制样本，然后找到三个最接近它的训练数据点。图6-4显示了三个未知样本的三个最近邻。

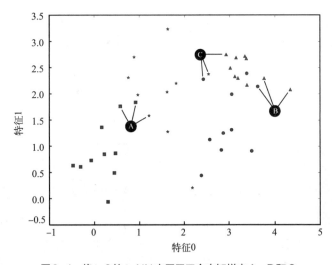

图6-4　将 k=3的 k-NN 应用于三个未知样本A、B和C

最接近样本A的三个训练数据点是正方形、正方形和星形。因此，通过多数票，我们将样本A分配给类方块。同样，样本B的三个最接近的训练数据点是圆形、三角形和三角形。因此，我们将样本B声明为三角形类。样本C的情况更有趣。在这种情况下，三个最接近的训练样本分别来自不同的类：圆形、星形和三角形。所以，投票是平局。

当这种情况发生时，k-NN必须做出选择。最简单的做法是随机选择类别标签，因为人们可能会争辩说这三个中的任何一个都有同样的可能性。或者，人们可能更相信未知样本和训练数据之间的距离值，并选择距离最短的那个。在这种情况下，用星形标记样本C，因为这是最接近它的训练样本。

k-NN分类器的美妙之处在于训练数据就是模型——不需要训练步骤。当然，训练数据必须与模型一起，并且根据训练集的大小，为新输入样本寻找 k 个最近邻可能在计算上非常昂贵。几十年来，人们一直在努力尝试加快邻居搜索或更有效地存储训练数据，但最终，维数灾难仍然存在并且仍然是一个问题。

然而，一些 k-NN 分类器表现得非常好：如果特征空间的维数足够小，k-NN 可能很有吸引力。需要在训练数据大小（这会带来更好的性能，但需要更多的存储和更费力的邻居搜索）以及特征空间的维度之间取得平衡。可能使用最近质心法非常适合的同类场景也非常适合 k-NN。然而，与最近质心法相比，k-NN 对扩散和有些重叠的类组可能更鲁棒。如果一个类的样本被分为几组，k-NN 会优于最近质心。

6.3　朴素贝叶斯

朴素贝叶斯分类器广泛用于自然语言处理研究，易于实现且易于理解，尽管我们必须有一定的数学功底和知识才能做到这一点。但是，我保证，即使符号不是那么熟悉，读者对本书正在描述的事情和数学推导也会比较容易理解。

该技术使用贝叶斯定理（参见 Thomas Bayes 于 1763 年出版的 *An Essay Towards Solving a Problem in the Doctrine of Chances*）。该定理涉及概率，其现代公式是

$$P(A \mid B) = \frac{P(B \mid A)P(A)}{P(B)}$$

上述公式使用了概率论中的一些数学符号，我们需要对这些符号稍作解释来理解我们将如何使用这个定理来实现分类器。

表达式 $P(A|B)$ 表示给定事件 B 已经发生的情况下，事件 A 发生的概率。在这种情况下，它被称为后验概率。类似地，$P(B|A)$ 表示给定事件 A 发生的情况下事件 B 发生的概率。我们称 $P(B|A)$ 为给定 A 的 B 的似然。最后，$P(A)$ 和 $P(B)$ 分别表示：事件 A 发生的概率，而不管事件 B 是否已经发生；事件 B 发生的概率，而不管事件 A 是否已经发生。我们称 $P(A)$ 为 A 的先验概率。$P(B)$ 是 B 发生的概率。

贝叶斯定理为我们提供了已经知道发生了其他事情（事件 B）时，发生某事（事件 A）的概率。那么这如何帮助我们进行分类呢？我们想知道一个特征向量是否属于给定的类。我们知道特征向量，但不知道类别。所以如果我们有一个 m 个特征向量的数据集，其中每个特征向量有 n 个特征，$x = \{x_1, x_2, x_3, \cdots, x_n\}$，那么我们可以用特征向量中的每个特征替换贝叶斯定理中的 B。我们也可以用 y 替换 A，y 是我们想要分配给新的未知特征向量 x 的类标签。

定理现在看起来像这样：

$$P(y \mid x_1, x_2, x_3, \cdots, x_n) = \frac{P(x_1, x_2, x_3, \cdots, x_n \mid y)P(y)}{P(x_1, x_2, x_3, \cdots, x_n)}$$

让我们解释一下。贝叶斯定理指出，如果我们知道在给定 y 是分类结果的情况下让 x 成为特征向量的可能性，并且我们知道类 y 出现的频率［这是 $P(y)$，y 的先验概率］，那么我们可以计算出特征向量 x 的类别为 y 的概率。如果我们能够对所有可能的类别、所有不同的 y 值执行此操作，我们就可以选择最高概率并将输入特征向量 x 标记为属于该类 y。

回想一下，训练数据集是一组对 (x^i, y^i)，用于已知特征向量 x^i 和它所属的已知类 y^i。这里 i 上标是计算训练数据集中的特征向量和标签对。现在，给定这样的数据集，我们可以通过绘制

每个类标签在训练集中出现的频率的直方图来计算 $P(y)$。我们相信训练集公平地代表了可能的特征向量的父分布，因此可以使用训练数据来计算需要利用贝叶斯定理的值。（有关确保数据集完备的技术，请参阅第 4 章。）

一旦有了 $P(y)$，我们就需要知道似然 $P(x_1, x_2, x_3, \cdots, x_n | y)$。不幸的是，我们不能直接计算这个。但前面的一切努力都没有白费：我们将做出一个让我们继续前进的假设。假设 x 中的每个特征在统计上都是独立的。这意味着我们任意选取特征 x_1 与任何其他 $n-1$ 个特征的值都没有任何关系。这并不总是正确的，甚至大部分时间都不是这样，但在实践中的事实证明，这个假设通常足够接近真实，我们可以使用。这就是为什么它被称为朴素贝叶斯的原因，因为假设特征彼此独立是一种理想情况。例如，当我们的输入是图像时，该假设绝对不正确。图像的像素高度依赖于彼此。随机选择一个，它旁边的像素几乎肯定在它的几个值之内。

当两个事件独立时，它们的联合概率，即它们都发生的概率，只是它们各自概率的乘积。独立性假设让我们像这样改变贝叶斯定理的似然部分：

$$P(x_1, x_2, x_3, \cdots, x_n | y) \approx \prod_{i=1}^{n} P(x_i | y)$$

符号 Π 表示相乘，就像符号 Σ 表示相加一样。等式的右边是说，如果我们知道测量一个特征的特定值的概率，比如特征 x_i，给定类标签是 y，我们就可以通过给定标签 y，将每个特征概率相乘在一起得到整个特征向量 x 的似然。

如果我们的数据集由分类值或离散值（例如整数）组成（例如年龄），那么可以通过为每个类型的每个特征构建直方图来使用数据集计算 $P(x_i|y)$ 值。例如，如果类型 1 的特征 x_2 具有以下值

```
7, 4, 3, 1, 6, 5, 2, 8, 5, 4, 4, 2, 7, 1, 3, 1, 1, 3, 3, 3, 0, 3,
4, 4, 2, 3, 4, 5, 2, 4, 2, 3, 2, 4, 4, 1, 3, 3, 3, 2, 2, 4, 6, 5,
2, 6, 5, 2, 6, 6, 3, 5, 2, 4, 2, 4, 5, 4, 5, 5, 2, 5, 3, 4, 3, 1,
6, 6, 5, 3, 4, 3, 3, 4, 1, 1, 3, 5, 4, 4, 7, 0, 6, 2, 4, 7, 4, 3,
4, 3, 5, 4, 6, 2, 5, 4, 4, 5, 6, 5
```

然后，每个值出现的概率如下

```
0: 0.02
1: 0.08
2: 0.15
3: 0.20
4: 0.24
5: 0.16
6: 0.10
7: 0.04
8: 0.01
```

以上表格数据以每个值出现的总次数，即数据集中值的总数除以 100 进行计算。

这个直方图正是我们需要找到 $P(x_2|y=1)$，即类标签为 1 时特征 2 的概率。例如，我们可以预期一个新的类 1 特征向量 x_2 约有 24% 的时间 $x_2=4$，并且大约有 8% 的时间 $x_2=1$。

通过为每个特征和每个类标签构建这样的表，我们可以构建离散分类事件的分类器。对于新的特征向量，我们使用表格来找出每个特征具有该值的概率。我们将这些概率中的每一个相乘，然后乘以该类别的先验概率。对于数据集中的 m 个类别中的每一类，重复此操作，将为我们提供一组 m 后验概率集合。为了对新特征向量进行分类，选择这 m 个值中最大的一个，并分配相应的类标签。

如果特征值是连续的，我们如何计算 $P(x_i|y)$？一种方法是将连续值装箱，然后在离散情况下制作表格。另一种是再做一个假设。我们需要对可以测量的 x_i 特征值的可能分布做出假设。大多数自然现象似乎都遵循正态分布。我们在第1章讨论了正态分布。那么让我们假设特征都服从正态分布。正态分布由其平均值（μ）和标准偏差（σ）定义。如果我们从分布中重复抽取样本，平均值只是我们期望的平均值。标准偏差衡量分布的宽度——在平均值周围的分布程度。

在数学上，我们想要做的是像这样替换每个 $P(x_i|y)$

$$P(x_i \mid y) \approx \mathrm{N}(\mu_i, \sigma_i)$$

对于我们特征向量中的每个特征。这里的符号 $\mathrm{N}(\mu_i, \sigma_i)$ 是表示以某个平均值（μ）为中心并由分散程度（σ）定义的正态分布。

我们并不真正知道确切的 μ 和 σ 值，但我们可以从训练数据中近似它们。例如，假设训练数据由25个样本组成，其中类型标签为0。此外，假设以下是特征3的值，即 x_3，在这些情况下：

```
0.21457111, 4.3311102, 5.50481251, 0.80293956, 2.5051598,
2.37655204, 2.4296739, 2.84224169, -0.11890662, 3.18819152,
1.6843311, 4.05982237, 4.14488722, 4.29148855, 3.22658406,
6.45507675, 0.40046778, 1.81796124, 0.2732696, 2.91498336,
1.42561983, 2.73483704, 1.68382843, 3.80387653, 1.53431146
```

然后我们在为类0设置特征3的正态分布时使用 $\mu_3=2.58$ 和 $\sigma_3=1.64$，因为这些值的平均值是2.58，而标准偏差，即平均值附近的分布是1.64。

当一个新的未知样本被提供给分类器时，如果实际类型是0，我们将使用以下等式计算给定 x_3 发生的概率。

$$P(x_3 \mid y = 0) = \frac{1}{\sigma_3 \sqrt{2\pi}} e^{-\frac{1}{2}\left(\frac{x_3 - \mu_3}{\sigma_3}\right)^2}$$

该等式来自具有均值 μ 和标准偏差 σ 的正态分布的定义。它表示，给定类型为 y 的特定特征值的似然分布，在我们根据正态分布从训练数据中测量的平均值附近。这是我们在特征之间的独立性假设之上做出的假设。

我们将这个方程用于未知特征向量中的每个特征。然后将结果概率相乘，并将该值乘以类0发生的先验概率。我们会为每个类型重复这个过程。最后，我们将有 m 个数字，即在 m 个类型中属于每个类型的特征向量的概率。为了做出最终决定，我们会做我们之前做的事情：选择这些概率中最大的一个，并将输入样本标记为相应类型。

有些读者可能会抱怨我们忽略了贝叶斯定理的分母。我们这样做是因为它在所有计算中都是一个常数，而且由于我们总是选择最大的后验概率，我们真的不关心是否将每个值除以一个常数。无论如何，我们将选择相同的类标签。

此外，对于离散情况，训练集可能不包含那些很少出现的值的样本。我们也忽略了这一点，但这是一个问题，因为如果值永远不会出现，我们使用的 $P(x_i|y)$ 将为0，使得整个后验概率也为0。这经常发生在自然语言处理中，例如，某一个特定词汇就很少使用。一种叫作拉普拉斯平滑的技术可以解决这个问题，但就我们的目的而言，我们声称"好的"训练集将代表特征的所有可能值，然后简单地向前推进。用于离散数据的sklearn MultinomialNB朴素贝叶斯分类器默认使用拉普拉斯平滑。

6.4   决策树与随机森林

图6-5（a）显示了一只右髋窝畸形的小狗的X射线图像。由于小狗在X射线中仰卧，因此右侧髋臼位于图像的左侧。图6-5（b）显示了像素强度（8位值，在[0,255]范围）的对应直方图。该直方图有两种模式，分别对应于暗背景和较亮强度的X射线数据。如果我们想将图像的每个像素分为背景或X射线，可以使用以下规则："如果像素强度小于11，则称为像素背景。"

这个规则实现了根据其中一个特征对数据决策，在本例中，这个特征是像素强度值。像这样的简单决策是决策树的核心，我们将在本节探讨这种分类算法。为了完整起见，如果我们将决策规则应用于图像中的每个像素，并为背景与X射线数据输出0或255（最大像素值），我们将得到一个掩码，显示哪些像素是图像的一部分见图6-6。

决策树是一组节点集合。这些节点要么定义一个条件，并根据条件的真假进行分支，要么选择一个特定的类别。没有分支的节点被称为叶子节点。决策树之所以被称为树，是因为，特别是对于我们在这里要考虑的二进制情况，它们的分支像树一样。图6-7显示了由sklearnDecisionTreeClassifier类对完整的鸢尾花数据集使用前三个特征学习的决策树。参见第5章。

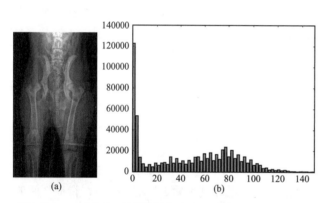

图6-5   一只小狗的X射线图像（a）和8位像素值[0,255]对应的直方图（b）

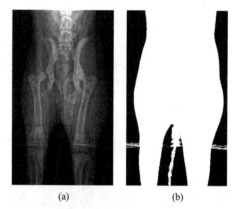

图6-6   一只小狗的X射线图像（a）和基于决策规则产生的相应像素掩码，白色像素是X射线图像的一部分（b）

按照惯例，树中的第一个节点，即根，绘制在顶部。对于这棵树，根节点提出了一个问题："花瓣长度是≤2.45吗？"如果是，则采用左分支，树立即到达叶节点并分配标签"virginica"（类0）。我们将很快讨论节点中的其他信息。如果花瓣长度不是≤2.45，则采用右分支，导致新节点询问："花瓣长度是≤4.75吗？"如果是这样，我们将移动到询问有关萼片长度问题的节点。如果不是，我们移动到正确的节点并再次考虑花瓣长度。这个过程一直持续到到达一个叶子，这决定了类标签。

刚才描述的过程正是决策树创建后的使用方式。对于任何新的特征向量，从根节点开始提出一系列问题，遍历树直到到达叶节点来决定类标签。这是在分类过程中移动的一种人性化方式，这就是为什么决策树在类分配的"原因"与类分配本身一样重要的情况下很方便。决策树可以自我解释。

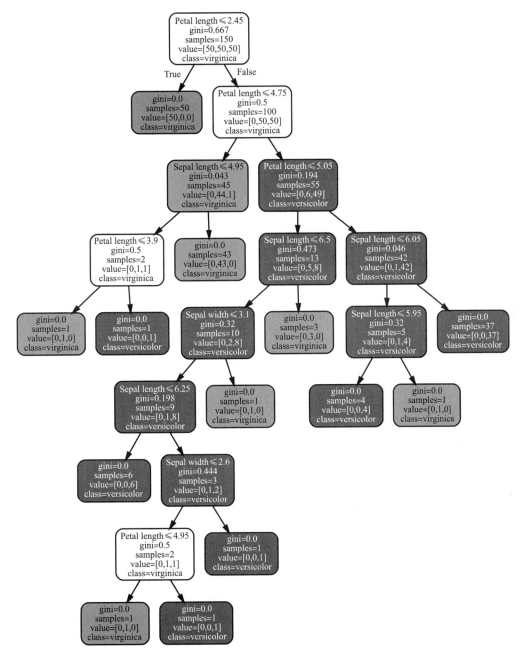

图6-7 鸢尾花数据集的决策树分类器

　　使用决策树很简单，但首先是如何创建决策树？与前几节中的简单算法不同，树的构建过程更为复杂，但并没有复杂到我们无法按照主要步骤来建立一些关于定义树的直觉。

6.4.1 递归初步

　　然而，在讨论决策树算法之前，我们需要讨论递归（recursion）的概念。如果您熟悉计算机科学，可能已经知道树状数据结构和递归是齐头并进的。如果没有，别担心，递归是一个简单但强大的概念。递归算法的本质是算法在不同的层次上重复自己。当递归在编程语言中实现为函数时，这通常意味着函数在某问题的较小版本上调用自身。自然地，如果函数无限期地调用自己，我们将有一个无限循环，所以递归需要一个停止条件——某种表示我们不再需要递归的条件。

让我们从数学上介绍递归的概念。整数n的阶乘，记为$n!$，定义为

$$n! = n(n-1)(n-2)(n-3)\cdots(n-n+1)$$

这只是意味着将所有从1到n的整数相乘。根据定义，0! =1。因此，5的阶乘是120，因为

$$5! = 5\times4\times3\times2\times1 = 120$$

如果我们看到5! 只不过是5×4! 或者，一般来说，$n! = n\times(n-1)!$。现在，让我们编写一个Python函数站在上述角度来使用递归计算阶乘。代码很简单，也是许多递归函数的标志，如清单6-1所示。

```python
def fact(n):
    if (n <= 1):
        return 1
    else:
        return n*fact(n-1)
```

清单6-1　计算阶乘

代码是n的阶乘是"$n-1$的阶乘的n倍"规则的直接实现。要找到n的阶乘，我们首先问n是否为1。如果是，我们知道阶乘是1，所以我们返回1——这就是我们的停止条件。如果n不是1，我们知道n的阶乘只是$n-1$的阶乘的n倍，我们通过以$n-1$作为参数调用fact来计算n的阶乘。

6.4.2　构建决策树

构建决策树（Decision Tree）的算法也是一种递归思想。让我们站在更高层次来看看发生了什么。该算法从根节点开始，为该节点确定适当的规则，然后在左右分支上调用自己。对左分支的调用将再次开始，就好像左分支是根节点一样。这将一直持续到满足停止条件。

对于决策树，停止条件是叶节点（我们将讨论决策树如何知道接下来是否创建叶节点）。一旦创建了叶节点，递归终止，算法返回到该叶节点的父节点并在右分支上调用自身。然后算法再次开始，就好像右分支是根节点一样。一旦两个递归调用都终止，并且创建了节点的左子树和右子树，算法将返回到该节点的父节点，依此类推，直到构建出整个树。

现在来更具体一点。训练数据如何用于构建树？当定义了根节点时，所有的训练数据都存在——比如说，所有的n个样本。这是用于选择根节点实现的规则的样本集。一旦选择了该规则并将其应用于训练样本，我们将有两组新样本：一组用于左侧（真值面,true），另一组用于右侧（假值面,false）。

然后递归处理这些节点，使用它们各自的训练样本集，为左右分支定义规则。每次创建分支节点时，该分支节点的训练集都会被拆分为符合规则的样本和不符合规则的样本。当训练样本集太小、某一类的比例足够高或已达到最大树深度时，我们可以对该节点进行声明。

现在您可能想知道，"我们如何为分支节点选择规则？"该规则将单个输入特征（如花瓣长度）与特定值相关联。决策树是一种贪心算法，这意味着在每个节点上，它为当前可用的信息集选择最佳规则。在这种情况下，这是节点可用的训练样本的当前集合。最佳规则是将类最好地被分为两组的规则。这意味着我们需要一种方法来选择可能的候选规则，并且我们有一种方

法可以确定候选规则是"最佳的"。决策树算法使用暴力筛选法来定位候选规则。它遍历特征和值的所有可能组合，通过分箱使连续值离散，并在应用规则后评估左右训练集的纯度。性能最好的规则是保存在该节点的规则。

"最佳表现"由分割成左右训练样本子集的纯度决定。衡量纯度的一种方法是使用Gini指标。这是sklearn使用的指标。鸢尾花样本中每个节点的Gini指标如图6-7所示。它被计算为

$$Gini = \sum_{i \neq j} P(y_i)P(y_j) = 1 - \sum_i P^2(y_i)$$

其中$P(y_i)$是当前节点子集中属于第i类的训练样本的比例。一个类之间的"完美划分"，所有都属于一个类而不涉及另一个类，将导致Gini指标为0。一个"五五开"的划分得到具有0.5的Gini指标。该算法通过选择导致最小Gini指标的候选规则来寻求最小化每个节点的Gini指标。

例如，在图6-7中，根下方的右侧节点的Gini指标为0.5。这意味着上面节点的规则，即根，将产生一个花瓣长度>2.45的训练数据子集，并且该子集将在类1和类2之间平均分配。这就是在节点文本中"值"这一行的含义。它显示了定义节点的子集中的训练样本数。"类"这行表示如果树停在该节点处将被分配的类。它只表示节点子集中训练样本数量最多的类的类型标签。当树用于新的未知样本时，它总是会从根运行到叶。

6.4.3 随机森林

当数据是离散的或分类的或有缺失值时，决策树很有用。首先需要对连续数据进行分箱（sklearn为您执行此操作）。然而，决策树有一个坏习惯，就是过度拟合训练数据。这意味着它们可能会学习到您碰巧使用的训练数据的无意义统计细微差别，而不是学习在应用于未知数据样本时有用数据的有意义的一般特征。除非对树进行深度参数管理，否则决策树也会随着特征数量的增加而变得非常大。

决策树遇到的过拟合问题可以通过使用随机森林来缓解。事实上，除非您的问题很简单，否则您可能希望从一开始就考虑使用随机森林。以下三个概念将决策树引至随机森林：

• 分类器的集合以及它们之间的投票；
• 通过选择替换样本，对训练集重新采样；
• 随机选择特征子集。

如果我们有一组分类器，每个分类器都使用不同的数据或不同类型进行训练，例如k-NN和朴素贝叶斯，我们可以使用它们的输出对实际类别进行投票，以分配给任何特定的未知样本。这被称为集成，随着分类器数量的增加收益递减，它通常会提高任何单个分类器的性能。我们可以采用类似的想法并想象决策树的集合或森林，但除非我们对训练集做更多的事情，否则我们将拥有完全相同的树的森林，因为一组特定的训练样本将始终得到完全相同的决策树。创建决策树的算法是确定性的——它总是返回相同的结果。

处理含有特定统计上的细微差别的训练集的一种方法是从原始训练集中选择一个新的训练集，但允许多次选择相同的训练集样本。这是一种替换思想下的选择。把它想象成从袋子里选择彩色弹珠，但在你选择下一个弹珠之前，把你刚刚选择的那个放回袋子里，这样你就可以再次选择它。以这种方式选择的新数据集称为自举抽样（bootstrap sample）。以这种方式构建新数据集的集合称为装袋，正是以这个重采样数据集集合构建的模型构建了随机森林。

如果我们训练多棵树，每棵树都有一个带替换的重采样训练集，我们将得到一片树林，每

一棵树都与其他树略有不同。仅此一点，再加上整体投票，可能会改善情况。然而，有一个问题。如果某些特征具有高度预测性，它们将占据主导地位，由此产生的森林彼此非常相似，因此具有非常相似的弱点。这就是随机森林的随机性发挥作用的地方。

区别于装袋，上述操作改变了每棵树训练集中的样本分布，而不是检查后的特征集合，如果我们为森林中的每棵树随机选择特征本身的子集，并仅对那些特征进行训练，会怎样？这样做会打破树木之间的相关性并增加森林的整体鲁棒性。在实践中，如果每个特征向量有 n 个特征，每棵树会随机选择 $\sqrt{n}$ 个特征来构建树。sklearn 也支持随机森林。

6.5　支持向量机

我们最后介绍的经典机器学习模型是一类在 20 世纪 90 年代的大部分时间里都使神经网络陷入困境的模型，即支持向量机（support vector machine, SVM）。如果说神经网络是用一种高度数据驱动的经验方法来生成模型，那么 SVM 肯定是一种非常优雅的、以数学为基础的方法。我们将在概念层面讨论 SVM 的性能，因为所涉及的数学知识超出了我们在这里想要介绍的范围。如果您对此感兴趣，经典参考是 Cortes 和 Vapnik（1995）撰写的《支持向量网络》（*Support-Vector Networks*）。

我们可以通过边距、支持向量、优化和核的概念获得直觉来总结支持向量机正在做什么。让我们依次看看每个概念。

6.5.1　边距

图 6-8 显示了具有两个特征的二分类数据集。我们已经绘制了数据集中的每个样本，特征 1 沿 x 轴，特征 2 沿 y 轴。类 0 显示为圆圈，类 1 显示为菱形。这显然是一个人为的数据集，通过在圆圈和菱形之间绘制一条线很容易将其分开。

分类器可以被认为是定位一个或多个平面，这些平面将训练数据的空间分成不同的组。在图 6-8 的情况下，分离"平面"是一条线。如果我们有三个特征，分离平面将是一个二维平面。对于四个特征，分离平面将是三维的，对于 n 维，分离平面是 $n-1$ 维。由于平面是多维的，我们将其称为超平面，并说分类器的目标是使用超平面将训练特征空间分成组。

如果我们再看一下图 6-8，我们可以想象一组无限长的线将训练数据分成两组，一边是所有类 0，另一边是所有类 1。我们想使用哪一个？好吧，让我们考虑一下分隔两个类的线的位置意味着什么。如果我们在右侧画一条线，就在任何一个菱形之前，我们就会将训练数据分开，但只是勉强分开。回想一下，我们使用训练数据作为每个类型样本真实分布的替代。我们拥有的训练数据越多，就越准确地知道真实的分布。然而，我们真的不知道。

一个新的、未知的样本，它必须属于类 0 或类 1，将落在图中的某个位置。有理由相信，在外部存在类 1（钻石）样本，它们比训练集中的任何样本都更接近圆圈。如果分隔线太靠近菱形，我们就有可能将原本的类 1 样本称为类 0，因为分隔线太靠右了。如果我们将分隔线非常靠近类 0 点（圆圈），也可以得出类似的结论。然后我们冒着将类 0 样本错误标记为类 1（钻石）的风险。

因此，在没有更多训练数据的情况下，选择离两个类尽可能远的分隔线似乎是最合理的。这是距离最右边的圆圈最远但仍然尽可能远离左边菱形的线。这条线是最大边距位置，其中边距定义为与最近采样点的距离。图 6-9 将最大边距位置显示为粗线，最大边距由两条虚线表示。SVM 的目标是定位最大边距位置，因为鉴于从训练集中获得的知识，这是我们最确定不会错误分类新样本的位置。

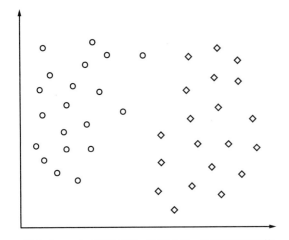

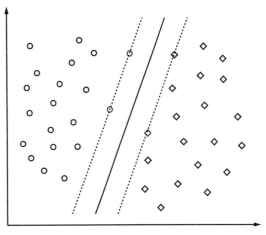

图6-8　一个小型数据集，有两个类，分别用圆形和菱形表示，以及每类含有两个特征，分别沿x轴和y轴分布

图6-9　图6-8的小型数据集具有最大边距分隔线（粗）和最大边距（虚线）

6.5.2　支持向量

再看图6-9。注意到边缘上的四个训练数据点了吗？这些是定义边距的训练样本，或者换句话说，支持边界，因此它们是支持向量。这就是支持向量机这个名字的由来。支持向量定义了边距，但我们如何使用它们来定位边距位置？在这里，我们将稍微简化一些事情，以避免大量复杂的矢量数学运算，这样做可能会让人觉得我们有点浑水摸鱼。有关更多数学处理，请参阅Christopher Burges(1998)撰写的《面向模式识别的支持向量机教程》（*A Tutorial on Support Vector Machines for Pattern Recognition*）。

6.5.3　优化

在数学上，我们可以通过求解优化问题来找到最大边距超平面。回想一下，在优化问题中，我们有一个依赖于某些参数的量化问题，并希望找到使该量化结果尽可能小或尽可能大的一组参数值。

在SVM的情况下，超平面的方向可以由向量$\vec{w}$指定。还有一个偏移量b，我们也必须找到它。最后，在进行优化之前，我们需要改变我们指定类标签的方式。我们将使用-1或$+1$，而不是对第i个训练样本的标签y_i使用0或1。这将使我们更简单地定义优化问题的条件。

所以，从数学上讲，我们想要的是找到$\vec{w}$和b使得数量$\frac{1}{2}\left\|\vec{w}\right\|^2$尽可能小，其中$y_i(\vec{w}\cdot\vec{x}-b)$

≥ 1对所有y_i数据集中的标签和x_i训练向量进行约束。这种优化问题很容易通过称为二次规划的技术解决。（我们在这里忽略了另一个重要的数学步骤：待解决的实际优化问题使用拉格朗日函数来解决对偶形式，但同样，我们将尽量避免将问题变得更复杂。）

前面的公式适用于假设只有两个类的数据集可以被超平面分割的情况。这是线性可分的情况。实际上，正如我们现在所了解的那样，并非每个数据集都可以通过这种方式进行分离。因此，优化问题的完整形式包括一个模糊因子C，它会影响找到的边距的大小。这个因子出现在sklearn SVM类中，需要在一定程度上进行定义。从实用的角度来看，C是SVM的一个超参数，我们需要设置这个值才能让SVM正确训练。C的正确值取决于问题。通常，模型的任何参数不是模型学习的，而是必须提前进行设置为模型所使用，例如SVM的C或k-NN的k，都是超参数。

6.5.4　核

我们还需要以适当的方式介绍一个数学概念。前面的描述是针对线性SVM，直接使用训练数据（$\bar{x}'$ s）。非线性情况将训练数据通过一个函数，通常称为$\phi(x)$ 映射到另一个空间，该函数生成新版本的训练数据向量x。SVM算法使用内积$x^\mathrm{T}z$，这意味着映射版本将使用$\phi(x)^\mathrm{T}\phi(z)$。在这种表示法中，向量被认为是一列数字，因此转置T产生一个行向量。然后$1\times n$行向量和$n\times 1$列向量的正常矩阵乘法将产生1×1输出，这是一个标量。内积通常写为

$$K(x,z) = \phi(x)^\mathrm{T}\phi(z)$$

并且函数$K(x,z)$被称为核。线性核是简单的$x^\mathrm{T}z$，但其他核也是可能的。高斯核是一种流行的核，也称为径向基函数（radial basis function, RBF）核。在实际使用中，除了C之外，这个内核引入了一个新参数，即γ。该参数与高斯核在特定训练点周围的分布情况有关，较小的值会扩展训练样本的影响范围。通常，使用C进行网格搜索，如果使用RBF内核，γ可以用来定位性能最佳的模型。

总而言之，支持向量机使用通过核函数映射的训练数据来优化超平面的方向和位置，从而在超平面和训练数据的支持向量之间产生最大边距。用户需要选择核函数和相关参数，如C等，以便模型最适合训练数据。

在深度学习出现之前，支持向量机在20世纪90年代和21世纪初期主导了机器学习。这是因为它们训练有素，不需要大量的计算资源就可以成功。然而，自从深度学习问世以来，SVM显得有些落伍了，因为强大的计算机使神经网络能够完成以前在更有限的计算资源下无法做到的事情。尽管如此，SVM仍有一席之地。SVM中的一种流行使用方法是面向在特定数据集上训练的大型神经网络时，其可以作为不同数据集的预处理器，并可以对神经网络的输出（减去网络的顶层）进行训练。

小结

　　在本章中，我们介绍了六种最常见的经典机器学习模型：最近质心、k-最近邻、朴素贝叶斯、决策树、随机森林和支持向量机。这些模型是经典的，因为它们已经使用了几十年。最支持使用它们的条件存在，它们也仍然具有相关性。有时，经典模型仍然是正确的选择。经验丰富的机器学习从业者会知道什么时候回归经典。

　　在下一章中，我们将通过sklearn使用这些模型，并使用上述介绍的每一个模型来进行一些实验，这些实验将在感官上帮助我们深化对模型如何工作以及何时使用它们的理解。

第 **7** 章

经典模型实验

在第6章中，我们介绍了几种经典的机器学习模型。现在让我们使用在第5章中构建的数据集，并将它们与这些模型一起使用，看看这些模型的性能如何。我们将使用sklearn来创建模型，然后通过查看它们在保留的测试集上的性能来比较它们。

这将使我们对如何使用sklearn有一个很好的认识，并从直观上帮助我们理解关于不同模型相对于彼此的表现差异。我们将使用三个数据集：鸢尾花原始数据集和增强数据集；乳腺癌数据集；MNIST手写数字数据集的向量形式。

7.1　鸢尾花数据集实验

我们将从鸢尾花数据集开始。该数据集具有四个连续特征——萼片长度、萼片宽度、花瓣长度和花瓣宽度的测量值，以及三个类型——不同的鸢尾花种类。该数据集有150个样本，三个类各50个。在第5章中，我们对数据集应用了PCA数据增强，因此我们实际上有两个版本可以使用：原始150个样本和1200个增强训练样本。两者都可以使用相同的测试集。

我们将使用sklearn来实现在第6章中论述的最近质心（Nearest Centroid）、k-最近邻（k-NN）、朴素贝叶斯（Naïve Bayes）、决策树（Decision Tree）、随机森林（Random Forest）和支持向量机（SVM）的模型版本。模型中的测试集几乎完全相同。唯一改变的是我们实例化的特定类。

7.1.1　测试经典模型

清单7-1展示了我们初始化测试的代码。

```
import numpy as np
from sklearn.neighbors import NearestCentroid
from sklearn.neighbors import KNeighborsClassifier
from sklearn.naive_bayes import GaussianNB, MultinomialNB
from sklearn.tree import DecisionTreeClassifier
from sklearn.ensemble import RandomForestClassifier
from sklearn.svm import SVC

❶ def run(x_train, y_train, x_test, y_test, clf):
    clf.fit(x_train, y_train)
    print(" predictions :", clf.predict(x_test))
    print(" actual labels:", y_test)
    print(" score = %0.4f" % clf.score(x_test, y_test))
```

```
        print()

    def main():
❷      x = np.load("../data/iris/iris_features.npy")
        y = np.load("../data/iris/iris_labels.npy")
        N = 120
        x_train = x[:N]; x_test = x[N:]
        y_train = y[:N]; y_test = y[N:]
❸      xa_train=np.load("../data/iris/iris_train_features_augmented.npy")
        ya_train=np.load("../data/iris/iris_train_labels_augmented.npy")
        xa_test =np.load("../data/iris/iris_test_features_augmented.npy")
        ya_test =np.load("../data/iris/iris_test_labels_augmented.npy")

        print("Nearest Centroid:")
❹      run(x_train, y_train, x_test, y_test, NearestCentroid())
        print("k-NN classifier (k=3):")
        run(x_train, y_train, x_test, y_test,
            KNeighborsClassifier(n_neighbors=3))
        print("Naive Bayes classifier (Gaussian):")
❺      run(x_train, y_train, x_test, y_test, GaussianNB())
        print("Naive Bayes classifier (Multinomial):")
        run(x_train, y_train, x_test, y_test, MultinomialNB())

❻      print("Decision Tree classifier:")
        run(x_train, y_train, x_test, y_test, DecisionTreeClassifier())
        print("Random Forest classifier (estimators=5):")
        run(xa_train, ya_train, xa_test, ya_test,
            RandomForestClassifier(n_estimators=5))

❼      print("SVM (linear, C=1.0):")
        run(xa_train, ya_train, xa_test, ya_test, SVC(kernel="linear", C=1.0))
        print("SVM (RBF, C=1.0, gamma=0.25):")
        run(xa_train, ya_train, xa_test, ya_test,
            SVC(kernel="rbf", C=1.0, gamma=0.25))
        print("SVM (RBF, C=1.0, gamma=0.001, augmented)")
        run(xa_train, ya_train, xa_test, ya_test,
            SVC(kernel="rbf", C=1.0, gamma=0.001))
❽      print("SVM (RBF, C=1.0, gamma=0.001, original)")
        run(x_train, y_train, x_test, y_test,
            SVC(kernel="rbf", C=1.0, gamma=0.001))
```

清单7-1　使用鸢尾花数据集的经典模型（参见 iris_experiments.py）

　　首先，我们导入必要的类和模块。注意，每个类都代表单一类型的模型（分类器）。对于朴素贝叶斯分类器，我们使用两个版本：高斯版本 GaussianNB，用于特征是连续值的情况，而 MultinomialNB 用于离散情况，以说明我们正在使用的数据集选择不适合的模型的效果。因为 sklearn 的分类器有一个统一的接口，我们可以通过使用相同的函数来训练和测试任何特定的分类器简化操作❶。我们传入训练特征（x_train）和标签（y_train）以及测试特征和标签（x_test, y_test）。我们还传入了特定的分类器对象（classifier object, clf）。

　　我们在 run 函数中做的第一件事是通过调用 fit 函数训练数据样本和标签将模型拟合到数据。这是训练步骤。模型训练好后，我们可以使用保留的测试数据调用 predict 方法来测试它的性能。此方法返回测试数据中每个样本的预测类标签。我们保留了原始150个样本中的30个，因此 predict 将返回一个包含30个类标签分配的向量，然后我们将其打印出来。接下来，我们打印实际的测试标签,以便我们可以直观地将它们与预测进行比较。最后,我们使用分数方法将分类器应用到测试数据(x_test),使用已知的测试标签(y_test)来计算整体准确率。

准确率以 0 ~ 1 之间的分数形式返回。如果每个测试样本都被赋予错误的标签,则准确率将为 0。即使是随机猜测也会比这更好,因此返回值 0 表示存在问题。由于鸢尾花数据集中有三个类,我们希望分类器随机猜测该类时,大约三分之一的时间是正确的,并返回接近 0.3333 的值。实际分数计算为

$$score = N_c / (N_c + N_w)$$

其中 N_c 是预测类正确的测试样本数,也就是说,它匹配 y_test 中的类标签。N_w 是预测类与实际类标签不匹配的测试样本数。

现在我们有了训练和测试每个分类器的方法,我们需要做的就是加载数据集并通过创建不同的分类器对象将它们传递给 run 函数来运行一系列实验。回到 main 主函数内部,我们首先加载原始鸢尾花数据集并将其分成训练和测试样本❷。我们还加载了在第 5 章❸中创建的增强版鸢尾花数据集。按照设计,两个测试集是相同的,所以无论我们使用哪个训练集,测试集都是相同的。这简化了我们的比较。然后我们定义并执行最近质心分类器❹。输出如下所示:

```
Nearest Centroid:
 predictions :[0112021202111122022011011102211]
 actual labels:[0112021202111122022011011102211]
 score = 1.0000
```

我们删除了空格,以便更轻松地在预测和实际类别标签之间进行直观的对比。如果出现错误,相应的值 0 ~ 2 将不会在两行之间匹配。这里也会显示得分。在这种情况下,如果得分是1.0,它就表明我们分类器在保留的测试集上的预测是完美的。这并不奇怪,鸢尾花数据集是一个简单的数据集。由于鸢尾花数据集在第 5 章中创建时是随机的,因此您可能会得到不同的得分。但是,除非您的随机化特别不合理,否则您的测试分数应该很高。

根据我们在第 6 章中学到的知识,我们应该预判到,如果最近质心分类器在测试数据上是完美的,那么所有其他更复杂的模型也将同样完美。通常是这样的情况,但正如我们将看到的,即使我们在使用更复杂的模型时,模型类型或模型超参数的无心选择,在一定程度上也会导致分类器性能下降。

再次查看清单 7-1,我们通过传递样本给 GaussianNB 来运行❺以便训练高斯型朴素贝叶斯分类器。这个分类器也是完美的,返回 1.0 的得分。这是在朴素贝叶斯分类器中使用连续值的正确方法。即使有连续特征,如果我们改为使用离散样本,会发生什么情况?这里 MultinomialNB 分类器假设特征是从一组离散的可能值中选择的。对于鸢尾花数据集,我们可以避免定义这样的分类器,因为特征值是非负的。但是,因为特征不是离散的,所以这个模型并不完美,返回如下:

```
Naive Bayes classifier (Multinomial):
 predictions :[0112022202111222022202101102221]
 actual labels:[0112021202111122022011011102211]
 score = 0.8667
```

在这里我们看到分类器在所选的测试样本上的准确率只有 86.7%。如果我们需要概率的离散计数,为什么这种方法在这种情况下有效?答案在 MultinomialNB 分类器的 sklearn 源代码中很明显。使用 np.dot 计算每个类的特征频率的方法时,即使特征值是连续的,尽管输出不是整数,但

输出也将是一个有效数字。尽管如此，我们还是犯了错误，所以不应该高兴。相反，我们应该小心谨慎地为我们正在处理的实际数据选择合适的分类器类型。

我们在清单7-1中训练的下一个模型是决策树❻。这个分类器对这个数据集来说是完美的，接下来训练的随机森林也是如此。注意，随机森林使用了五个估计器，这意味着创建和训练了五个随机树，各个输出之间的投票决定了最终的类别标签。另请注意，随机森林是在增强的鸢尾花数据集xa_train上训练的，因为没有做过数据增强的训练集中样本的数量有限。

然后，我们也在增强的数据集上训练几个SVM分类器❼。回想一下，SVM有两个我们控制的参数：边距常数C和高斯核使用的γ。

第一个是线性SVM，这意味着我们需要一个边距常数（C）的值。我们将C定义为1.0，即sklearn的默认值。这个分类器在测试数据上是完美的。下面使用高斯核的分类器也是如此，我们也将其设置为0.25。SVC类默认为auto用于γ，设置为$1/n$，其中n是特征数。对于鸢尾花数据集，$n=4$，所以$\gamma=0.25$。

接下来，我们用非常小的γ训练模型。分类器在测试数据上仍然是完美的。最后，我们训练相同类型的SVM，但我们使用原始训练数据集❽，而不是增强训练数据。这个分类器并不完美：

```
SVM (RBF, C=1.0, gamma=0.001, original)
predictions :[022202020222222202202202202220]
actual labels:[011202120211112202201101102211]
score = 0.5667
```

事实上，结果是相当不尽如人意的。它从不预测第1类，并且只有56.7%的时间是正确的。这表明数据增强是有价值的，因为它将一个糟糕的分类器变成了一个好的分类器——至少，就我们使用的小测试集而言，它是好的！

7.1.2 实现最近质心分类器

如果我们被困在一个荒岛上并且无法访问sklearn怎么办？我们还能为鸢尾花数据集快速构建一个合适的分类器吗？答案是肯定的，如清单7-2所示。这段代码为鸢尾花数据集实现了一个快速而简易的最近质心分类器。

```
import numpy as np

❶ def centroids(x,y):
    c0 = x[np.where(y==0)].mean(axis=0)
    c1 = x[np.where(y==1)].mean(axis=0)
    c2 = x[np.where(y==2)].mean(axis=0)
    return [c0,c1,c2]

❷ def predict(c0,c1,c2,x):
    p = np.zeros(x.shape[0], dtype="uint8")
    for i in range(x.shape[0]):
        d = [((c0-x[i])**2).sum(),
            ((c1-x[i])**2).sum(),
            ((c2-x[i])**2).sum()]
        p[i] = np.argmin(d)
    return p

def main():
  ❸ x = np.load("../data/iris/iris_features.npy")
```

```
y = np.load("../data/iris/iris_labels.npy")
N = 120
x_train = x[:N]; x_test = x[N:]
y_train = y[:N]; y_test = y[N:]
c0, c1, c2 = centroids(x_train, y_train)
p = predict(c0,c1,c2, x_test)
nc = len(np.where(p == y_test)[0])
nw = len(np.where(p != y_test)[0])
acc = float(nc) / (float(nc)+float(nw))
print("predicted:", p)
print("actual :", y_test)
print("test accuracy = %0.4f" % acc)
```

清单7-2 面向鸢尾花数据集的一个快速而简易的最近质心分类器（参见iris_centroids.py）

我们像之前一样加载鸢尾花数据并将其分成训练集和测试集❸。centroids函数返回三个类❶的质心。我们可以轻松地通过找到所需类别的每个训练样本的每个特征均值来计算这些。这就是训练这个模型所需的全部内容。如果我们将返回的质心与前面训练的最近质心分类器（参见centroids中的成员变量）中的质心进行比较，我们会得到完全相同的值。

使用分类器很简单，如预测所示❷。首先，我们定义预测向量，每个测试样本（x）一个预测向量。该循环定义了d，即从当前测试样本x[i]到三个类质心的欧几里得距离向量。d中最小距离的索引是预测的类标签（p[i]）。

让我们再详细解释一下。我们将d设置为三个值的列表，即从质心到当前测试样本的距离。表达方式如下：

```
((c0-x[i])**2).sum()
```

语句c0-x[i]返回一个包含四个数字的向量——四个数字是因为我们有四个特征。这些是类0的质心和测试样本特征值之间的差异。这个数量是平方的，它对四个值中的每一个进行平方。这个平方向量被逐个元素相加，以返回距离的度量。

严格来说，我们错过了最后一步。c0和x[i]之间的实际距离是该值的平方根。由于我们只是寻找到每个质心的最小距离，因此不需要计算平方根。无论我们是否取所有值的平方根，最小值仍然是最小值。运行此代码会产生与我们之前看到的最近质心分类器相同的输出，这是令人鼓舞的。

鸢尾花数据集非常简单，因此即使我们看到模型类型和超参数的粗心选择会给我们带来麻烦，我们也不应该对模型的出色性能感到惊讶。现在让我们看一个具有更多特征的更大的数据集，它来源于实际。

7.2 乳腺癌数据集实验

我们在第5章中开发的两类乳腺癌数据集有569个样本，每个样本有30个特征，所有测量值都来自组织学载玻片。恶性病例212例（类1），良性病例357例（类0）。让我们在这个数据集上训练我们的经典模型，看看得到什么样的结果。由于所有特征都是连续的，让我们使用数据集的归一化版本。回顾一下，归一化数据集是这样的：特征向量中的每个特征，每个值都减去该特征的均值，然后除以标准差：

$$x' = \frac{x - \bar{x}}{\sigma}$$

数据集的归一化将所有特征映射到相同的整体范围，以便一个特征的值与另一个特征的值相似。这有助于训练许多类型的模型，并且是典型的数据预处理步骤，正如我们在第4章中讨论的那样。

7.2.1 两次初始测试运行

首先，我们将使用单个测试拆分进行快速运行，就像我们在上一节中所做的那样。代码在清单7-3中，模仿我们之前描述的代码，我们传递样本给模型，训练它，然后使用测试数据对其进行评分。

```python
import numpy as np
from sklearn.neighbors import NearestCentroid
from sklearn.neighbors import KNeighborsClassifier
from sklearn.naive_bayes import GaussianNB, MultinomialNB
from sklearn.tree import DecisionTreeClassifier
from sklearn.ensemble import RandomForestClassifier
from sklearn.svm import SVC

def run(x_train, y_train, x_test, y_test, clf):
    clf.fit(x_train, y_train)
    print(" score = %0.4f" % clf.score(x_test, y_test))
    print()

def main():
    x = np.load("../data/breast/bc_features_standard.npy")
    y = np.load("../data/breast/bc_labels.npy")
 ❶  N = 455
    x_train = x[:N]; x_test = x[N:]
    y_train = y[:N]; y_test = y[N:]

    print("Nearest Centroid:")
    run(x_train, y_train, x_test, y_test, NearestCentroid())
    print("k-NN classifier (k=3):")
    run(x_train, y_train, x_test, y_test,
        KNeighborsClassifier(n_neighbors=3))
    print("k-NN classifier (k=7):")
    run(x_train, y_train, x_test, y_test,
        KNeighborsClassifier(n_neighbors=7))
    print("Naive Bayes classifier (Gaussian):")
    run(x_train, y_train, x_test, y_test, GaussianNB())
    print("Decision Tree classifier:")
    run(x_train, y_train, x_test, y_test, DecisionTreeClassifier())
    print("Random Forest classifier (estimators=5):")
    run(x_train, y_train, x_test, y_test,
        RandomForestClassifier(n_estimators=5))
    print("Random Forest classifier (estimators=50):")
    run(x_train, y_train, x_test, y_test,
        RandomForestClassifier(n_estimators=50))
    print("SVM (linear, C=1.0):")
    run(x_train, y_train, x_test, y_test, SVC(kernel="linear", C=1.0))
    print("SVM (RBF, C=1.0, gamma=0.03333):")
    run(x_train, y_train, x_test, y_test,
        SVC(kernel="rbf", C=1.0, gamma=0.03333))
```

清单7-3 使用乳腺癌数据集的初始模型（参见bc_experiments.py）

和前面的操作一样，我们加载数据集并将其拆分为训练和测试数据。我们保留569个样本中的455个用于训练（80%），剩下的114个样本是测试集（74个良性，40个恶性）。数据集已经随机化了，所以我们在这里跳过这一步。然后我们训练九个模型：最近质心（1）、k-NN（2）、朴素贝叶斯（1）、决策树（1）、随机森林（2）、线性SVM（1）和RBF SVM（1）。对于支持向量机，我们使用默认的C值，对于γ，我们使用1/30=0.033333，因为我们有30个特征。运行这段代码，我们得到了表7-1中的分数。

表7-1　乳腺癌分类模型得分表

模型类型	得分
最近质心	0.9649
3-NN	0.9912
7-NN	0.9737
朴素贝叶斯（高斯）	0.9825
决策树	0.9474
随机森林（5）	0.9298
随机森林（50）	0.9737
线性SVM(C=1)	0.9737
RBF SVM(C=1,γ=0.03333)	0.9825

请注意，随机森林分类器括号中的数字是估计器的数量（森林中的树木数量）。

一些意想不到的事情往往突然出现在我们面前。首先，令人惊讶的是，简单的最近质心分类器在近97%的时间里都是正确的。我们还看到，除了决策树和具有五棵树的随机森林之外，其他分类器都比最近质心做得更好。有点令人惊讶的是，朴素贝叶斯分类器的表现非常好，与RBFSVM相匹配。k=3时的k-NN分类器的表现最好，准确率为99%，即使我们有30个特征，这意味着我们的569个样本是分散在30维空间中的点。回想一下，k-NN的一个弱点是维数灾难：随着特征数量的增加，它需要越来越多的训练样本。所有分类器的结果都很好，所以这向我们暗示，对于这个数据集，恶性和良性之间的区别是不同的。使用这些特征的两个类之间没有太多重叠。

那么，我们完成了这个数据集的分类了吗？几乎可以说，没有！事实上，我们才刚刚开始。如果我们第二次运行代码，会发生什么呢？我们会得到相同的分数吗？第二次运行结果见表7-2。

表7-2　第二轮乳腺癌分类的评分

模型类型	得分
最近质心	0.9649
3-NN	0.9912
7-NN	0.9737
朴素贝叶斯（高斯）	0.9825
决策树	0.9386
随机森林（5）	0.9474
随机森林（50）	0.9649
线性SVM(C=1)	0.9737
RBF SVM(C=1,γ=0.03333)	0.9825

我们突出显示了发生变化的得分。为什么会有变化？我们马上做一点反思！这里：随机森林就是随机的，所以我们很自然地期望运行不同的结果。决策树呢？在sklearn中，决策树分类器会随机选择一个特征并找到最佳分支，因此不同的运行也会导致生成不同的树。这是我们在第6章中讨论的基本决策树算法的变形。

所有其他算法都是固定的：对于给定的训练数据集，它们只能产生一个模型。顺便说一句，sklearn中的SVM的实现中确实使用了随机数生成器，因此有时不同的运行会给出略有不同的结果，但从概念上讲，我们希望相同的模型用于相同的输入数据。然而，基于树的分类器在训练运行之间会发生变化。接下来我们将更多地探索这种变化。现在，需要为我们的快速分析增加一些严谨性。

7.2.2   随机拆分的影响

让我们改变训练和测试数据之间的拆分，看看我们的结果会发生什么变化。我们不需要再次列出所有代码，因为唯一的变化是x_train和x_test的定义方式。在拆分之前，我们随机化整个数据集的顺序，但首先固定伪随机数种子，以便每次运行对数据集给出相同的顺序。再次查看列表7-3中的示例，在❶之前插入以下代码，以便我们生成数据集（idx）的固定排列。

```
np.random.seed(12345)
idx = np.argsort(np.random.random(y.shape[0]))
x = x[idx]
y = y[idx]
```

排列是固定的，因为我们固定了伪随机数生成器的种子值。然后我们相应地重新对样本（x）和标签（y）进行排序，并像以前一样分成训练和测试子集。运行这段代码，我们得到了表7-3中的结果。

表7-3   随机化数据集后的乳腺癌分类模型得分

模型类型	得分
最近质心	0.9474
3-NN	0.9912
7-NN	0.9912
朴素贝叶斯（高斯）	0.9474
决策树	0.9474
随机森林（5）	0.9912
随机森林（50）	1.0000
线性 SVM($C = 1$)	0.9649
RBF SVM($C=1$, $\gamma = 0.03333$)	0.9737

注意，这些与我们之前的结果完全不同。两种k-NN分类器所得结果一样好，SVM分类器更差，50树随机森林在测试集上达到了完美。那么，发生了什么？为什么我们要运行所有这些不同的结果？

我们看到了构建训练和测试拆分的随机抽样的效果。第一次拆分恰好使用了样本排序，该排序对一种模型类型给出了良好的结果，而对其他模型类型给出了不太好的结果。新的拆分有利于不同的模型类型。哪个是对的？两个都对。回想一下数据集代表什么：来自某个未知父分布的样本，它生成了我们实际拥有的数据。如果我们从这些方面考虑，我们会看到我们拥有的数据集是真实父分布的不完整图片集合。它有偏差，尽管我们不知道它们究竟是什么，但是可以清楚地看出存在偏差的数据集的缺陷在于数据集不能很好地代表父分布的某些部分。

此外，当我们在对顺序进行随机化并拆分数据时，我们可能会在训练或测试部分得到"糟糕"的混合——这些数据的混合在表现真实分布方面做得很差。如果是这样，我们可能会训练一个模型来识别与真实分布不太匹配或略微不同的分布，或者测试集可能是一个糟糕的组合，不能公平地表示模型所学到的东西。当类的比例使得一个或多个类很少并且可能不存在于训练或测试分组中时，这种效果甚至更加明显。这正是导致我们在第4章中引入k折交叉验证思想的问题。通过k折验证，我们一定会在某个时候将每个样本用作训练和测试，并为自己保留一些措施，通过对所有折叠进行平均来防止出现错误的拆分。

然而，在我们对乳腺癌数据集应用k折验证之前，我们应该注意一件重要的事情。我们修改了清单7-3的代码以修复伪随机数种子，以便我们每次运行时都可以以完全相同的方式重新排序数据集。然后我们运行代码并查看结果。如果我们重新运行代码，我们将得到完全相同的输出，即使对于基于树的分类器也是如此。这不是我们之前看到的。树分类器是随机的——它们每次都会生成一个独特的树或森林——所以我们应该期望结果在每次运行中都会有所不同。但现在它没有变化：我们每次都得到相同的输出。通过显式设置NumPy伪随机数种子，我们不仅修复了数据集的排序，还修复了sklearn将用于生成树模型的伪随机序列的排序。这是因为sklearn也在使用NumPy伪随机数生成器。这是一种具有潜在严重后果的微妙影响，在较大的项目中可能很难将其视为错误。解决方案是在我们完成对数据集的重新排序后将种子设置为随机值。我们可以通过在y=y[idx]后添加一行来做到这一点

```
np.random.seed()
```

上述代码使用系统状态重置伪随机数生成器，通常从/dev/urandom读取。现在，当我们再次运行代码时，就像以前一样，我们将得到不同的树模型结果。

7.2.3 加入k折验证

要实现k折（k-fold）验证，我们首先需要为k选择一个值。我们的数据集有569个样本。我们希望将其拆分，以便每次折叠都有相当数量的样本，因为我们希望使测试集合理地表示数据。这样做有利于使k变小。然而，我们也将一个较差的数据拆分对数据集的影响进行平均，所以我们可能希望k更大。如果我们设置$k=5$，则每次拆分将获得113个样本（忽略最后四个样本，这应该对数据集没有任何影响）。这为每种折叠组合留下了80%的训练和20%的测试，这是合理的做法。所以，我们将使用$k=5$，当我们进行代码编写时，我们还要考虑可以根据需要改变k。

我们已经有了一种在训练/测试拆分基础上训练多个模型的方法。我们需要添加的只是生成k个折叠中的每一个代码，然后在它们上训练模型。代码显示在清单7-4和清单7-5中，分别显示了辅助函数和主函数。让我们从清单7-4开始介绍。

```
import numpy as np
from sklearn.neighbors import NearestCentroid
from sklearn.neighbors import KNeighborsClassifier
from sklearn.naive_bayes import GaussianNB, MultinomialNB
from sklearn.tree import DecisionTreeClassifier
from sklearn.ensemble import RandomForestClassifier
from sklearn.svm import SVC
import sys
```

```
def run(x_train, y_train, x_test, y_test, clf):
    clf.fit(x_train, y_train)
    return clf.score(x_test, y_test)

def split(x,y,k,m):

 ❶ ns = int(y.shape[0]/m)
    s = []
    for i in range(m):
     ❷ s.append([x[(ns*i):(ns*i+ns)],
                 y[(ns*i):(ns*i+ns)]])
    x_test, y_test = s[k]
    x_train = []
    y_train = []
    for i in range(m):
        if (i==k):
            continue
        else:
            a,b = s[i]
            x_train.append(a)
            y_train.append(b)
 ❸ x_train = np.array(x_train).reshape(((m-1)*ns,30))
    y_train = np.array(y_train).reshape((m-1)*ns)
    return [x_train, y_train, x_test, y_test]

def pp(z,k,s):
    m = z.shape[1]
    print("%-19s: %0.4f +/- %0.4f | " % (s, z[k].mean(),
        z[k].std()/np.sqrt(m)), end='')
    for i in range(m):
        print("%0.4f " % z[k,i], end='')
    print()
```

清单7-4　使用 k 折验证来评估乳腺癌数据集（辅助函数请参见bc_kfold.py）

清单7-4开始部分包含我们之前使用的所有模块，然后定义了三个函数：run、split 和 pp。run函数看起来很熟悉。它需要一个训练集、测试集和模型样本，训练这个模型，然后根据测试集对模型进行评分。pp函数是一个漂亮的打印函数，用于显示每个拆分的模型得分以及所有拆分的平均得分。平均值显示为平均值 ± 平均值的标准差。回想一下，sklearn得分是模型在测试集上的整体准确率，或者模型预测测试样本实际类别的次数的得分。完美是1.0分，完全失败是0.0。完全失败的情况很少见，因为即使是随机猜测也会在某些时候得到正确的结果。

清单7-4中唯一有趣的函数是split。它的参数是完整的数据集 x、相应的标签 y、当前折叠数 k 和折叠总数 m。我们将整个数据集分成 m 个不同的集合，进行折叠，并使用第 k 个折叠作为测试，同时将剩余的 $m-1$ 个折叠合并到一个新的训练集。首先，我们设置每折的样本数❶。然后循环创建一个折叠列表 s。这个列表的每个元素都包含折叠❷的特征向量和标签。

测试集很简单，它是第 k 折，所以我们接下来设置这些值（x_test,y_test）。然后循环取剩余的 $m-1$ 次折叠并将它们合并到一个新的训练集 x_train，并标注标签 y_train。

循环的后两行有点神秘。当循环结束时，x_train是一个列表，其中的每个元素都是一个列表，表示训练集中我们想要的该折叠的特征向量。因此，我们首先为这个列表创建一个NumPy数组，然后对其进行变形，以便使 x_train 具有30列——每个向量的特征数和 n_s（$m-1$）行，其中 n_s 是每折叠的样本数。因此x_train变成x减去我们放入测试折叠的样本，即第k折叠的样本。我们还构建了y_train，以便构建正确的标签与x_train中的每个特征向量相匹配。

清单7-5向我们展示了如何使用辅助函数。

```
def main():
    x = np.load("../data/breast/bc_features_standard.npy")
    y = np.load("../data/breast/bc_labels.npy")
    idx = np.argsort(np.random.random(y.shape[0]))
    x = x[idx]
    y = y[idx]
❶ m = int(sys.argv[1])
    z = np.zeros((8,m))

    for k in range(m):
        x_train, y_train, x_test, y_test = split(x,y,k,m)
        z[0,k] = run(x_train, y_train, x_test, y_test,
                    NearestCentroid())
        z[1,k] = run(x_train, y_train, x_test, y_test,
                    KNeighborsClassifier(n_neighbors=3))
        z[2,k] = run(x_train, y_train, x_test, y_test,
                    KNeighborsClassifier(n_neighbors=7))
        z[3,k] = run(x_train, y_train, x_test, y_test,
                    GaussianNB())
        z[4,k] = run(x_train, y_train, x_test, y_test,
                    DecisionTreeClassifier())
        z[5,k] = run(x_train, y_train, x_test, y_test,
                    RandomForestClassifier(n_estimators=5))
        z[6,k] = run(x_train, y_train, x_test, y_test,
                    RandomForestClassifier(n_estimators=50))
        z[7,k] = run(x_train, y_train, x_test, y_test,
                    SVC(kernel="linear", C=1.0))
    pp(z,0,"Nearest"); pp(z,1,"3-NN")
    pp(z,2,"7-NN"); pp(z,3,"Naive Bayes")
    pp(z,4,"Decision Tree"); pp(z,5,"Random Forest (5)")
    pp(z,6,"Random Forest (50)"); pp(z,7,"SVM (linear)")
```

清单7-5 使用k折验证来评估乳腺癌数据集（主要代码请参见bc_kfold.py）

我们在main主函数中做的第一件事是加载完整的数据集并随机排序。折叠数m从命令行❶读取并用于创建输出数组z。这个数组保存了我们将要训练的八个模型中的每一个模型的每个折叠得分，所以它的形状为$8 \times m$。回想一下，当从命令行运行Python脚本时，在脚本名称之后传递的任何参数都可以在sys.argv（一个字符串列表）中使用。这就是将参数传递给int以将其转换为整数❶的原因。

接下来，我们遍历m个折叠，其中，第k折是我们将用于测试数据的折叠。我们创建一个拆分，然后使用拆分来训练我们之前训练的八种模型类型。每次调用run都会训练传入类型的模型，并返回通过针对第k次折叠作为测试数据的得分结果。我们将这些结果存储在z中。最后，我们使用pp来显示每个模型类型和每个折叠的得分以及所有折叠的平均得分。

表7-4给出了一个简单的代码的运行示例（k=5，且仅显示所有折叠的平均得分）的结果。

表7-4 平均折叠数超过5折的乳腺癌模型的得分

模型	平均值 ± SE
最近质心	0.9310 ± 0.0116
3-NN	0.9735 ± 0.0035

续表

模型	平均值 ± *SE*
7-NN	0.9717 ± 0.0039
朴素贝叶斯	0.9363 ± 0.0140
决策树	0.9027 ± 0.0079
随机森林（5）	0.9540 ± 0.0107
随机森林（50）	0.9540 ± 0.0077
SVM（线性）	0.9699 ± 0.0096

在这里，我们展示了每个模型在所有折叠上的平均性能。理解结果的一种方法是，如果我们要使用数据集中的所有数据训练模型并针对来自同一父分布的新样本对其进行测试，那么对于每种模型类型来说，所获得的测试性能都应该在我们期望中。实际上，在实践中我们会这样做，因为我们可以首先假设构建模型的原因就是为了在将来出于某个目的来使用这个训练好的模型。

设置$k=5$，再次运行代码，则会出现一组新的输出。这是因为我们在每次运行时都会随机化数据集的顺序（清单7-5）。这会产生一组新的拆分，并意味着每个模型将在每次运行时在完整数据集的不同子集组合上进行训练。所以，我们应该预期得到不同的结果。让我们在$k=5$的情况下运行代码1000次。注意，在非常标准的台式计算机上训练这么多模型大约需要20min。对于每次运行，我们将获得五次折叠的平均得分。然后我们计算这些平均值的均值，这被称为总平均值。结果如表7-5所示。

表7-5　运行超过1000次5折交叉的乳腺癌得分的总平均值

模型	总平均值 ± *SE*
最近质心	0.929905 ± 0.000056
3-NN	0.966334 ± 0.000113
7-NN	0.965496 ± 0.000110
朴素贝叶斯	0.932973 ± 0.000095
决策树	0.925706 ± 0.000276
随机森林（5）	0.948378 ± 0.000213
随机森林（50）	0.958845 ± 0.000135
SVM（线性）	0.971871 ± 0.000136

我们可以将这些平均值作为针对一组新的未知特征向量输入时，每个模型的性能指标。平均值的小标准差表明平均值的已知程度，而不是在数据集上训练的那种类型的模型必然执行的程度。我们使用大均值来帮助我们对模型进行排序，以便可以选择一个而不是另一个。

将模型从最高分到最低分排名如下：

1. SVM（线性）；

2. k-NN（$k=3$）；

3. k-NN（$k=7$）；

4. 随机森林（50）；

5. 随机森林（5）；

6. 朴素贝叶斯（高斯）；

7. 最近质心；

8. 决策树。

这很有趣，因为我们可能期望SVM是最好的，但可能会假设随机森林比k-NN做得更好。决策树没有我们想象得那么好，并且不如最近质心分类器准确。

我们将在这里总结一下。首先，注意，这些结果来自8000种不同模型对数据集的1000种不同排序进行的训练。当我们研究神经网络时，会看到更长的训练时间。使用经典机器学习模型进行试验通常很容易，因为对每次参数的更改都不需要长时间的训练。

其次，我们没有尝试优化任何模型超参数。其中一些超参数是间接的，例如假设特征是正态分布的，因此高斯朴素贝叶斯分类器是一个合理的选择，而其他超参数是数值的，例如k-NN中的邻居数量或随机森林中的树的数量。如果我们想使用经典模型为这个数据集彻底开发一个好的分类器，我们将不得不探索其中的一些超参数。理想情况下，我们会为每个新的超参数设置重复实验很多次，以获得分数的严格平均值，就像我们之前使用运行超过1000次后的总平均值一样。在下一节中，我们将更多地使用超参数，在那里我们将看到如何搜索与我们的数据集配合良好的超参数。

7.2.4 搜索超参数

让我们探索一些超参数对各种模型类型的影响。具体来说，让我们看看是否可以优化k-NN的k选择、随机森林的森林大小以及线性SVM的C边距大小。

（1）微调k-NN分类器

因为k-NN分类器中的邻居数量是一个整数，通常是奇数，所以很容易重复我们的五重交叉验证实验，同时改变$k \in \{1,3,5,7,9,11,13,15\}$。为此，我们只需要更改清单7-5中的主循环，以便每次调用run函数都使用不同数量的邻居下的KNeighborsClassifier，如下所示。

```
for k in range(m):
    x_train, y_train, x_test, y_test = split(x,y,k,m)
    z[0,k] = run(x_train, y_train, x_test, y_test,
                KNeighborsClassifier(n_neighbors=1))
    z[1,k] = run(x_train, y_train, x_test, y_test,
                KNeighborsClassifier(n_neighbors=3))
    z[2,k] = run(x_train, y_train, x_test, y_test,
                KNeighborsClassifier(n_neighbors=5))
    z[3,k] = run(x_train, y_train, x_test, y_test,
                KNeighborsClassifier(n_neighbors=7))
    z[4,k] = run(x_train, y_train, x_test, y_test,
                KNeighborsClassifier(n_neighbors=9))
    z[5,k] = run(x_train, y_train, x_test, y_test,
                KNeighborsClassifier(n_neighbors=11))
    z[6,k] = run(x_train, y_train, x_test, y_test,
                KNeighborsClassifier(n_neighbors=13))
    z[7,k] = run(x_train, y_train, x_test, y_test,
                KNeighborsClassifier(n_neighbors=15))
```

表7-6展示了重复运行1000次使用完整数据集不同随机排序下的5折交叉验证获得的总平均值。

表7-6 乳腺癌的得分——使用不同k值和5折验证获得的总平均值

k	总平均值 $\pm SE$
1	0.951301 ± 0.000153
3	0.966282 ± 0.000112

续表

k	总平均值 ±*SE*
5	0.965998 ± 0.000097
7	0.96520 ± 0.000108
9	**0.967011±0.000100**
11	0.965069 ± 0.000107
13	0.962400 ± 0.000106
15	0.959976 ± 0.000101

我们突出显示了$k=9$，因为它返回了最高得分。这表明我们可能希望对这个数据集使用$k=9$。

（2）微调随机森林

让我们看看随机森林模型。sklearnRandomForestClassifier类有很多我们可以操作的超参数。为了避免过于迂腐，我们将只在森林中寻找最佳数量的树木。这是n_estimators参数。正如在k-NN中对k所做的那样，我们将在一系列森林大小中进行搜索，并选择在运行1000次5折验证的情况下能给出最佳总平均分数的那个参数。

这是一个一维网格状搜索。我们逐一改变k值，但是对于森林中的树木数量，我们需要覆盖更大的范围。我们不希望森林中的10棵树或11棵树之间存在有意义的差异，特别是考虑到即使树的数量是固定的，每次随机森林训练都会导致不同的树集。我们在上一节中多次看到这种效果。相反，让我们通过从$n_t \in \{5,20,50,100,200,500,1000,5000\}$中来选择树木的数量，其中$n_t$是森林中的树木数量（估计量的数量）。运行此搜索为我们提供了表7-7中的总平均值。

表7-7   乳腺癌的得分——使用不同随机森林大小和5折验证所获得的总平均值

n_t	总平均值 ±*SE*
5	0.948327 ± 0.000206
20	0.956808 ± 0.000166
50	0.959048 ± 0.000139
100	0.959740 ± 0.000130
200	0.959913 ± 0.000122
500	0.960049 ± 0.000117
750	0.960147 ± 0.000118
1000	0.960181 ± 0.000116

首先需要注意的是差异非常小，但如果运行Mann-Whitney U检验，会发现$n_t=5$（最差）和$n_t=1000$（最佳）之间的差异在统计上是显著的。但是，$n_t=200$和$n_t=1000$之间的差异并不显著。这里我们需要进行一个判断。设置$n_t=1000$确实给出了最好的结果，但出于实际目的，它与$n_t=500$甚至$n_t=100$无法区分。由于随机森林的运行时间与树的数量成线性比例，因此使用$n_t=100$会导致分类器比使用$n_t=1000$平均快10倍。因此，出于这个原因，根据分类任务，我们可能会选择$n_t=100$而不是$n_t=1000$。

（3）微调SVM模型

让我们把注意力转向线性SVM。对于线性内核，我们将调整超参数C。注意，sklearn有其他参数，就像它在随机森林中所做的那样，但我们将保留它们的默认设置。

我们应该在哪个范围搜索超参数 C 呢？答案取决于问题本身，但 sklearn 默认值 $C=1$ 是一个很好的起点。我们将选择 1 乘以不同的几个数量级作为超参数 C 的值。具体来说，我们将从 $C \in \{0.001, 0.01, 0.1, 1.0, 2.0, 10.0, 50.0, 100.0\}$ 中进行选择。运行 1000 次 5 折验证，每次对完整数据集进行不同的随机排序，得出的总体均值如表 7-8 所示。

表7-8 乳腺癌的得分——使用不同 C 值的SVM模型和5折验证所获得的总平均值

C	总平均值 $\pm SE$
0.001	0.938500 ± 0.000066
0.01	0.967151 ± 0.000089
0.1	0.975943 ± 0.000101
1.0	0.971890 ± 0.000141
2.0	0.969994 ± 0.000144
10.0	0.966239 ± 0.000154
50.0	0.959637 ± 0.000186
100.0	0.957006 ± 0.000189

$C=0.1$ 时，得到了最佳分类精度。虽然在统计上，$C=0.1$ 和 $C=1$ 之间的差异是有意义的，但实际上差异只有 0.4% 左右，因此 $C=1$ 的默认值同样是一个合理的选择。C 值的进一步细化是可能的，因为我们看到 $C=0.01$ 和 $C=2$ 给出相同的精度，而 $C=0.1$ 高于两者，这意味着如果 C 值曲线平滑，则落在 $[0.01, 2.0]$ 区间。

为我们的数据集找到合适的 C 参数是成功使用线性 SVM 的关键部分。我们之前粗略运行使用了一维网格搜索。正如我们期望的，因为 C 是连续的，作为 C 函数的精度图也将是平滑的。如果是这种情况，人们可以想象搜索正确的 C 参数，使用的不是网格搜索，而是优化算法。

然而，在实践中，数据集排序的随机性及其对 k 折交叉验证结果输出的影响可能会使优化算法找到的任何 C 值来应对具体的问题。在大多数情况下，在更大范围内进行网格搜索（可能进行一级细化）就足够了。关键信息是：花一些时间寻找合适的 C 值以最大化线性 SVM 的有效性。

细心的读者会注意到，前面的分析忽略了基于 RBF 核的 SVM。现在让我们重新审视它，看看如何对 C 和 γ 进行简单的二维网格搜索，其中 γ 是与 RBF（高斯）核相关联的参数。sklearn 拥有 GridSearchCV 类执行复杂的网格搜索。我们在这里不是为了教学而使用它，而是展示如何直接进行简单的网格搜索。对于这个内核来说，为这两个参数选择好的值尤其重要。

对于搜索，我们将使用与线性情况相同的 C 值范围。对于 γ，我们将使用 2 的幂，2^ρ，乘以 sklearn 默认值，对于 $\rho \in [-4, 3]$，$1/30 = 0.03333$。对于当前的 C 值，搜索将在移动到下一个 C 值之前对每个值的数据集进行 5 折验证，以便考虑所有 (C, γ) 数据对，并输出导致最大分数（准确率）的数据对。代码如清单 7-6 所示。

```
import numpy as np
from sklearn.svm import SVC

def run(x_train, y_train, x_test, y_test, clf):
    clf.fit(x_train, y_train)
    return clf.score(x_test, y_test)

def split(x,y,k,m):
    ns = int(y.shape[0]/m)
```

```
        s = []
        for i in range(m):
            s.append([x[(ns*i):(ns*i+ns)], y[(ns*i):(ns*i+ns)]])
        x_test, y_test = s[k]
        x_train = []
        y_train = []
        for i in range(m):
            if (i==k):
                continue
            else:
                a,b = s[i]
                x_train.append(a)
                y_train.append(b)
        x_train = np.array(x_train).reshape(((m-1)*ns,30))
        y_train = np.array(y_train).reshape((m-1)*ns)
        return [x_train, y_train, x_test, y_test]

    def main():
        m = 5
        x = np.load("../data/breast/bc_features_standard.npy")
        y = np.load("../data/breast/bc_labels.npy")
        idx = np.argsort(np.random.random(y.shape[0]))
        x = x[idx]
        y = y[idx]

    ❶  Cs = np.array([0.01,0.1,1.0,2.0,10.0,50.0,100.0])
        gs = (1./30)*2.0**np.array([-4,-3,-2,-1,0,1,2,3])
        zmax = 0.0
    ❷  for C in Cs:
            for g in gs:
                z = np.zeros(m)
                for k in range(m):
                    x_train, y_train, x_test, y_test = split(x,y,k,m)
                    z[k] = run(x_train, y_train, x_test, y_test,
                        SVC(C=C,gamma=g,kernel="rbf"))
            ❸  if (z.mean() > zmax):
                    zmax = z.mean()
                    bestC = C
                    bestg = g
        print("best C = %0.5f" % bestC)
        print(" gamma = %0.5f" % bestg)
        print(" accuracy= %0.5f" % zmax)
```

清单7-6　面向RBF核SVM的C和γ参数的二维网格搜索（乳腺癌数据集，参见bc_rbf_svm_search.py）

　　两个辅助函数run和split与我们之前使用的完全相同（参见清单7-4），所有的动作都在main主函数。我们将折叠数固定为5，然后加载并随机化整个数据集。

　　然后定义特定的C值和γ值来搜索❶。注意gs是如何定义的。开头部分是1/30，特征数量的倒数。这是sklearn使用的默认值。然后我们将这个因子乘以一个数组（$2^{-4}, 2^{-3}, 2^{-1}, 2^{0}, 2^{1}, 2^{2}, 2^{3}$），得到我们的最终值。注意，其中一个值正是sklearn使用的默认值，因为$2^{0}=1$。

　　双循环❷遍历所有可能的C和γ数值对。对于每一对，我们进行5折验证以获得z中的一组五个分数。然后我们询问该集合的均值是否大于当前最大值（zmax），如果是，则更新最大值并将C和γ值保持为我们当前的最佳值❸。当循环遍历C和γ值并退出时，我们将在bestC和bestg中获得最佳值。

如果我们重复运行这段代码，每次都会得到不同的输出。这是因为我们正在随机化完整数据集的顺序，这将改变所有折叠中的子集，导致所有折叠的平均分数不同。例如，运行上述程序10次产生的输出结果如表7-9。

表7-9　运行10次以上得到具有不同C和γ值的RBFSVM的乳腺癌分类得分

C	γ	准确性
1	0.03333	0.97345
2	0.03333	0.98053
10	0.00417	0.97876
10	0.00417	0.97699
10	0.00417	0.98053
10	0.01667	0.98053
10	0.01667	0.97876
10	0.01667	0.98053
1	0.03333	0.97522
10	0.00417	0.97876

这些结果表明（C,γ）=（10,0.00417）是一个很好的组合。如果我们像以前一样使用这些值生成超过1000次5折验证的总平均值，我们得到的总体准确率为0.976991，即97.70%，这是我们针对乳腺癌数据集训练的任何模型类型中最高的总平均准确率。

乳腺癌数据集不是一个大型数据集。我们能够使用k折验证来找到一个很好的模型。现在，让我们从纯矢量数据集转移到实际基于图像且更大的MNIST数据集。

7.3　MNIST数据集实验

7.3.1　测试经典模型

MNIST包含60000张训练图像（大致均匀地分布在数字之间）和10000张测试图像。由于我们有大量的训练数据，至少对于像我们在这里关注的那些经典模型而言，我们不会使用k折验证，当然我们也绝对可以去那样做。我们将对训练数据进行训练并在测试数据上进行测试，并相信两者来自一个共同的父分布（它们确实如此）。

由于我们的经典模型需要向量输入，我们将使用在第5章中创建的MNIST数据集的向量形式。图像被分解，以便使向量的前28个元素是第0行，接下来的28个元素是第1行，然后对应28×28=784个元素的输入向量，依此类推。图像存储为8位灰度，因此灰度数据值从0到255。我们将考虑数据集的三个版本。第一个是原始字节版本；第二个版本是我们通过除以256（可能的灰度值的数量）将数据值缩放到[0,1]的版本；第三个是归一化版本，其中，每个"特征"（实际上就是像素），我们减去整个数据集中该特征的平均值，然后除以标准差。这将让我们探索特征值的范围如何影响接下来的工作的（如果有的话）。

图7-1显示了原始图像的示例和从[0,255]范围做归一化向量分解后生成的图像。归一化会影响外观，但不会破坏数字图像各部分之间的空间关系。将灰度数据缩放到[0,1）将导致图像看起来与图7-1上部的图像相同。

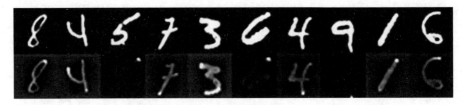

图7-1　原始MNIST数字（上部）和模型使用的归一化版本（下部）

我们即将使用的代码与之前使用的代码非常相似，但为了解释接下来采用的方法的原因，我们将使用新的SVM类LinearSVC替换原有的SVC类。首先，看看清单7-7中的辅助函数。

```python
import time
import numpy as np
from sklearn.neighbors import NearestCentroid
from sklearn.neighbors import KNeighborsClassifier
from sklearn.naive_bayes import GaussianNB, MultinomialNB
from sklearn.tree import DecisionTreeClassifier
from sklearn.ensemble import RandomForestClassifier
from sklearn.svm import LinearSVC
from sklearn import decomposition


def run(x_train, y_train, x_test, y_test, clf):
    s = time.time()
    clf.fit(x_train, y_train)
    e_train = time.time() - s
    s = time.time()
    score = clf.score(x_test, y_test)
    e_test = time.time() - s
    print("score = %0.4f (time, train=%8.3f, test=%8.3f)"
          % (score, e_train, e_test))


def train(x_train, y_train, x_test, y_test):
    print("    Nearest Centroid          : ", end='')
    run(x_train, y_train, x_test, y_test, NearestCentroid())
    print("    k-NN classifier (k=3)     : ", end='')

    run(x_train, y_train, x_test, y_test,
        KNeighborsClassifier(n_neighbors=3))
    print("    k-NN classifier (k=7)     : ", end='')
    run(x_train, y_train, x_test, y_test,
        KNeighborsClassifier(n_neighbors=7))
    print("    Naive Bayes (Gaussian)    : ", end='')
    run(x_train, y_train, x_test, y_test, GaussianNB())
    print("    Decision Tree             : ", end='')
    run(x_train, y_train, x_test, y_test, DecisionTreeClassifier())
    print("    Random Forest (trees= 5)  : ", end='')
    run(x_train, y_train, x_test, y_test,
        RandomForestClassifier(n_estimators=5))
    print("    Random Forest (trees= 50) : ", end='')
    run(x_train, y_train, x_test, y_test,
        RandomForestClassifier(n_estimators=50))
    print("    Random Forest (trees=500) : ", end='')
    run(x_train, y_train, x_test, y_test,
        RandomForestClassifier(n_estimators=500))
    print("    Random Forest (trees=1000): ", end='')
    run(x_train, y_train, x_test, y_test,
```

```
        RandomForestClassifier(n_estimators=1000))
    print("    LinearSVM (C=0.01)      : ", end='')
    run(x_train, y_train, x_test, y_test, LinearSVC(C=0.01))
    print("    LinearSVM (C=0.1)       : ", end='')
    run(x_train, y_train, x_test, y_test, LinearSVC(C=0.1))
    print("    LinearSVM (C=1.0)       : ", end='')
    run(x_train, y_train, x_test, y_test, LinearSVC(C=1.0))
    print("    LinearSVM (C=10.0)      : ", end='')
    run(x_train, y_train, x_test, y_test, LinearSVC(C=10.0))
```

清单7-7 使用经典模型训练不同尺寸版本的MNIST数据集（辅助函数请参见mnist_experiments.py）

清单7-7的运行函数与之前使用的类似，只是添加了代码来计算训练和测试所需的时间。这些时间与分数一起报告给我们。我们为MNIST添加的代码与小型的鸢尾花和乳腺癌数据集不同，MNIST具有更多的训练样本，因此模型类型之间的差异运行时将开始显现出来。train函数是新的，但它所做的只是针对不同类型模型的运行进行包装调用。

现在看一下清单7-8，其中包含main主函数。

```
def main():
    x_train = np.load("mnist_train_vectors.npy").astype("float64")
    y_train = np.load("mnist_train_labels.npy")
    x_test = np.load("mnist_test_vectors.npy").astype("float64")
    y_test = np.load("mnist_test_labels.npy")

    print("Models trained on raw [0,255] images:")
    rain(x_train, y_train, x_test, y_test)
    print("Models trained on raw [0,1] images:")
    train(x_train/256.0, y_train, x_test/256.0, y_test)

❶  m = x_train.mean(axis=0)
    s = x_train.std(axis=0) + 1e-8
    x_ntrain = (x_train - m) / s
    x_ntest = (x_test - m) / s

    print("Models trained on normalized images:")
    train(x_ntrain, y_train, x_ntest, y_test)

❷  pca = decomposition.PCA(n_components=15)
    pca.fit(x_ntrain)
    x_ptrain = pca.transform(x_ntrain)
    x_ptest = pca.transform(x_ntest)

    print("Models trained on first 15 PCA components of normalized images:")
    train(x_ptrain, y_train, x_ptest, y_test)
```

清单7-8 使用经典模型训练不同尺寸版本的MNIST数据集（main主函数请参见mnist_experiments.py）

清单7-8的main主函数加载数据，使用原始字节型图像数据训练模型。此后使用缩放的[0,1）版本的训练数据和测试数据重复训练模型。这是我们将要使用的数据集的前两个版本。

归一化数据需要了解每个特征的均值和标准差❶。请注意，我们给标准差添加了一个小值以弥补标准差为零的像素。毕竟，我们不能除以零。我们需要对测试数据进行归一化，但是我们应该使用哪些均值和哪些标准差？通常，我们的训练数据多于测试数据，因此使用训练数据的均值和标准差是有意义的，它们能够更好地表示最初生成数据的父分布的真实均值和标准差。但是，有时，训练和测试数据分布之间可能存在细微差异，在这种情况下，考虑测试均值和标准差可能是有意义的。在这种情况下，因为MNIST训练和测试数据集是一起创建的，所以没有区别，所以我们将使用训练数据的归一化后的值。请注意，所有新的未知样本也需要使用相同的特征均值和标准差。

接下来，我们将PCA应用到数据集，就像我们在第5章❷中对鸢尾花数据所做的那样。在这里，我们保留前15个主元。这些占数据方差的33%以上，并将特征向量从784个特征（像素）减少到15个特征（主成分）。然后我们使用这些特征训练模型。

运行此代码会产生大量可供我们学习的输出。让我们首先考虑每个模型类型和数据源的得分。这些在表7-10中显示，括号中的值是随机森林中树的数量。

表7-10　不同预处理步骤下的MNIST模型得分

模型	原始［0,255］	缩放［0,1］	归一化	PCA
最近质心	0.8203	0.8203	0.8092	0.7523
k-NN（k=3）	0.9705	0.9705	0.9452	0.9355
k-NN（k=7）	0.9694	0.9694	0.9433	0.9370
朴素贝叶斯	0.5558	0.5558	0.5239	0.7996
决策树	0.8773	0.8784	0.8787	0.8403
随机森林（5）	0.9244	0.9244	0.9220	0.8845
随机森林（50）	0.9660	0.9661	0.9676	0.9215
随机森林（500）	0.9708	0.9709	0.9725	0.9262
随机森林（1000）	0.9715	0.9716	0.9719	0.9264
线性SVM（C=0.01）	0.8494	0.9171	0.9158	0.8291
线性SVM（C=0.1）	0.8592	0.9181	0.9163	0.8306
线性SVM（C=1.0）	0.8639	0.9182	0.9079	0.8322
线性SVM（C=10.0）	0.8798	0.9019	0.8787	0.7603

查看最近质心的得分。当我们在数据集的不同版本中从左向右移动时，这些是有意义的。对于原始数据，10个类别中每个类别的中心位置会产生一个准确率为82%的简单分类器，考虑到随机猜测的准确率接近10%（10个类别为1/10），这还算不错。按常数缩放数据不会改变每个类质心之间的相对关系，因此我们预计表7-10的第2列中的性能与第1列中的性能相同。

然而，归一化不仅仅是将数据除以一个常数。我们在图7-1中清楚地看到了效果。这种改变，至少对于MNIST数据集来说，改变了质心之间的关系，导致准确率下降到80.9%。

最后，使用PCA将特征数量从784减少到15会产生严重的负面影响，导致准确率仅为75.2%。注意这个词"仅为"。过去，在深度学习出现之前，对于10个类的问题，75%的准确率通常被认为是相当不错的。然而，事实并非如此。谁会坐上一辆每四次就会发生一次事故的自动驾驶汽车？我们想做得更好。

接下来让我们考虑k-NN分类器。我们看到k=3和k=7的性能相似，并且与我们在最近质心分类器中看到的趋势相同。我们可以预料到这两种类型的模型实际上是非常相似的。然而，最近质心和k-NN两种模型之间的精度差异是巨大的。97%的准确率通常被认为是好的。但是，谁会选择失败率为3%的择期手术呢？

当我们查看朴素贝叶斯分类器时，事情就变得有趣了。在这里，数据集的所有版本都表现不佳，但仍然比猜测好5倍。我们看到PCA处理的数据集的准确率大幅提升，从56%提高到80%。这是使用PCA后唯一改进的模型类型。为什么会这样？记住，我们使用的是高斯朴素贝叶斯，这意味着我们的独立性假设与这样一个假设相结合，即每个特征的连续特征值实际上是从正态分布中提取的，我们可以从特征值本身估计其参数、均值和标准差。

现在回忆一下PCA在几何上的作用。这相当于将特征向量旋转到一组新的坐标上，这些坐标与数据集的最大正交方向对齐。正交这个词意味着一个方向的任何部分都不会与其他方向的任何部分重叠。想象一个三维图的x轴、y轴和z轴。x的任何部分都没有沿着y或z，依此类推。这就是PCA所做的。因此，PCA使朴素贝叶斯的第一个假设更有可能成立，即新特征确实彼此独立。添加关于每像素值分布的高斯假设，我们对表7-10中的内容进行了解释。

基于树的分类器、决策树和随机森林，在我们获得数据集的PCA版本之前，其性能大致相同。事实上，原始数据和按256缩放的数据之间没有区别。同样，这样的结果也是可以预期的，因为所有按常数缩放都是缩放树或树主体中每个节点的决策阈值。和以前一样，通过PCA处理降维向量会导致准确性的损失，因为这种处理已经丢弃了潜在的重要信息。

对于任何数据源，我们都会看到相互之间有意义的分数。和以前一样，单个决策树的表现最差，除了应对简单的分类示例外，它应该是最差的，因为它通过随机森林与一组树竞争。对于随机森林，分类结果得分随着森林中树木数量的增加而提高——这再次符合预期。然而，这种改进带来的回报是递减的。从5棵树到50棵树时有显著的改进，但从500棵树到1000棵树的改进很小。

在我们查看SVM结果之前，让我们了解为什么要从SVC类切换到LinearSVC类。顾名思义，LinearSVC只实现了一个线性内核。SVC类更通用，可以实现其他内核，那为什么要切换呢？

原因与代码的运行时长有关。在计算机科学中，复杂性有特定的定义，在整个复杂性研究分支领域中专门用于分析算法以及它们在输入规模越来越大时的表现。我们在这里只关心大O符号。这是一种表征算法的运行时间如何随着输入（或输入的数量）越来越大而变化的方式。

例如，经典的冒泡排序算法可以很好地处理几十个要排序的数字。但是，随着输入变大（要排序的数字越多），运行时间不是线性增加而是平方增加，这意味着对数字进行排序的时间t与要排序的数字数量的平方成正比$t \propto n^2$，写成$O(n^2)$。因此，冒泡排序是一种n^2阶算法。一般来说，我们希望算法比n^2更好，更像n，写成$O(n)$，甚至独立于n，写成$O(1)$。事实证明，用于训练SVM的内核算法比$O(n^2)$差，因此当训练样本数量增加时，运行时间会激增。这是从SVC类切换到不使用内核的LinearSVC类的原因之一。

切换的第二个原因与支持向量机设计用于二元分类（只有两个装）这一事实有关。MNIST数据集有10个类，因此必须、做一些不同的事情。这里有多种方法。根据sklearn文档，SVC类使用一对一的方法来训练成对的分类器：类0对类1，类1对类2，类0对类2，依此类推。这意味着它最终训练的不是一个而是$m(m-1)/2$个分类器，用于$m=10$个类别，即$10 \times (10-1)/2=45$个单独的分类器。在这种情况下效率不高。LinearSVC分类器使用一对一的方法。这意味着它训练SVM对"0"与"1~9"进行分类，然后将"1"与"0、2~9"分类，依此类推，总共只有10个分类器，每个数字一个。

使用SVM分类器，我们看到了缩放数据与原始字节数据输入相比的好处非常明显。我们还看到最佳C值可能在$C=0.1$和$C=1.0$之间。请注意，简单的[0,1]缩放会导致SVM模型优于（对于这个数据集！）在标准化数据上训练的模型。对于不同的C值，影响很小但一致。而且，正如我们之前看到的，通过PCA将维度从784个特征降低到仅15个特征会导致相当大的精度损失。在这种情况下，PCA似乎没有帮助。我们稍后再回来研究这个问题，看看我们是否能理解这是为什么。

7.3.2 分析运行时间

现在让我们看看算法的运行时间性能。表7-11显示了每种模型类型和数据集版本的训练时间和测试时间（以秒为单位）。

看看测试环节所有时间。这是每个模型对测试集中的10000位图像进行分类所需的时间。我们首先想到的是k-NN很慢。使用完整特征向量时，对测试集进行分类需要十多分钟！只有当我们下降到前15个PCA主元时，我们才会看到合理的k-NN运行时长。这是我们为看似简单的想法付出代价的一个很好的例子。回想一下，k-NN分类器会找到与我们希望分类的未知样本最接近的k个训练样本。这里最接近的意思是欧几里得意义上的，就像图上两点之间的距离。在这种情况下，我们没有二维或三个维度，而是784个。

表7-11　每种模型类型的训练时间和测试时间　　　　　　　　　　　单位：s

模型	原始 [0,255]		缩放 [0,1]		归一化		PCA	
	训练	测试	训练	测试	训练	测试	训练	测试
最近质心	0.23	0.03	0.24	0.03	0.24	0.03	0.01	0.00
k-NN（k=3）	33.24	747.34	33.63	747.22	33.66	699.58	0.09	3.64
k-NN（k=7）	33.45	746.00	33.69	746.65	33.68	709.62	0.09	4.65
朴素贝叶斯	0.80	0.88	0.85	0.90	0.83	0.94	0.02	0.01
决策树	25.42	0.03	25.41	0.02	25.42	0.02	2.10	0.00
随机森林（5）	2.65	0.06	2.70	0.06	2.61	0.06	1.20	0.03
随机森林（50）	25.56	0.46	25.14	0.46	25.27	0.46	12.06	0.25
随机森林（500）	252.65	4.41	249.69	4.47	249.19	4.45	121.10	2.51
随机森林（1000）	507.52	8.86	499.23	8.71	499.10	8.91	242.44	5.00
线性SVM（C=0.01）	169.45	0.02	5.93	0.02	232.93	0.02	16.91	0.00
线性SVM（C=0.1）	170.58	0.02	36.00	0.02	320.17	0.02	37.46	0.00
线性SVM（C=1.0）	170.74	0.02	96.34	0.02	488.06	0.02	66.49	0.00
线性SVM（C=10.0）	170.46	0.02	154.34	0.02	541.69	0.02	86.87	0.00

因此，对于每个测试样本，我们需要在训练数据中找到k=3或k=7个最近的点。最简单的方法是计算未知样本与60000个训练样本中的每一个之间的距离，对它们进行排序，查看k个最小距离，然后投票决定输出类标签。这是一项大量工作，因为我们有60000个训练样本和10000个测试样本，总共进行了600000000次距离计算。事情并没有那么糟糕，因为sklearn会自动选择用于查找最近邻的算法，并且数十年的研究已经发现了"比蛮力更好"的方法。好奇的读者会想要研究K-D树和球树（ball tree，有时也称为度量树）这两个术语，可参考Kibriya和Frank（2007）发表的"An Empirical Comparison of Exact Nearest Neighbor Algorithms"。尽管如此，由于其他模型类型和k-NN之间的运行时间存在极大差异，因此有必要记住，如果数据集很大，k-NN会有多慢。

下一个测试时间最慢的是随机森林分类器。我们理解为什么拥有500棵树的森林比拥有50棵树的森林要花10倍的时间，我们要评估的树数量是原来的10倍。训练时间也是线性扩展的。使用PCA减少特征向量的大小会有所改善，但不会提高50倍（784个特征除以15个PCA特征约等于50），因此性能差异主要不受特征向量大小的影响。

在随机森林之后，线性SVM是下一个最慢的训练，但它们的执行时间非常短。长训练时间和短分类（推理）时间是许多模型类型的标志。最简单的模型训练快、使用快，如最近质心或朴素贝叶斯，但总的来说，"训练慢，使用快"是一个安全的假设。神经网络尤其如此。

除了朴素贝叶斯分类器之外，使用PCA会损害模型的性能。让我们做一个实验，看看随着PCA主元数量的变化，PCA的效果如何。

7.3.3　PCA主元的实验

对于表7-10和表7-11，我们选择了15个PCA主元，这些主元代表了数据集中约33%的方差。这个值是随机选择的。你可以想象使用一些其他数量的主元来训练模型。

让我们研究一下所使用的PCA主元数量对所产生的模型的准确性的影响。我们将改变主元的数量，从10到780，这基本上是图像中的所有特征。对于每种主元的数量，我们将训练一个朴素贝叶斯分类器，一个由50棵树组成的随机森林，以及一个 $C=1.0$ 的线性SVM。这样处理的代码见清单7-9。

```
def main():
    x_train = np.load("../data/mnist/mnist_train_vectors.npy")
                        .astype("float64")
    y_train = np.load("../data/mnist/mnist_train_labels.npy")
    x_test = np.load("../data/mnist/mnist_test_vectors.npy").astype("float64")
    y_test = np.load("../data/mnist/mnist_test_labels.npy")
    m = x_train.mean(axis=0)
    s = x_train.std(axis=0) + 1e-8
    x_ntrain = (x_train - m) / s
    x_ntest = (x_test - m) / s

    n = 78
    pcomp = np.linspace(10,780,n, dtype="int16")
    nb=np.zeros((n,4))
    rf=np.zeros((n,4))
    sv=np.zeros((n,4))
    tv=np.zeros((n,2))

    for i,p in enumerate(pcomp):
    ❶ pca = decomposition.PCA(n_components=p)
       pca.fit(x_ntrain)
       xtrain = pca.transform(x_ntrain)
       xtest = pca.transform(x_ntest)
       tv[i,:] = [p, pca.explained_variance_ratio_.sum()]
    ❷ sc,etrn,etst =run(xtrain, y_train, xtest, y_test, GaussianNB())
       nb[i,:] = [p,sc,etrn,etst]
       sc,etrn,etst =run(xtrain, y_train, xtest, y_test,
                    RandomForestClassifier(n_estimators=50))
       rf[i,:] = [p,sc,etrn,etst]
       sc,etrn,etst =run(xtrain, y_train, xtest, y_test, LinearSVC(C=1.0))
       sv[i,:] = [p,sc,etrn,etst]

    np.save("mnist_pca_tv.npy", tv)
    np.save("mnist_pca_nb.npy", nb)
    np.save("mnist_pca_rf.npy", rf)
    np.save("mnist_pca_sv.npy", sv)
```

清单7-9　模型精度与所使用的PCA主元数量的关系（参见mnist_pca.py）

首先，我们加载MNIST数据集并对数据进行归一化。这就是我们将用于PCA的数据版本。

接下来，我们设置结果的存储形式。变量pcomp存储了将被使用的PCA主元的具体数量，从10到780，以10为单位。然后，我们开始循环计算PCA主元的数量。我们找到符合要求的主元数量（p），并将数据集映射到实际的训练和测试数据集（xtrain, xtest）❶。

我们还存储了当前主元数量所代表的数据集的实际方差量（tv）。稍后我们将绘制这个值，以了解主元覆盖数据集中大部分方差的速度。

接下来，我们使用当前的特征数量❷来训练和测试高斯型朴素贝叶斯分类器。这里调用的运行函数与清单7-7中使用的几乎相同，只是它返回测试准确率得分、训练时间和测试时间。这些都被捕获并放入适当的输出数组（nb）中。然后我们对随机森林和线性SVM做同样的处理。

当循环完成后，我们有了所有需要的数据，并将NumPy数组存储在磁盘上以便绘制。运行这段代码需要一些时间，我们可以在图7-2中看到绘制的输出结果。

实心曲线显示了当前PCA主元数量（X轴）所解释的数据集总方差的比例。当数据集中的所有特征都被使用时，该曲线将达到最大值1.0。在这种情况下，它是有帮助的，因为它显示了增加新的主元是如何快速解释数据的主要方向。对于MNIST，我们看到大约90%的方差是通过使用不到一半的PCA成分来解释的。

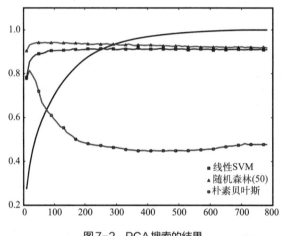

图7-2   PCA搜索的结果

其余三条曲线描绘了测试数据上所产生的模型的准确性。在这种情况下，表现最好的模型是有50棵树的随机森林（三角形）。其次是线性SVM（正方形），然后是朴素贝叶斯（圆圈）。这些曲线显示了PCA主元的数量是如何影响准确性的，虽然随机森林和SVM只是随着PCA的变化而缓慢变化，但我们看到，随着PCA主元数量的增加，朴素贝叶斯分类器迅速失去了准确性。甚至随机森林和SVM也会随着PCA主元数量的增加而下降，这可能是我们所期望的，因为维数灾难最终会悄悄出现。朴素贝叶斯分类器的显著不同行为似乎是由于随着所用主元数量的增加而违反了独立性假设。

表7-12中显示了最大准确率和出现这种情况的PCA主元数量。

表7-12   按模型和主元数计算的MNIST的最大准确率

模型	准确率	主元	方差
朴素贝叶斯	0.81390	20	0.3806
随机森林（50）	0.94270	100	0.7033
线性SVM（C=1.0）	0.91670	370	0.9618

表7-12与图7-2相吻合。有趣的是，SVM直到使用了原始数据集中几乎所有的特征才使准确率达到最大值。另外，随机森林和SVM发现的最佳准确率并不像之前看到的没有使用PCA的其他版本的数据集那样好。因此，对于这些模型来说，PCA并不是一个优势。然而，对于朴素贝叶斯分类器来说，它却是一个优势。

7.3.4　扰动我们的数据集

在离开本节之前，让我们再看看一个实验，我们会在第9章和第12章中再次提到这个实验。在第5章中，我们做了一个版本的MNIST数据集，这个版本打乱了数字图像中像素的顺序。这种扰动不是随机的：每个输入图像中的相同像素被移到输出图像中的相同位置，导致图像不再像原始数字，至少对我们来说是这样，如图7-3所示。这种扰动会如何影响我们在本章中所使用的模型的准确性？

图7-3　原始MNIST数字（上）和同一数字的扰动版本（下）

让我们重复清单7-8的实验代码，这次只运行缩放后的[0,1]版本的扰动MNIST图像。由于与原代码的唯一区别是源文件名和我们只调用run一次，因此我们将放弃新的清单。

将准确率结果并排放在一起，我们得到了表7-13。

表7-13　按模型类型划分的未加扰动和已加扰动的MNIST数据集的得分

模型	未加扰动 [0,1]	已加扰动 [0,1]
最近质心	0.8203	0.8203
k-NN（k=3）	0.9705	0.9705
k-NN（k=7）	0.9694	0.9694
朴素贝叶斯	0.5558	0.5558
决策树	0.8784	0.8772
随机森林（5）	0.9244	0.9214
随机森林（50）	0.9661	0.9651
随机森林（500）	0.9709	0.9721
随机森林（1000）	0.9716	0.9711
线性SVM（C=0.01）	0.9171	0.9171
线性SVM（C=0.1）	0.9181	0.9181
线性SVM（C=1.0）	0.9182	0.9185
线性SVM（C=10.0）	0.9019	0.8885

在这里，我们看到加扰动和未加扰动的结果之间几乎没有区别。事实上，对于一些模型，结果是相同的。对于随机模型，如随机森林，其结果仍然非常相似。这令人惊讶吗？也许一开始是这样，但如果我们想一想，就会发现这真的不应该。

所有的经典模型都是整体性的：它们把整个特征向量作为一个单一实体来操作。虽然我们不能再看到数字，因为我们的视觉不是整体操作的，但图像中的信息仍然存在，所以模型对加扰动的输入和未加扰动的输入一样满意。当我们读到第12章时，我们会遇到这个实验的一个不同结果。

7.4   经典模型小结

下面我们对本章中探讨的每个经典模型类型的相关利弊进行总结。这可以作为一个快速清单供将来参考。它还会把我们通过实验所做的一些观察变得更加具体。

7.4.1   最近质心

最近质心是所有模型中最简单的，可以作为一个基线。除非手头的任务特别简单，否则它很少被使用。每个类别的单一中心点是不必要且无限制性的。你可以使用一种更通用的方法，首先为每个类别找到适当数量的中心点，然后将它们分组来建立分类器。在极端情况下，这接近于k-NN，但仍然比较简单，因为中心点的数量可能远远小于训练样本的数量。我们将把这种变化的实现留给有兴趣的读者来练习。

（1）优点

正如我们在本章中所看到的，最近质心分类器的实现只需要少量的代码。此外，最近质心并不局限于二元模型，它很容易支持多类模型，如鸢尾花数据集。训练速度非常快，而且由于每个类别只存储一个中心点，内存开销也同样非常小。当用于标记一个未知的样本时，运行时间也非常短，因为从样本到每个类中心点的距离就是需要计算的全部内容。

（2）缺点

最近质心法对特征空间中的类的分布做了一个简单的假设，这在实践中很少见。由于这个假设，最近质心分类器只有在类所在的特征空间中形成一个紧密的组，并且组与组之间的距离像孤立的岛屿一样，才有很高的准确性。

7.4.2 k-最近邻（k-NN）

因为没有训练，k-NN可以说是最简单的训练模型：我们存储训练集，并通过寻找最接近的k个训练集向量和投票，用它来对新的实例进行分类。

（1）优点

正如刚才提到的，不需要训练使得k-NN特别有吸引力。它也可以表现得很好，特别是当训练样本的数量相对于特征空间的维度（即特征向量中的特征数量）来说是很大的时候。多类支持是隐含的，不需要特殊的方法。

（2）缺点

"训练"的简单性是有代价的：分类的速度很慢，因为需要查看每一个训练例子来寻找未知特征向量的最近邻居。几十年的研究仍在进行中，已经加快了搜索的速度，以改善每次查看每个训练样本的具体实施，但是，正如我们在本章看到的，分类仍然很慢，特别是与其他模型类型（例如，SVM）的速度相比。

7.4.3   朴素贝叶斯

这个模型在概念上是简单而有效的，即使在特征独立性的核心假设没有得到满足的情况下，也令人惊讶地有效。

（1）优点

朴素贝叶斯的训练速度和分类速度都很快，都是正面的。它还支持多类模型，而不仅仅是二进制，还支持连续特征。只要能计算出一个特定特征值的概率，我们就可以应用朴素贝叶斯。

（2）缺点

朴素贝叶斯的核心特征的独立假设在实践中是很少见的。特征的关联性越大（比如说，特征 x_2 的变化意味着 x_3 会发生变化），模型的性能就越差（很可能）。

虽然朴素贝叶斯直接使用离散估值的特征，但使用连续特征往往涉及第二层假设，如我们假设连续乳腺癌数据集的特征被很好地表示为高斯分布的样本。这第二个假设在实践中也可能是很少见的，这意味着我们需要从数据集中估计分布的参数，而不是用直方图来代替实际的特征概率。

7.4.4　决策树

当必须能够从人的角度理解为什么选择一个特定的类别时，决策树这种模式很有用。

（1）优点

决策树的训练速度相当快。它们也可以用于快速分类。多类模型不是问题，而且不限于使用连续特征。决策树可以通过显示用于达成决策的特定步骤来证明其答案：从根到叶的一系列问题。

（2）缺点

决策树容易出现过度拟合——学习训练数据中一般不符合父分布的元素。另外，随着树的大小增加，可解释性也会降低。树的深度需要与作为树叶的决策（标签）的质量相平衡。这直接影响到错误率。

7.4.5　随机森林

这是一种更强大的决策树形式，使用随机性来减少过拟合问题。随机森林是经典模型类型中表现最好的一种，适用于广泛的问题领域。

（1）优点

与决策树一样，随机森林支持多类模型和连续特征以外的其他特征。它们训练和推理的速度相当快。随机森林对特征向量中各特征间的规模差异也很稳健。一般来说，随着森林规模的增长，准确性会有所提高，但收益会逐渐减少。

（2）缺点

决策树的易解性在随机森林中消失了。虽然森林中的每棵树都能证明其决策的合理性，但森林作为一个整体的综合效果可能难以理解。

森林的推理运行时间与树的数量成线性比例。然而，这可以通过并行化来缓解，因为森林中的每一棵树都在进行计算，在结合所有树的输出做出整体决定之前，不依赖于任何其他树。

作为随机模型，对于同一个数据集，森林的整体性能在不同的训练上是不同的。一般来说，这不是一个问题，但可能存在一个病态的森林——如果可能的话，对森林进行多次训练以了解实际性能。

7.4.6　支持向量机

在神经网络"重生"之前，当它们适用并经过良好的调整时，支持向量机被普遍认为是模型性能的巅峰之作。

（1）优点

如果调整得当，支持向量机可以提供出色的性能。一旦经过训练，推理速度非常快。

（2）缺点

不直接支持多类模型。无论是使用"一对一"还是"一对多"的方法，对多类问题的扩展需要训练多个模型。此外，SVM只期望有连续的特征，特征的缩放很重要。为了获得良好的性能，通常需要归一化或其他缩放。

在使用线性核以外的大数据集时，很难进行训练，而且SVM经常需要仔细微调边距和核参数（C，γ），尽管这可以通过寻求最佳超参数值的搜索算法得到一定程度的缓和。

7.5　使用经典模型的时机

古典模型可能是经典的，但在正确的条件下，它们仍然是合适的。在本节中，我们将讨论什么时候应该考虑经典模型而不是更现代的方法。

7.5.1　处理小数据集

使用经典模型的最佳理由之一是数据集很小。如果你只有几十或几百个例子，那么经典模型可能很适合，而深度学习模型可能会遇到没有足够的训练数据来调节自己的问题。当然，也有例外的情况。一个深度神经网络通过迁移学习（transfer learning），有时可以从相对较少的例子中进行学习。其他方法，如零次（zero-shot）学习或少量（fewshot）学习，也可能允许一个深度网络从一个小的数据集中学习。然而，这些技术远远超出了我们在本书中想要讨论的范围。对我们来说，经验法则是：当数据集很小的时候，可以考虑使用一个经典模型。

7.5.2　处理计算要求不高的任务

另一个考虑经典模型的原因是当计算要求必须保持在最低水平时，我们可以考虑经典模型。深度神经网络对计算资源的要求是众所周知的。深度网络中的数千、数百万甚至数十亿的连接都需要大量的计算。

在一个小型的手持设备或嵌入式微控制器上实现需要大量计算的模型是行不通的，或者至少在任何合理的时间范围内是行不通的。

在这种情况下，可以考虑一个不需要大量计算的经典模型。像最近质心或朴素贝叶斯这样的简单模型是很好的选择。决策树和支持向量机也是如此。从以前的实验来看，除非特征空间或训练集很小，否则k-NN可能不是一个好的候选者。这就引出了我们的经验法则：当计算必须保持在最低限度时，考虑使用一个经典模型。

7.5.3　可解释的模型

一些经典的模型可以通过揭示它们是如何对一个给定的未知输入得出答案来解释自己的。这包括决策树，但也包括k-NN（通过显示k个投票的标签）、最近质心（通过选择的中心点），甚至朴素贝叶斯（通过选择的后验概率）。作为对比，深度神经网络是黑盒子——它们不解释自己——而且如何让深度网络为其决策提供一些理由，目前是一个火热的研究领域。可以肯定的是，这项研究并非完全不成功，但离树状分类器中的决策路径还很远。因此，我们可以给出另一条经验法则：当必须知道分类器是如何做出决定的时候，可以考虑使用经典模型。

7.5.4　以向量作为输入的任务

我们的最后一条经验法则与模型的输入形式有关。现代深度学习系统经常处理的输入不是将单独的特征放进一个矢量的组合，而是多维的输入，比如图像，其中的"特征"（像素）不是彼此不同，而是同类的，而且往往是高度相关的（例如，苹果的红色像素可能有一个红色像素在旁边）。彩色图像是一个三维的怪兽：有三个彩色图像，一个为红色通道，一个为蓝色通道，一个为绿色通道。如果输入是其他来源的图像，如卫星，每幅图像可能有 4 ~ 8 个或更多的通道。卷积神经网络正是为类似这样的输入而设计的，它将寻找网络试图了解的分类类别的空间模式。更多细节见第 12 章。

但是如果模型的输入是一个向量，尤其是一个特定特征之间没有关系的向量（这是朴素贝叶斯分类器的关键假设），那么经典模型可能是合适的，因为除了经典模型通过将输入视为单一实体而进行的全局解释之外，没有必要在特征之间寻找关系。因此，我们可以给出这样的规则：当输入是一个没有空间结构的特征向量时（与图像不同），特别是当特征之间没有关系时，考虑使用经典模型。

重要的是要记住，这些都是基于经验的建议，它们并不总是适用于特定的问题。另外，即使这些规则似乎适用经典模型，也可以使用深度网络，只是它们可能不会带来最好的性能，或者可能是矫枉过正。本书的主要观点是建立一种机器学习的直觉，这样当情况出现时，我们就会知道如何使用我们正在探索的技术来发挥最大优势。巴斯德说，"在观察领域，机会只青睐有准备的头脑"（1854 年 12 月在里尔大学的演讲），我们完全同意。

小结

在本章中，我们使用了六个常见的经典机器学习模型：最近质心、k-NN、朴素贝叶斯、决策树、随机森林和支持向量机。我们将它们应用于第 5 章中开发的三个数据集：鸢尾花、乳腺癌和 MNIST 数据集。我们利用这些数据集的实验结果来深入了解每种经典模型的优点和缺点，以及不同的数据预处理步骤的效果。在这一章的最后，我们讨论了经典模型以及何时使用它们是比较合适的。

在下一章中，我们将从经典模型出发，开始探索现代深度学习的核心——神经网络。

第 **8** 章
神经网络介绍

神经网络是深度学习的核心。在第 9 章中，我们将深入研究我们称之为传统的神经网络。然而，在这之前，我们将介绍神经网络的组成结构，然后给出一个例子。

具体来说，我们将介绍一个全连接前馈神经网络的组成部分。从视觉上看，你可以想象这个网络如图 8-1 所示。在本章和下一章中，我们会经常提到这个图。你的任务是，如果你选择接受的话，就把这个图记在脑子里，以节省反复翻阅这本书的损耗。

在讨论了神经网络的结构及其组成部分之后，我们将训练我们的示例网络来对鸢尾花数据集进行分类。从这个初始实验开始，第 9 章将引导我们进入基于梯度下降和反向传播算法的神经网络（包括高级深度神经网络）的标准训练方式。本章旨在作为热身。重头戏在第 9 章开始。

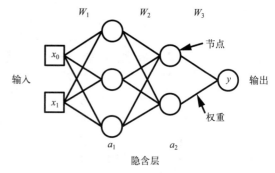

图8-1　一个神经网络示例

8.1　神经网络剖析

一个神经网络是一幅图。在计算机科学中，图是一系列的节点，普遍被画成圆形，由边（短线段）连接。这一抽象概念对于代表许多不同类型的关系很有用：城市之间的道路，社交媒体上谁认识谁，互联网的结构，或一系列基本的计算单元，可用于任何近似数学函数。

当然，最后一个例子是故意的。神经网络是通用的函数近似器。它们使用图形结构来表示一系列计算步骤，将输入特征向量映射到输出值，通常被解释为概率。神经网络是分层建立的。从概念上讲，它们从左到右行动，沿边缘向节点传递数值，将输入特征向量映射到输出。注意，神经网络的节点通常被称为神经元。我们很快就会看到原因。节点根据它们的输入计算出新的值。然后，新值被传递给下一层的节点，以此类推，直到到达输出节点。在图 8-1 中，左边是一个输入层，右边是一个隐含层，再右边是另一个隐含层，输出层是一个节点。

这一节包括了全连接前馈神经网络这一短语，但没有过多解释。让我们把它分解一下。全连接部分意味着一个层的每个节点的输出都被发送到下一个层的每个节点。前馈部分意味着信息通过网络从左到右传递，而不被送回前一层；网络结构中没有反馈，没有循环。至此就只剩下神经网络部分了。

8.1.1 神经元

就我个人而言，我对神经网络这个短语
有种爱恨交加的感觉。这个短语本身来自一
个事实，即在一个非常粗略的近似中，网络
的基本单位类似于大脑中的神经元。请看图
8-2，我们很快就会详细介绍这些基本概念。

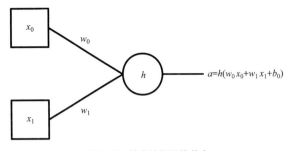

回顾我们对网络的可视化过程总是从左
到右进行，我们看到节点（圆圈）接受来自左边的输入，并在右边有一个单一的输出。这里有
两个输入，但也可能是数百个。

图8-2 单个神经网络节点

许多输入映射到一个单一的输出，呼应了大脑中神经元的工作方式：称为树突的结构接受
来自许多其他神经元的输入，而单一轴突是输出。我喜欢这个比喻，因为它带来了一种谈论和
思考网络很酷的方式。但我也讨厌这个比喻，因为这些人工神经元在操作上与真实的神经元有
很大的不同，这个比喻很快就会失效。与实际的神经元在解剖学上有相似之处，但它们并不一
样，这导致那些不熟悉机器学习的人感到困惑，使一些人认为计算机科学家真的在建造人工大
脑或网络在思考。思考这个词的含义很难确定，但对我来说，它并不适用于神经网络的工作。

现在回到图8-2，我们看到左边有两个方块、一堆线条、一个圆圈，右边有一条线，还有一
堆带下标的标签。让我们把这个问题理清楚。如果我们理解了图8-2，就能很好地理解神经网络
了。稍后，我们将看到我们的视觉模型在代码中的实现，并惊讶地发现它可以是如此简单。

图8-2中的一切都集中在圆圈上。这就是实际的节点。实际上，它实现了一个叫作激活函数
的数学函数，它计算了节点的输出，一个单一的数字。两个正方形是该节点的输入。这个节点
接受来自输入特征向量的特征，我们用正方形来区别于圆形，但输入也可能来自前一个网络层
中的另一组圆形节点。

每个输入是一个数字，一个单一的标量值，我们称之为x_0和x_1。这些输入沿着标有w_0和w_1的
两条线段移动到节点。这些线段代表权重，即连接的强度。在计算上，输入（x_0，x_1）与权重（w_0，
w_1）相乘，相加，然后交给节点的激活函数。这里我们称激活函数为h，这是一个相当常见的称呼。

激活函数的值是节点的输出。这里我们称这个输出为a。输入乘以权重，相加后交给激活
函数，产生一个输出值。我们还没有提到b_0值，它也被加入并传递给激活函数。这就是偏置
项。它是一个偏置项，用于调整输入范围，使其适合激活函数。在图8-2中，我们添加了一个零
下标。每层的每个节点都有一个偏置值，所以这里的下标意味着这个节点是该层的第一个节点。
（记住，计算机人员总是从0开始计算，而不是从1开始。）

这就是神经网络节点所做的一切：一个神经网络节点接受多个输入x_0，x_1……将每个输入乘
以一个权重值w_0，w_1……将这些乘积与偏置项b相加，并将这个和传递给激活函数h，以产生一
个单一的标量输出值a。

$$a = h(w_0 x_0 + w_1 x_1 + \cdots + b)$$

就是这样。把一堆节点放在一起，适当地连接它们，想出如何训练它们来设置权重和偏差，
你就有了一个有用的神经网络。正如你在下一章中所看到的，训练一个神经网络不是一件容易
的事。但是一旦训练好了，它们的使用就很简单了：给它输入一个特征向量，就可以得到一个
分类结果。

顺便说一句，我们一直称这些图形为神经网络，并将继续这样做，有时也使用缩写NN。

如果你阅读其他书籍或论文，可能会看到它们被称为人工神经网络（ANN），甚至是多层感知器（MLP），如sklearn MLPClassifier类的名称。我建议坚持使用神经网络，但这只是我的看法。

8.1.2 激活函数

让我们来聊一聊激活函数。一个节点的激活函数需要一个单一的标量输入，即输入乘以权重加上偏置的总和，并对其做一些处理。特别需要注意的是，我们需要激活函数是非线性的，以便模型能够学习复杂的函数。

线性函数g的输出与输入成正比，$g(x) \propto x$，其中$\propto$表示成正比。或者说，线性函数的图形是一条直线。因此，任何图形不是直线的函数都是一个非线性函数。

例如，此处函数$g(x)=3x+2$是一个线性函数，因为它的图形是一条直线。像$g(x)=1$这样的常数函数也是线性的。然而，函数$g(x)=x^2+2$是一个非线性函数，因为x的指数是2。超限函数也是非线性的。超限函数是指像$g(x)=\log x$，或$g(x)=e^x$这样的函数，其中$e=2.718\cdots$是自然对数的基数。三角函数，如正弦和余弦，它们的倒数，以及由正弦和余弦建立的正切等函数，也是超限函数。这些函数是超限性的，因为你不能把它们作为基本代数运算的有限组合。它们是非线性的，因为它们的图形不是直线。

网络需要非线性激活函数，否则，它将只能学习线性映射，而线性映射不足以使网络普遍有用。考虑一个由两个节点组成的微不足道的网络，每个节点有一个输入。这意味着每个节点有一个权重和一个偏置值，第一个节点的输出是第二个节点的输入。如果我们设定一个线性函数$h(x)=5x-3$，那么对于输入x，网络计算出的输出a_1为

$$
\begin{aligned}
a_1 &= h(w_1 a_0 + b_1) \\
&= h[w_1 h(w_0 x + b_0) + b_1] \\
&= h\{w_1[5(w_0 x + b_0) - 3] + b_1\} \\
&= h[w_1(5w_0 x + 5b_0 - 3) + b_1] \\
&= h(5w_1 w_0 x + 5w_1 b_0 - 3w_1 + b_1) \\
&= 5(5w_1 w_0 x + 5w_1 b_0 - 3w_1 + b_1) - 3 \\
&= (25w_1 w_0)x + (25w_1 b_0 - 15w_1 + 5b_1 - 3) \\
&= Wx + B
\end{aligned}
$$

对于$W=25\omega_1\omega_0$和$B=25\omega_1 b_0-15\omega_1+5b_1-3$，这也是一个线性函数，是另一条斜率为$W$、截距为$B$的直线，因为$W$和$B$都不依赖于$x$。因此，一个具有线性激活函数的神经网络只能学习一个线性模型，因为线性函数的组成也是线性的。正是线性激活函数的这种局限性导致了20世纪70年代的第一次神经网络"冬天"：对神经网络的研究实际上被放弃了，因为人们认为它们太简单了，无法学习复杂的函数。

好吧，所以我们想要建立非线性激活函数。哪一种呢？有无限多的可能性。在实践中，有几个已经上升到了顶峰，因为它们被证明是有用的，或者有很好的特性，或者两者都有。传统的神经网络使用sigmoid激活函数或双曲正切函数。

一个典型的sigmoid函数为

$$
\sigma(x) = \frac{1}{1+e^{-x}}
$$

和双曲正切函数是

$$\tanh(x) = \frac{e^x - e^{-x}}{e^x + e^{-x}} = \frac{e^{2x} - 1}{e^{2x} + 1}$$

图8-3是这两个函数的图，上面是sigmoid函数，下面是双曲正切函数。

首先要注意的是，这两个函数具有大致相同的"S"形。sigmoid函数从0开始，沿x轴向左走，函数值趋近于0，向右走时，函数值趋近于1。在0处，函数值为0.5。双曲正切函数也是如此，但函数值是从−1到+1，在x=0时为0。

最近，sigmoid和双曲正切已经被整流后的线性单元所取代，简称ReLU。ReLU很简单，对神经网络来说具有方便的特性。尽管名字里有线性这个词，但ReLU是一个非线性函数，它的图形不是一条直线。当我们在第9章讨论神经网络的反向传播训练时，我们将了解为什么会发生这种变化。

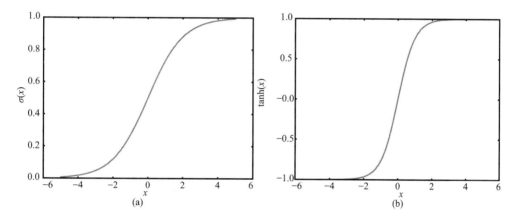

图8-3　一个sigmoid函数（a）和一个双曲正切函数（b）（注意，y轴的标度是不一样的）

ReLU激活函数的情况如图8-4所示。

$$\mathrm{ReLU}(x) = \max(0, x) = \begin{cases} 0, & \text{若} x < 0 \\ x, & \text{其他} \end{cases}$$

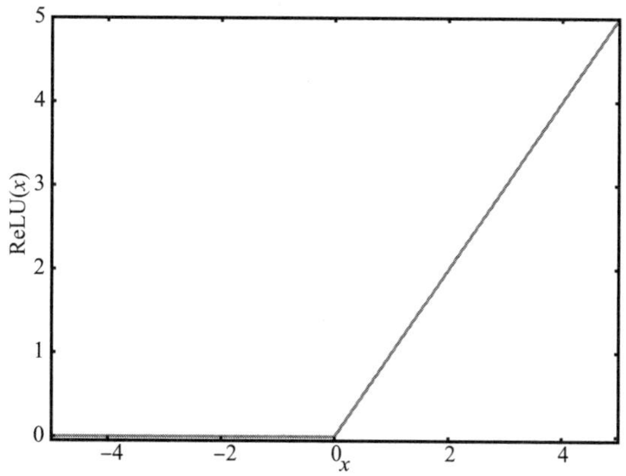

图8-4　整流后的线性激活函数，ReLU(x)=max(0,x)

ReLU被称为整流函数，是因为它删除了负值并将其替换为0。事实上，机器学习界使用了这个函数的几个不同版本，但所有的函数本质上都是将负值替换为一个常数或其他值。ReLU的分段性质使其成为非线性函数，因此适合作为神经网络的激活函数使用。它在计算上也很简单，远比sigmoid或双曲正切的计算速度快。这是因为后者的函数使用e^x，在计算机术语中，这意味着调用exp函数。这个函数通常被实现为数列扩展的项之和，转化为几十个浮点运算，而不是实现ReLU所需的单个if语句。在一个可能有数千个节点的广泛网络中，肯定会解决不少像这样的小的计算开销。

8.1.3　网络结构

我们已经讨论了节点和它们的工作方式，并暗示了节点被连接起来形成网络。让我们更仔细地看看节点是如何连接的，即网络的结构。

正如你在图8-1中看到的，标准的神经网络，比如我们在本章中使用的神经网络，是分层建立的。我们不需要这样做，但正如我们将看到的，这为我们赢得了一些计算上的简单性，并大大简化了训练。一个前馈网络有一个输入层，一个或多个隐含层，以及一个输出层。输入层是简单的特征向量，而输出层是预测结果（也可能是概率）。如果网络针对多分类问题，输出层可能有一个以上的节点，每个节点代表模型对每个可能的输入类的预测。

隐含层由节点组成，第i层的节点接受第$i-1$层节点的输出作为输入，并将其输出传递给第$i+1$层的节点的输入。各层之间的连接通常是全连接的，这意味着第$i-1$层的每个节点的每个输出都被用作每个节点的输入，因此是全连接的。同样，我们不是必须要这样做，但这种全连接模式确实简化了网络实现。

隐含层的数量和每个隐含层的节点数量定义了网络的结构。事实证明，拥有足够节点的单一隐含层可以学习任何函数映射。这很好，因为它意味着神经网络适用于机器学习问题，因为最终，模型作为一个复杂的函数，将输入映射到输出标签和概率。然而，像许多理论结果一样，这并不意味着在所有情况下使用单层网络是实用的。随着网络中节点（和层）数量的增加，需要学习的参数（权重和偏差）数量也在增加，因此需要的训练数据量也在增加。这又是维数灾难。

像这样的问题在20世纪80年代第二次阻碍了神经网络的发展。计算机的速度太慢，无法训练大型网络，而且，无论如何，可用来训练网络的数据通常太少。业内人士知道，如果这两种情况都改变了，那么就有可能训练出比当时的小型网络更有能力的大型网络。幸运的是，这种情况在21世纪初发生了变化。

选择适当的神经网络架构对你的模型能够学到东西有很大的影响。这就是经验和直觉的作用。让我们尝试通过给出一些（粗略的）经验法则来提供更多帮助。

•如果你的输入有明确的空间关系，如图像的各个部分，你可能想使用卷积神经网络来代替（第12章）。

•使用不超过三个隐含层。回顾一下，在理论上，一个足够大的隐含层就足够了，所以使用尽可能少的隐含层是必要的。如果模型用一个隐含层学习，那么再加一个，看看是否能改善情况。

•第一个隐含层的节点数量应该与输入向量特征的数量相匹配或（最好）超过。

•除了第一个隐含层（见前面的规则），每个隐含层的节点数应该与上一层和下一层的节点数相同或介于两者之间的某个值。如果第$i-1$层有N个节点，第$i+1$层有M个节点，那么第i层可能有$N \leqslant x \leqslant M$个节点就不错了。

第一条规则说，传统神经网络最适用于你的输入没有空间关系的情况，也就是说，你有一个特征向量，而不是图像。另外，当你的输入维度很小，或者你没有很多数据时，使得你很难训练一个更大的卷积网络，你应该尝试一下传统网络。如果你确实认为你正处于需要使用传统神经网络的情况下，那就从小处开始，只要性能提高了，就增加它。

8.1.4 输出层

神经网络的最后一层是输出层。如果网络是为一个连续值建模，即所谓的回归，在本书中我们忽略了这个示例，那么输出层是一个不使用激活函数的节点，它只是报告图8-2中h的参数。注意，这等于说激活函数是识别函数，$h(x)=x$。

我们的神经网络是用于分类的：我们希望它们能输出一个决策值。如果我们有两个标记为0和1的类，我们使最后一个节点的激活函数为sigmoid，这将输出一个介于0和1之间的值，我们可以将其解释为输入属于1类的可能性或概率。我们用一个简单的规则根据输出值做出分类决定：如果激活值小于0.5，则称输入为0类；否则，称其为1类。我们将在第11章中看到如何改变这个0.5的阈值，以调整模型在手头任务中的表现。

如果我们有两个以上的类，则需要采取不同的方法。我们将有N个输出节点，而不是输出层中的一个节点，每个类有一个，每个都使用h的识别函数。然后，我们对这N个输出应用softmax操作，选择具有最大softmax值的输出。

让我们来说明一下我们所说的softmax是什么意思。假设我们有一个数据集，其中有四个类。它们代表什么并不重要，网络也不知道它们代表什么。这些类被标记为0、1、2和3。因此，N=4意味着我们的网络将有四个输出节点，每个节点都使用h的识别函数。这看起来像图8-5，我们还显示了softmax操作和产生的输出向量。

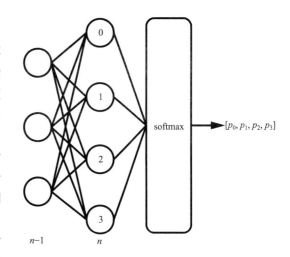

图8-5 四类神经网络的最后一个隐含层 $n-1$ 和输出层（n，节点编号）。应用softmax操作，产生一个四元素的输出向量 $[p_0, p_1, p_2, p_3]$

我们选择这个输出向量中最大值的索引作为给定输入特征向量的类别标签。softmax操作保证了这个向量的元素之和为1，所以我们可以再马虎一点，把这些值称为属于四个类别的概率。这就是为什么我们只取最大的值来决定输出的类别标签。

softmax操作很简单：每个输出的概率就是

$$p_i = \frac{e^{a_i}}{\sum_j e^{a_j}}$$

其中 a_i 是第 i 个输出，分母是所有输出的总和。对于这个例子，$i=0$，1，2，3，最大值的索引将是分配给输入的类标签。

想象一个例子，假设最后四层节点的输出为

$$a_0 = 0.2$$
$$a_1 = 1.3$$
$$a_2 = 0.8$$
$$a_3 = 2.1$$

然后按以下方法计算softmax的数值

$$p_0 = e^{0.2} / (e^{0.2} + e^{1.3} + e^{0.8} + e^{2.1}) = 0.080$$
$$p_1 = e^{1.3} / (e^{0.2} + e^{1.3} + e^{0.8} + e^{2.1}) = 0.240$$
$$p_2 = e^{0.8} / (e^{0.2} + e^{1.3} + e^{0.8} + e^{2.1}) = 0.146$$
$$p_3 = e^{2.1} / (e^{0.2} + e^{1.3} + e^{0.8} + e^{2.1}) = 0.534$$

选择第3类，因为p_3是最大的。注意，p_i值的总和是1.0，正如我们所期望的那样。

这里应该提到两点。在前面的公式中，我们用sigmoid来计算网络的输出。如果我们将类的数量设置为2，并计算softmax，我们将得到两个输出值：一个是p，另一个是$1-p$。这与单独的sigmoid是一样的，选择输入是1类的概率。

第二点是与实现softmax有关的。如果网络的输出，即a值很大，那么e^a可能会很大，这是计算机不喜欢的事情。至少精度会下降，或者数值可能溢出，使输出没有意义。在数字上，如果我们在计算softmax之前将最大的a值从所有其他值中减去，我们将在较小的值上取指数，这样溢出的可能性较小。在前面的例子中，这样做可以得到新的a值

$$a_0' = 0.2 - 2.1 = -1.9$$
$$a_1' = 1.3 - 2.1 = -0.8$$
$$a_2' = 0.8 - 2.1 = -1.3$$
$$a_3' = 2.1 - 2.1 = 0.0$$

其中我们减去2.1，因为这是最大的a值。这恰恰使我们能够获得与之前相同的p值，但这次的操作可以保证在任何a值过大的情况下都能防止溢出。

8.1.5　权重和偏置的表示

在继续讨论一个神经网络的例子之前，让我们重温一下权重和偏置，看看我们可以从矩阵和向量的角度如何来看待神经网络的实现，从而大大简化神经网络的实现。

考虑从一个有两个元素的输入特征向量到有三个节点的第一个隐含层（图8-1中的a_1）的映射。我们把两层之间的边（权重）标记为ω_{ij}，$i=0$，1代表输入x_0和x_1，$j=0$，1，2代表图中从上到下编号的三个隐含层节点。此外，我们还需要三个没有在图中显示的偏置值，每个隐含节点一个。我们将这些称为b_0、b_1和b_2，它们的排列从上到下。

为了计算三个隐含节点的激活函数的输出，h，我们需要找到以下内容：

$$a_0 = h(w_{00}x_0 + w_{10}x_1 + b_0)$$
$$a_1 = h(w_{01}x_0 + w_{11}x_1 + b_1)$$
$$a_2 = h(w_{02}x_0 + w_{12}x_1 + b_2)$$

但是，记住矩阵乘法和向量加法的工作原理，我们可以看到正式如下表示

$$\boldsymbol{a} = h\left(\begin{bmatrix} w_{00} & w_{10} \\ w_{01} & w_{11} \\ w_{02} & w_{12} \end{bmatrix} \begin{bmatrix} x_0 \\ x_1 \end{bmatrix} + \begin{bmatrix} b_0 \\ b_1 \\ b_2 \end{bmatrix} \right) = h(\boldsymbol{Wx} + \boldsymbol{b})$$

其中$\boldsymbol{a} = (a_0, a_1, a_2)$，$\boldsymbol{x} = (x_0, x_1)$，$\boldsymbol{b} = (b_0, b_1, b_2)$，$\boldsymbol{W}$是一个$3 \times 2$的权值矩阵。在这种情况下，激活函数$h$被赋予一个输入值的向量，并产生一个输出值的向量。这只是将h应用于$\boldsymbol{Wx} + \boldsymbol{b}$的每

个元素。例如，将 h 应用于一个有三个元素的向量 $\boldsymbol{x}$，就是

$$h(\boldsymbol{x}) = h((x_0, x_1, x_2)) = (h(x_0), h(x_1), h(x_2))$$

h 分别由 $\boldsymbol{x}$ 的每个元素计算得来。

由于 Python 中的 NumPy 模块是为处理数组而设计的，而矩阵和向量都是数组，所以我们得出了一个令人愉快的结论：神经网络的权重和偏置可以存储在 NumPy 数组中，我们只需要简单的矩阵操作（调用 np.dot）和加法就可以处理一个完全连接的神经网络。注意，这就是我们为什么要使用全连接网络：它们的实现是非常简单的。

为了存储图 8-1 的网络，我们需要一个权重矩阵和每层之间的偏置向量，这样我们就有了三个矩阵和三个向量：输入到第一隐含层、第一隐含层到第二隐含层、第二隐含层到输出，各有一个矩阵和向量。权重矩阵的尺寸分别为 3×2、2×3 和 1×2。偏置向量的长度为 3、2 和 1。

8.2　一个简单神经网络的实现

在本节中，我们将实现图 8-1 的神经网络示例，并对鸢尾花数据集中的两个特征进行训练。我们将从头开始实现这个网络，但使用 sklearn 来训练它。本节的目的是要看看实现一个简单的神经网络是多么简单的事情。希望这能清除一些在前几节讨论中可能存在的迷雾。

图 8-1 的网络接受一个具有两个特征的输入特征向量。它有两个隐含层，一个有三个节点，另一个有两个节点。它含有一个 sigmoid 输出。隐含层节点的激活函数也是 sigmoid。

8.2.1　建立数据集

在我们看神经网络代码之前，让我们建立我们要训练的数据集，看看它是什么样子的。我们已经知道了鸢尾花数据集，但在这个例子中，我们将只使用两个类型和四个特征中的两个。

建立训练和测试数据集的代码见清单 8-1。

```
   import numpy as np
❶ d = np.load("iris_train_features_augmented.npy")
   l = np.load("iris_train_labels_augmented.npy")
   d1 = d[np.where(l==1)]
   d2 = d[np.where(l==2)]
❷ a=len(d1)
   b=len(d2)
   x = np.zeros((a+b,2))
   x[:a,:] = d1[:,2:]
   x[a:,:] = d2[:,2:]
❸ y = np.array([0]*a+[1]*b)
   i = np.argsort(np.random.random(a+b))
   x = x[i]
   y = y[i]
❹ np.save("iris2_train.npy", x)
   np.save("iris2_train_labels.npy", y)
❺ d = np.load("iris_test_features_augmented.npy")
   l = np.load("iris_test_labels_augmented.npy")
   d1 = d[np.where(l==1)]
   d2 = d[np.where(l==2)]
   a=len(d1)
   b=len(d2)
```

```
x = np.zeros((a+b,2))
x[:a,:] = d1[:,2:]
x[a:,:] = d2[:,2:]
y = np.array([0]*a+[1]*b)
i = np.argsort(np.random.random(a+b))
x = x[i]
y = y[i]
np.save("iris2_test.npy", x)
np.save("iris2_test_labels.npy", y)
```

清单8-1　构建简单的示例数据集（参见nn_iris_dataset.py）

这段代码是直接的数据混合。我们从增强的数据集开始，加载样本和标签❶。我们只想要第1类和第2类，所以找到这些样本的索引并把它们拉出来。我们只保留特征2和3，并把它们放在x中❷。接下来，建立标签（y）❸。注意，将类标签重新编码为0和1。最后，将样本的顺序打乱，将新的数据集写入磁盘❹。最后，重复这个过程来建立测试样本❺。

图8-6显示了训练数据。因为只有两个特征，当然可以在这种情况下去绘制它。

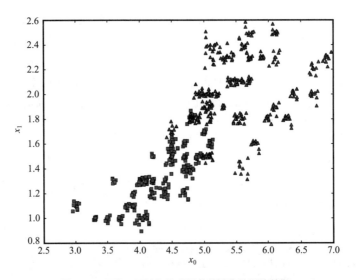

图8-6　两类、两特征的鸢尾花数据集的训练数据

我们可以看到，这个数据集并不是可分的。没有一条简单的线可以让我们正确地将训练集分成两组，一组是0类，另一组是1类。这使得事情变得更加有趣。

8.2.2　实现神经网络

让我们看看如何使用NumPy在Python中实现图8-1的网络。我们假设它已经被训练过了，也就是说我们已经知道了所有的权重和偏置。代码在清单8-2中。

```
import numpy as np
import pickle
import sys


def sigmoid(x):
    return 1.0 / (1.0 + np.exp(-x))


def evaluate(x, y, w):
```

```
❶ w12,b1,w23,b2,w34,b3 = w
   nc = nw = 0
   prob = np.zeros(len(y))
   for i in range(len(y)):
       a1 = sigmoid(np.dot(x[i], w12) + b1)
       a2 = sigmoid(np.dot(a1, w23) + b2)
       prob[i] = sigmoid(np.dot(a2, w34) + b3)
       z = 0 if prob[i] < 0.5 else 1
❷     if (z == y[i]):
           nc += 1
       else:
           nw += 1
   return [float(nc) / float(nc + nw), prob]

❸ xtest = np.load("iris2_test.npy")
   ytest = np.load("iris2_test_labels.npy")
❹ weights = pickle.load(open("iris2_weights.pkl","rb"))
   score, prob = evaluate(xtest, ytest, weights)
   print()
   for i in range(len(prob)):
       print("%3d: actual: %d predict: %d prob: %0.7f" %
       (i, ytest[i], 0 if (prob[i] < 0.5) else 1, prob[i]))
   print("Score = %0.4f" % score)
```

清单8-2　使用训练好的权重和偏置来对保留的测试样本进行分类（参见nn_iris_evaluate.py）

也许我们首先应该注意到的是，代码是如此之短。evaluate函数实现了网络。我们还需要定义sigmoid，因为NumPy本身并没有这个功能。主代码加载测试样本（xtest）和相关标签（ytest）❸。这些是前面代码生成的文件，所以我们知道xtest的形状是23×2，因为我们有23个测试样本，每个样本有两个特征。同样地，ytest是一个包含23个标签的向量。

当我们训练这个网络时，我们将把权重和偏置存储为一个NumPy数组的列表。Python在磁盘上存储列表的方法是通过pickle模块，所以我们使用pickle从磁盘中加载列表❹。列表中的权重有六个元素，代表定义网络的三个权重矩阵和三个偏置向量。这些是我们训练的已经适应数据集的"神奇"数字。最后，我们调用evaluation来运行每个测试样本的网络。这个函数返回得分（准确率）和每个样本的输出概率（prob）。代码的其余部分显示样本编号、实际标签、预测标签和相关的1类输出概率。最后，显示得分（准确率）。

该网络是在evaluate中实现的，让我们看看是如何实现的。首先，从提供的权重列表❶中提取各个权重矩阵和偏置向量。这些都是NumPy数组：w_{12}是一个2×3的矩阵，将两元素输入映射到有三个节点的第一隐含层，w_{23}是一个3×2的矩阵，将第一隐含层映射到第二隐含层，w_{34}是一个2×1的矩阵，将第二隐含层映射到输出。偏置向量是b_1，三个元素；b_2，两个元素；b_3，一个元素（一个标量）。

注意，权重矩阵的形状与我们之前指出的不一样。它们是转置的。这是因为我们在用权重矩阵乘以向量，向量被视为1×2矩阵。因为标量乘法是交换性的，也就是说$ab=ba$，我们看到我们仍然在为激活函数计算相同参数值。

接下来，evaluate将正确数（nc）和错误数（nw）的计数器设置为0。同样地，我们定义了一个向量prob，用于保存每个测试样本的输出概率值。

该循环将整个网络应用于每个测试样本。首先，我们将输入向量映射到第一个隐含层，并计算a_1，一个由三个数字组成的向量，即三个隐藏节点中每个节点的激活值。然后，我们利用这些第一隐含层的激活，计算第二隐含层的激活 a_2。这是一个两元素的向量，因为在第二隐含层有两个节点。接下来，我们计算出当前输入向量的输出值，并将其存储在prob数组中。通过检查网络的输出值是否<0.5，来分配类别标签z。最后，根据这个样本的实际标签（y［i］）❷来增加正确（nc）或不正确（nw）的计数器。当所有的样本都通过网络后，返回的总体准确率为正确分类的样本数除以总样本数。

这一切都很好，我们可以实现一个网络，并将输入向量输入网络，看看它的表现如何。如果网络有第三个隐含层，在计算最终输出值之前，我们将把第二个隐含层的输出（a_2）输入它。

8.2.3　训练和测试神经网络

清单8-2中的代码将训练好的模型应用于测试数据。首先为了训练这个模型，我们将使用sklearn。训练模型的代码在清单8-3中。

```
    import numpy as np
    import pickle
    from sklearn.neural_network import MLPClassifier

    xtrain= np.load("iris2_train.npy")
    ytrain= np.load("iris2_train_labels.npy")
    xtest = np.load("iris2_test.npy")
    ytest = np.load("iris2_test_labels.npy")

❶  clf = MLPClassifier(
❷      hidden_layer_sizes=(3,2),
❸      activation="logistic",
        solver="adam", tol=1e-9,
        max_iter=5000,
        verbose=True)
    clf.fit(xtrain, ytrain)
    prob = clf.predict_proba(xtest)
    score = clf.score(xtest, ytest)

❹  w12 = clf.coefs_[0]
    w23 = clf.coefs_[1]
    w34 = clf.coefs_[2]
    b1 = clf.intercepts_[0]
    b2 = clf.intercepts_[1]
    b3 = clf.intercepts_[2]
    weights = [w12,b1,w23,b2,w34,b3]
    pickle.dump(weights, open("iris2_weights.pkl","wb"))

    print()
    print("Test results:")
    print(" Overall score: %0.7f" % score)
    print()
    for i in range(len(ytest)):
        p = 0 if (prob[i,1] < 0.5) else 1
        print("%03d: %d - %d, %0.7f" % (i, ytest[i], p, prob[i,1]))
    print()
```

清单8-3　使用sklearn来训练鸢尾花神经网络（参见nn_iris_mlpclassifier.py）

首先，我们从硬盘加载训练和测试数据。这些是我们之前创建的相同的文件。然后我们设置神经网络对象，即MLPClassifier的一个实例❶。该网络有两个隐含层，第一个有三个节点，

第二个有两个节点❷。这与图8-1中的架构相匹配。该网络还使用了逻辑层❸。这是sigmoid层的另一个名字。我们通过调用fit来训练这个模型，就像我们对其他sklearn模型类型所做的那样。由于我们将verbose设置为True，我们将得到显示每次迭代损失的输出。

调用predict_proba将给我们提供测试数据的输出概率。这个方法也被大多数其他sklearn模型所支持。这是模型对指定输出标签的确定性。然后我们调用score来计算测试集的得分。

我们想存储学习到的权重和偏置，以便可以在测试代码中使用它们。我们可以直接从训练好的模型❹中提取它们。这些数据被打包成一个列表（权重），并转储到一个Python pickle文件中。

剩下的代码会打印出sklearn训练好的模型对所保留的测试数据的运行结果。例如，这段代码的一个特定运行结果是

```
Test results:
  Overall score: 1.0000000

000: 0 - 0, 0.0705069
001: 1 - 1, 0.8066224
002: 0 - 0, 0.0308244
003: 0 - 0, 0.0205917
004: 1 - 1, 0.9502825
005: 0 - 0, 0.0527558
006: 1 - 1, 0.9455174
007: 0 - 0, 0.0365360
008: 1 - 1, 0.9471218
009: 0 - 0, 0.0304762
010: 0 - 0, 0.0304762
011: 0 - 0, 0.0165365
012: 1 - 1, 0.9453844
013: 0 - 0, 0.0527558
014: 1 - 1, 0.9495079
015: 1 - 1, 0.9129983
016: 1 - 1, 0.8931552
017: 0 - 0, 0.1197567
018: 0 - 0, 0.0406094
019: 0 - 0, 0.0282220
020: 1 - 1, 0.9526721
021: 0 - 0, 0.1436263
022: 1 - 1, 0.9446458
```

表明该模型对小型测试数据集是完美的。输出显示了样本编号、实际的类标签、分配的类型标签以及输出为1类的概率。如果我们通过我们的评估代码运行加持sklearn网络权重和偏置的pickle文件，我们会看到输出概率与前面的代码完全相同，这表明我们手工生成的神经网络实现正常工作。

小结

　　　在这一章中，我们深度剖析了神经网络的内部结构。我们描述了结构、节点的排列以及它们之间的连接。我们讨论了输出层节点和它们所计算的功能。然后我们看到，所有的权重和偏置都可以方便地用矩阵和向量来表示。最后，我们提出了一个简单的网络，用于对鸢尾花数据的一个子集进行分类，并展示了如何对其进行训练和评估。

　　　让我们继续前进，深入研究神经网络背后的理论。

第 **9** 章

训练神经网络

在本章中，我们将讨论如何训练一个神经网络。我们将看看今天在该领域使用的标准方法和技巧。这里会有一些数学知识、一些交流以及大量的新术语和概念。但你不需要深入了解这些数学知识：我们会根据需要略过一些东西，以表达主要观点。

这一章也许是本书中最具挑战性的，至少在概念上是如此。当然在数学上也是如此。虽然这对建立直觉和理解至关重要，但有时我们会不耐烦，喜欢先潜入事情中去试水。多亏了预先存在的库，我们可以在这里做到这一点。如果你想在学习神经网络的工作原理之前玩一玩，请跳到第10章，然后再来这里补习理论知识。但一定要回来。

你有可能会学习使用sklearn和Keras等强大的工具包而不了解其工作原理。这种方法不应该让任何人沾沾自喜，尽管这种诱惑是真实存在的。了解这些算法的工作原理是非常值得你花时间的。

9.1 高层次的概述

让我们在本章开始时对我们将讨论的概念进行概述。读一读，但如果概念不清楚，不要着急。相反，请尝试对整个过程有一个感觉。

训练神经网络的第一步是为权重和偏置智能地选择初始值。然后，使用梯度下降法来修改这些权重和偏置，以便减少训练集的误差。我们将使用损失函数的平均值来衡量误差，它告诉我们网络目前的错误程度。我们知道网络是对还是错，因为我们有训练集中每个输入样本的预期输出（类标签）。

梯度下降是一种需要梯度的算法。现在，把梯度看成是对陡度的衡量。梯度越大，函数在该点越陡峭。为了使用梯度下降来搜索损失函数的最小值，我们需要能够找到梯度。为此，我们将使用反向传播法。这是神经网络的基本算法，是让它们成功学习的算法。它从网络的输出端开始，通过网络向输入端回溯，给我们提供所需要的梯度。一路上，它为每个权重和偏置计算梯度值。

有了梯度值，我们就可以使用梯度下降算法来更新权重和偏置，这样在下一次我们通过网络传递训练样本时，损失函数的平均值就会比以前少。换句话说，我们的网络将减少错误。这就是训练的目的，我们希望它的结果是一个已经学会了数据的一般特征的网络。

学习数据集的一般特征需要正则化。有许多正则化的方法，我们将讨论主要的方法。如果没有正则化，训练过程就会有过度拟合的危险，我们最终可能得到一个不能泛化的网络。但是有了正则化，我们就可以成功地得到一个有用的模型。

因此，下面几节将介绍梯度下降、反向传播、损失函数、权重初始化，以及最后的正则化。这些是成功的神经网络训练的主要组成部分。我们不需要理解复杂纷繁的数学细节，相反，我们需要从概念上理解它们，这样我们就可以建立一个直观的方法来了解训练神经网络的意义。有了这种直觉，我们就能有目的地利用sklearn和Keras提供的训练参数。

9.2 梯度下降

训练神经网络的标准方法是使用梯度下降法。

让我们来解析一下梯度下降这个词语。我们已经知道下降这个词的意思。它意味着从更高的地方往下走。那么梯度呢？简短的回答是，梯度表示某样东西相对于其他东西的变化速度有多快。衡量一个东西随着另一个东西的变化而变化的程度是我们都熟悉的事情。我们都知道速度，也就是位置随着时间的变化而变化。我们甚至用语言来表达它：每小时英里数或每小时公里数。

你可能已经在另一种情况下熟悉了梯度。考虑一下一条直线的方程

$$y = mx + b$$

其中，m是斜率，b是y轴的截距。斜率是指直线的y位置随每改变一次x位置的变化速度。如果我们知道直线上的两个点：(x_0, y_0)和(x_1, y_1)，那么我们可以计算出斜率为

$$m = \frac{y_0 - y_1}{x_0 - x_1}$$

在文字上，我们可以说是"y所对应的每个x"。这是一个衡量直线的陡峭或平缓程度的标准：它的梯度。在数学中，我们经常谈论一个变量的变化，其符号是在前面加一个 Δ（delta）。因此，我们可以把一条直线的斜率写为

$$m = \frac{\Delta y}{\Delta x}$$

以此来说明斜率是x的每一变化所带来的y的变化。幸运的是，事实证明，不仅直线在每一点上有斜率，而且大多数函数在每一点上都有斜率。然而，除了直线以外，这个斜率在各点之间是变化的。在这里，一张图片会对大家有所帮助。请看图9-1。

图9-1中的图形是一个多项式。注意图中画出的线条正好与函数相接触。这些是切线。作为线，它们有一个斜率，我们可以在图中看到。现在想象一下，将其中一条线移到函数上，使其继续接触函数的线的斜率是如何随着它的移动而变化的。

事实证明，斜率在函数上的变化本身就是一个函数，它被称为导数。给定一个函数和x值，导数告诉我们函数在该点x的斜率。函数具有导数这一事实是微积分的基本见解，也是对我们非常重要的基础知识。

导数的概念是至关重要的，因为对于单变量函数，在x点的导数是x点的梯度：它是函数变化的方向。如果我们想找到函数的最小值，即给我们带到最小的y所对应的x，我们要向与梯度相反的方向移动，因为这将使我们向最小值的方向移动。

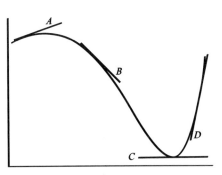

图9-1 一个含有几条切线的函数

导数有许多不同的写法，但与斜率的概念相呼应的方式是，当x发生变化时，y如何变化。

$$\frac{\mathrm{d}y}{\mathrm{d}x}$$

我们接下来在讨论反向传播算法时将会回到这种形式。梯度就这样了，现在我们来仔细看看下降。

9.2.1　找出最小值

由于我们想要一个几乎不会出错的模型，我们需要找到导致损失函数值较小的参数集合。换句话说，我们需要找到损失函数的最小值。

再看一下图9-1。最小值在右边，即切线C的位置。我们可以看到这是最小值，并注意到那里的梯度是0。这告诉我们，我们正处于一个最小值（或最大值）。如果我们从B开始，我们看到切线的斜率是负的（向下和向右）。因此，我们需要移动到一个正方向的x值，因为这与梯度的符号相反。同样，如果我们从D开始，切线的斜率是正的（向上和向右），这意味着我们需要向负的x方向移动，再向C移动，以接近最小值。所有这些都暗示了一种寻找函数最小值的算法：选择一个起点（一个x值），然后利用梯度移动到一个较低的点。

对于只有x的简单函数，比如图9-1中的那些，这种方法会很有效，前提是我们从一个好的地方开始，比如B或D。

仍以图9-1为例，假设我们从B开始，我们看到梯度告诉我们向右移动，向C移动。但我们如何选择下一个x值来考虑，使我们更接近C？这就是步长，它告诉我们从一个x位置到下一个x位置的跳跃有多大。步长是我们必须选择的一个参数，在实践中，这个被称为学习率的值通常是不固定的，随着我们的移动而变得越来越小，其前提是随着我们的移动，我们越来越接近最小值，因此需要越来越小的步长。

这一切都很好，甚至是直观的，但我们有一个小问题。如果我们不是从B或D开始，而是从A开始呢？A处的梯度将我们指向左边，而不是右边。在这种情况下，我们的简单算法将失败——它将使我们向左移动，而我们永远不会到达C。图中只显示了一个最小值，即C，但我们可以很容易地想象第二个最小值，例如在A的左边，它不像C那样低（没有那么小的y值）。我们将看到，这对神经网络来说是一个真正的问题，但神奇的是，对于现代深度网络来说这不是什么难题。

那么，这一切是如何帮助我们训练神经网络的呢？如果x是我们网络的一个参数，y是损失函数给出的误差，那么梯度告诉我们这个参数的变化对网络的整体误差有多大影响。一旦我们知道了这一点，我们就可以根据梯度对参数进行一定的修改，我们知道这将使我们走向最小误差。当训练集的误差达到最小时，我们就可以说网络已经被训练好了。

让我们再来讨论一下梯度和参数。基于图9-1，我们在这一点上的所有讨论都是一维的：我们的函数只是x的函数。我们谈到了改变一件事，即沿x轴的位置，看它如何影响y的位置。在现实中，我们不是只用一个维度工作。我们网络中的每一个权重和偏置都是一个参数，损失函数值取决于所有这些参数。仅就图8-1中的简单网络而言，就有20个参数，也就是说，损失函数是一个20维的函数。无论如何，我们的方法仍然是一样的：如果我们知道每个参数的梯度，我们仍然可以应用我们的算法，试图找到一组损失最小的参数。

9.2.2　更新权重

我们稍后会讨论如何获得梯度值，但现在我们假设已经有了梯度值。我们会说，我们有一组数字，告诉我们在网络的当前配置下，任何权重或偏置值的变化如何改变损失。有了这些知识，我们就可以应用梯度下降法：通过该梯度值的一些分数来调整权重或偏置，从而使我们能够从整体上走向整个损失函数的最小值。

在数学上，我们使用一个简单的规则更新每个权重和偏置：

$$w \leftarrow w - \eta \Delta w$$

这里w是权重（或偏置）之一，η是学习率（步长），Δw是梯度值。

清单9-1给出了使用梯度下降训练神经网络的算法。

① 为权重和偏置选择一些较好的起始值。
② 使用当前的权重和偏置，通过网络运行训练集，并计算平均损失。
③ 使用这个损失来获得每个权重和偏置的梯度。
④ 通过步长的大小乘以梯度值来更新权重或偏置值。
⑤ 返回第2步，直到损失足够低。

清单9-1　梯度下降的五个（看似简单的）步骤

该算法看似简单，但正如他们所说，魔鬼在细节中。我们必须在每一步做出选择，而我们做出的每一个选择都会引发进一步的问题。例如，第1步说"选择一些较好的起始值"。它们应该是什么？事实证明，成功地训练一个神经网络，关键在于选择好的初始值。我们已经在前面的例子中看到了这一点，在图9-1中，如果我们从A开始，我们就无法找到C的最小值。

第2步是直接的；它是通过网络的前进通行证。我们还没有详细讨论损失函数本身，现在，仅仅把它看作是一个衡量网络在训练集上的有效性的函数。

第3步暂时是一个黑箱。我们很快就会探讨如何做到这一点。现在，假设我们可以找到每个参数的梯度值。

第4步遵循前一个方程的形式，将参数从当前值移动到一个能减少整体损失的值。在实践中，这个方程的简单形式是不够的。还有其他条款，如动量，为下一次迭代（训练数据通过网络的下一次传递）保留之前权重变化的一些部分，以便参数不会变化得太厉害。我们将在后面重新讨论动量问题。现在，让我们来看看梯度下降的一个变形，它实际上用于训练深度网络。

9.3　随机梯度下降法

前面的步骤描述了神经网络的梯度下降训练。正如我们所期望的，在实践中，这个基本想法有许多不同的风味。其中一个被广泛使用且在经验上运行良好的方法被称为随机梯度下降（stochastic gradient descent，SGD）。随机这个词指的是一个随机过程。我们接下来会看到为什么在这种情况下，随机这个词要放在梯度下降之前。

9.3.1　批次和小批次

清单9-1的第2步曾写道，使用当前的权重和偏置值在网络中运行完整的训练集。这种方法被称为批次训练（batch training），之所以这样命名是因为我们使用所有的训练数据来估计梯度。直观地说，这是一个合理的做法：我们已经精心构建了训练集，使之成为产生数据的未知父过程的公平代表，而我们希望网络能够成功地为我们建模的正是这个父过程。

如果我们的数据集很小，比如第5章的原始鸢尾花数据集，那么批次训练是有意义的。但如果我们的训练数据集并不小呢？如果是几十万甚至上百万的样本呢？我们将面临越来越长的训练时间。

我们遇到了一个问题。我们想要一个大的训练集，因为这将（希望）更好地代表我们想要建模的未知父过程。但是，训练集越大，通过网络传递每个样本，获得损失的平均值，以及更新权重和偏置所需的时间就越长。我们把通过网络的整个训练集称为epoch（历时），我们需要几十到几百个epoch来训练网络。更好地展现我们想要的建模工作意味着越来越长的计算时间，因为所有的样本都必须通过网络来完成。

这就是随机梯度下降（SGD）发挥作用的地方。与其每次都使用所有的训练数据，不如选择训练数据的一个小子集，并使用从中计算出的平均损失来更新参数。我们会计算出一个"不正确的"梯度值，因为我们只用一个小样本来估计整个训练集的损失，但我们会节省很多时间。

让我们通过一个简单的例子来看看这种抽样是如何进行的。我们将使用NumPy定义一个100个随机字节的向量。

```
>>> d = np.random.normal(128,20,size=100).astype("uint8")
>>> d
130, 141, 99, 106, 135, 119, 98, 147, 152, 163, 118, 149, 122,
133, 115, 128, 176, 132, 173, 145, 152, 79, 124, 133, 158, 111,
139, 140, 126, 117, 175, 123, 154, 115, 130, 108, 139, 129, 113,
129, 123, 135, 112, 146, 125, 134, 141, 136, 155, 152, 101, 149,
137, 119, 143, 136, 118, 161, 138, 112, 124, 86, 135, 161, 112,
117, 145, 140, 123, 110, 163, 122, 105, 135, 132, 145, 121, 92,
118, 125, 154, 148, 92, 142, 118, 128, 128, 129, 125, 121, 139,
152, 122, 128, 126, 126, 157, 124, 120, 152
```

这里的字节值是围绕平均数128的正态分布。100个值的实际平均值是130.9。选择这些值的子集，每次10个，可以得到实际平均值的估计值

```
>>> i = np.argsort(np.random.random(100))
>>> d[i[:10]].mean()
138.9
```

重复的子集导致估计的平均值为135.7、131.7、134.2、128.1，以此类推。

没有一个估计的均值是实际的均值，但它们都很接近。如果我们能从全部数据集的一个随机子集中估计出平均值，我们可以通过类比看到，我们应该能用全部训练集的一个子集来估计损失函数的梯度。由于样本是随机选择的，因此得到的梯度值是随机变化的估计值。这就是为什么我们在梯度下降的前面加上了随机这个词。

伴随每个权重和偏置的更新，传递全部训练集给网络进行训练的过程我们称为批次训练，那么传递一个子集通过网络进行训练的情况被称为小批次训练（minibatch training）。你会经常听到人们使用小批次（minibatch）这个术语。小批次是用于每个随机梯度下降步骤的训练数据的子集。训练通常是一定数量的历时数（epochs），其中epochs和minibatch之间的关系如下：

$$1 \text{ epoch} = \left(\frac{\text{训练样本数}}{\text{小批次大小}}\right) \text{minibatches}$$

在实践中，我们并不希望从整个训练集中随机选择小批次。如果我们这样做，就会有不能使用所有样本的风险：一些样本可能永远不会被选中，而另一些则可能被选得太频繁。通常情况下，我们将训练样本的顺序随机化，并在需要小批次的时候按顺序选择固定大小的样本块。当所有可用的训练样本被使用时，我们可以刷新整个训练集的顺序并重复这个过程。有些深度

学习工具箱甚至不这样做，而是再次循环使用同一组小批次。

9.3.2 凸函数与非凸函数

SGD听起来像是对实用性的一种让步。从理论上讲，我们似乎永远不想使用它，而且我们可能会看到训练结果因此而受到影响。然而，通常情况下，情况恰恰相反。从某种意义上说，神经网络的梯度下降训练根本就不应该工作，因为我们是在将一种用于凸函数的算法应用于非凸函数。图9-2解释了凸函数和非凸函数之间的区别。

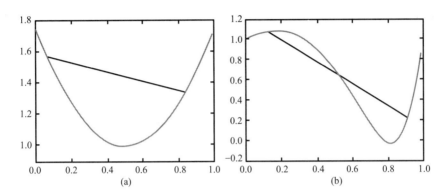

图9-2　自变量为x的凸函数（a）和自变量为x的非凸函数（b）

凸函数是指函数上任何两点之间的线段不会与函数相交于任何其他点上。图9-2（a）的黑线就是一个例子，任何这样的线段都不会在任何其他点上与函数相交，表明这是一个凸函数。然而，图9-2（b）的曲线就不是这样了，这里的黑线确实与函数相交。

梯度下降是为了在函数是凸函数的情况下找到最小值，由于它只依赖于梯度，即第一导数，所以它有时被称为一阶优化方法。一般来说，梯度下降法不应该用于非凸函数，因为它有陷入局部极小值的风险，而不是找到全局最小值。同样，我们在图9-1的例子中看到了这一点。

这就是随机梯度下降法的作用。在多个维度中，梯度不一定指向损失函数的最接近的最小值。这意味着我们的步骤会在一个稍微错误的方向上，但这个有点错误的方向可能会帮助我们避免被困在我们不想去的地方。

当然，情况更复杂，也更神秘。机器学习界一直在纠结于在非凸损失函数上使用一阶优化的明显成功和它根本不应该工作的事实之间的矛盾。

有两个想法正在出现。第一个是我们刚才所说的，随机梯度下降的帮助实际上是让我们在一个稍微错误的方向上前进。第二个想法，现在似乎已经被证实了，对于深度学习中使用的损失函数，事实证明有很多很多的局部最小值，而且这些都是基本相同的，所以几乎在任何一个地方载入都会使网络表现良好。

一些研究人员认为，大多数梯度下降学习都是在马鞍点上结束的，这是一个看起来像最小值但却不是的地方。想象一个马鞍，在中间放一个弹珠。弹珠会坐在原地，但你可以把弹珠推向某个方向，让它滚下马鞍。这种说法不是没有道理的，大多数训练都是在马鞍点上结束的，如果有更好的算法，就有可能取得更好的结果。然而，即使是马鞍点，如果它是一个的话，对于实际的目的来说仍然是一个好的地方，所以无论如何，这个模型是成功的。

那么，在实践中，我们应该使用随机梯度下降法，因为它能带来更好的整体学习效果，并通过不需要全部批次的方式减少训练时间。它确实引入了一个新的超参数，即小批次尺寸，我们必须在训练前的某个时间点选择这个参数。

9.3.3　终止训练

我们还没有讨论一个关键问题：我们应该在什么时候停止训练？记得在第5章中，我们花了一些功夫来创建训练集、验证集和测试集。这就是我们要使用验证集的地方。在训练时，我们可以使用验证集上的准确率，或其他一些指标，来决定何时停止。如果使用SGD，我们通常会通过网络运行验证集来计算每个小批次或小批次集合的准确性。通过跟踪验证集的准确性，我们可以决定何时停止训练。

如果我们训练了很长时间，最终通常会发生两件事。第一件事是，训练集上的误差趋于零，我们在训练集上的表现越来越好。第二件事是，验证集的误差下降，然后，最终开始回升。

这些影响是由于过拟合造成的。训练误差随着模型学习越来越多地代表产生数据集的父分布而不断下降。但是，最终，它将停止学习关于训练集的一般特征。在这一点上，我们正在过拟合，我们想要停止训练，因为模型不再学习一般的特征，而是学习关于我们正在使用的特定训练集的细节。我们可以通过在训练时使用验证集来观察这一点。由于我们不使用验证集中的样本来更新网络的权重和偏置，它应该给我们一个公平的测试网络的当前状态。当过拟合开始时，验证集的误差将从最小值开始上升。这时我们可以做的是保留在验证集上产生最小值的权重和偏置，并声称这些代表了最佳模型。

我们不希望使用任何影响训练的数据来衡量我们网络的最终效果。我们使用验证集来决定何时停止训练，所以验证集中的样本特征也影响了最终的模型。这意味着我们不能强烈依赖验证集来给我们提供模型在新数据上的表现。只有被搁置的测试集，在我们宣布训练胜利之前未被使用，才能让我们知道这个训练好的模型在其他数据上表现如何。因此，正如报告训练集的准确性作为衡量模型有多好的标准是不恰当的一样，以报告验证集的准确性来衡量模型也是不恰当的。

9.3.4　更新学习率

在我们基于梯度改变权重和偏置的通用更新方程中，我们引入了一个超参数η，即学习率或步长大小。它是一个比例因子，表明我们应该根据梯度值更新权重或偏置的程度。

我们之前说过，学习率不需要固定，它可以，甚至应该在我们训练时变得越来越小，因为我们需要越来越小的步长来达到损失函数的实际最小值。我们并没有说明应该如何在实际中更新学习率。

更新步长大小的方法不止一种，但有些方法比其他方法更有帮助。sklearn的MLPClassifier类，使用SGD求解器，有三个选项。第一种是永远不改变学习速度——只是将η保持在其初始值η_0。第二种是进行扩展η，以便使其随着历时（小批次）[epoch（minibatches）]的减少而减少，根据

$$\eta = \frac{\eta_0}{t^p}$$

其中，η_0由用户设置，t是迭代次数（历时，小批次），p是t的指数，也由用户选择。sklearn默认的p是0.5，也就是说，以$\sqrt{t}$为尺度，这似乎是一个合理的默认值。

第三种选择是通过观察损失函数值来调整学习率。只要损失在减少，就把学习率留在原位。当损失在一定数量的小批次中停止下降时，用某个值（如sklearn的默认值）除以学习率。如果我们从不改变学习率，而且学习率太高，我们可能最终会在最小值附近移动而无法最终达到它，因为我们一直在它周围徘徊。因此，在使用SGD时，降低学习率是个好主意。在本书的后面，我们会遇到其他的优化方法，这些方法会自动为我们调整学习率。

9.3.5 动量

在随机梯度下降（SGD）中还有一个问题我们必须要讨论。正如我们之前看到的，梯度下降和随机梯度下降的权重更新方程是

$$w \leftarrow w - \eta \Delta w$$

我们通过学习率（η）乘以梯度来更新权重，我们在这里表示为 Δw。

一个常见而强大的技巧是引入一个动量项，将之前的 Δw 的一部分加回来，即之前的小批次的更新。动量项可以防止 w 参数在应对某个特定的小批次时变化过快。加入这个项后，我们可以得到

$$w_{i+1} \leftarrow w_i - \eta \Delta w_i + \mu \Delta w_{i-1}$$

我们添加了下标来表示下一次通过网络的时刻（$i+1$），当前通过的时刻（i），以及上一次通过的时刻（$i-1$）。前一次通过的 Δw 是我们需要使用的。μ，即动量，它的典型值约为0.9。几乎所有的工具箱都以某种形式实现了动量，包括sklearn。

9.4 反向传播

我们一直在假设，我们知道每个参数的梯度值。让我们讨论一下反向传播算法是如何给我们提供这些神奇数字的。反向传播算法也许是神经网络历史上最重要的一项发展，因为它能够训练具有数百、数千、数百万甚至数十亿参数的大型网络。这对于我们将在第12章中使用的卷积网络来说尤其如此。

反向传播算法本身是由Rumelhart、Hinton和Williams于1986年在他们的论文《通过反向传播错误学习表征》（*Learning Representations by Backpropagating Errors*）中发表的。这是对导数链规则的谨慎应用。该算法被称为反向传播，因为它从网络的输出层到输入层后向传递，将损失函数的误差向下传播到网络的每个参数。该算法被称为反推（backprop），我们将在这里使用这个术语。

将反推加入梯度下降的训练算法中，并将其调整为随机梯度下降，我们就得到了清单9-2中的算法。

① 为权重和偏置选择一些较好的初始值。
② 使用当前的权重和偏置在网络中运行小批次，并计算平均损失。
③ 使用这个损失和反推法来获得每个权重和偏置的梯度。
④ 通过步长乘以梯度值来更新权重或偏置值。
⑤ 返回第2步不断重复，直到损失足够低。

清单9-2 随机梯度下降与反推法

清单9-2的第2步被称为前向传递，第3步是后向传递。前向传递也是我们在网络最终训练完成后使用它的方式。后向传递是反推为我们计算梯度，这样我们就可以在第4步更新参数。

我们将对反推进行两次描述。首先，我们将用一个简单的例子来示意，并与实际的导数一起工作。其次，我们将用一个更抽象的符号来说明反推如何在一般意义上适用于实际的神经网络。这一点没有什么好说的：本节涉及导数，但我们已经从梯度下降的讨论中对导数有了很好的直观感受，所以我们应该可以顺利进行。

9.4.1　反推第一步

假设我们有两个函数，$z=f(y)$ 和 $y=g(x)$，意味着 $z=f[g(x)]$。我们知道，函数 g 的导数写作 dy/dx，它告诉我们当 x 变化时，y 如何变化。同样地，我们知道函数 f 的导数会给我们带来 dz/dy。z 的值取决于 f 和 g 的组合，这意味着 g 的输出是 f 的输入，所以如果我们想找到 dz/dx 的表达式，即 z 是如何随 x 变化的，我们需要一种方法来连接这些组合函数。这就是导数的链式规则给我们带来的好处。

$$\frac{dz}{dx} = \frac{dz}{dy} \times \frac{dy}{dx}$$

这种符号特别好，因为我们可以想象，如果这些是实际的分数，dy "项"就会被抵消。

这对我们有什么帮助？在神经网络中，一层的输出是下一层的输入，也就是组合，所以我们可以直观地看到链式规则可能对此适用。记住，我们要的是告诉我们损失函数如何随权重和偏置变化的值。让我们称损失函数为 L 和任何给定的权重或偏置为 w。我们要计算所有权重和偏置的 $\partial L/\partial w$。

你的脑子里应该响起警钟。上一段引入了新的符号。到目前为止，我们一直把导数写成 dy/dx，但关于权重的损失的导数被写成 $\partial L/\partial w$。这个奇特的 ∂ 是什么？

当我们有一个单变量的函数，只有 x，就只有一个点的斜率可谈。一旦我们有一个多变量的函数，点上的斜率的概念就变得模糊不清了。在任何一点上都有无数条与函数相切的线。因此，我们需要偏导的概念，即当所有其他变量被视为固定时，我们所考虑的变量方向上的线的斜率。这告诉我们，当我们只改变一个变量时，输出将如何变化。为了说明我们使用的是部分导数，我们从 d 转移到 ∂，这只是一个脚本 d。

让我们建立一个直接的网络，这样我们就可以看到链式规则如何直接导致我们想要的表达。我们看一下图9-3中的网络，它由一个输入层、两个各有一个节点的隐含层和一个输出层组成。

图9-3　一个简单的网络来说明链式规则

为了简单起见，我们将忽略任何偏置值。此外，让我们把激活函数定义为同一函数，$h(x)=x$。这种简化消除了激活函数的导数，使事情更加透明。

对于这个网络，前向传递计算

$$h_1 = w_1 x$$
$$h_2 = w_2 h_1$$
$$y = w_3 h_2$$

遵循我们之前使用的形式，通过使一个层的输出成为下一个层的输入，把事情串联起来。如果我们想训练网络，我们将有一个训练集，一组对，$(x_i, \hat{y}_i)$，$i = 0, 1, \cdots$，这些是给定输入的输出的例子。注意，前向传递从输入 x 移动到输出 y。我们接下来会看到为什么后向传递从输出移动到输入。

现在让我们定义损失函数 $\mathcal{L}$，它是给定输入 x 的网络输出 y 与我们应该得到的输出 $\hat{y}$ 之间的平方误差。从功能上看，损失看起来像下面这样。

$$\mathcal{L} = \frac{1}{2}(y - \hat{y})^2$$

为了简单起见,我们忽略了一个事实,即损失是训练集的平均值或从训练集中抽取的小批次。严格来说,1/2 这个系数并不是必需的,但它通常被用来使导数更漂亮一些。由于我们正在寻找一个特定的权重集的最小损失,我们是否将损失乘以 1/2 的恒定系数,这并不重要——最小的损失仍然是最小的,无论其实际数值如何。

为了使用梯度下降,我们需要找到损失是如何随权重变化的。在这个简单的网络中,这意味着我们需要找到三个梯度值,w_1、w_2 和 w_3 各一个。这就是链式规则发挥作用的地方。我们先写出方程,然后再来讨论它们。

$$\frac{\partial \mathcal{L}}{\partial w_3} = \frac{\partial \mathcal{L}}{\partial y} \times \frac{\partial y}{\partial w_3}$$

$$\frac{\partial \mathcal{L}}{\partial w_2} = \frac{\partial \mathcal{L}}{\partial y} \times \frac{\partial y}{\partial h_2} \times \frac{\partial h_2}{\partial w_2}$$

$$\frac{\partial \mathcal{L}}{\partial w_1} = \frac{\partial \mathcal{L}}{\partial y} \times \frac{\partial y}{\partial h_2} \times \frac{\partial h_2}{\partial h_1} \times \frac{\partial h_1}{\partial w_1}$$

这些方程的顺序显示了为什么这种算法被称为反向传播。为了得到输出层参数的偏导,我们只需要输出和损失:y 和 $\mathcal{L}$。为了得到中间层权重的偏导,我们需要输出层的以下两个偏导:

$$\frac{\partial \mathcal{L}}{\partial y}$$

$$\frac{\partial y}{\partial h_2}$$

最后,为了得到输入层权重的偏导数,我们需要从输出层和中间层得到偏导数。实际上,我们已经通过网络向后移动,传播来自后面各层的值。

对于这些方程中的每一个,如果我们想象"连锁方程"像分数一样被抵消,那么右手边与左手边是一致的。由于我们为网络选择了一个特别简单的形式,我们可以手工计算实际梯度。我们需要的以下梯度来自前面方程的右侧。

$$\frac{\partial \mathcal{L}}{\partial y} = (y - \hat{y})$$

$$\frac{\partial y}{\partial w_3} = h_2 = w_2 h_1 = w_2 w_1 x$$

$$\frac{\partial y}{\partial h_2} = w_3$$

$$\frac{\partial h_2}{\partial w_2} = h_1 = w_1 x$$

$$\frac{\partial h_2}{\partial h_1} = w_2$$

$$\frac{\partial h_1}{\partial w_1} = x$$

$\partial \mathcal{L}/\partial y$ 来自我们为损失选择的形式和微积分的微分规则。

把这些放回权重梯度的方程中,我们可以得到

$$\frac{\partial \mathcal{L}}{\partial w_3} = (y - \hat{y})w_2 w_1 x$$

$$\frac{\partial \mathcal{L}}{\partial w_2} = (y - \hat{y})w_3 w_1 x$$

$$\frac{\partial \mathcal{L}}{\partial w_1} = (y - \hat{y})w_3 w_2 x$$

经过正向传递，我们有这些方程右侧所有数量的数值。因此，我们知道梯度的数字值。梯度下降的更新规则告诉我们要改变权重，如下所示：

$$w_3 \leftarrow w_3 - \eta \frac{\partial \mathcal{L}}{\partial w_3} = w_3 - \eta(y - \hat{y})w_2 w_1 x$$

$$w_2 \leftarrow w_2 - \eta \frac{\partial \mathcal{L}}{\partial w_2} = w_2 - \eta(y - \hat{y})w_3 w_1 x$$

$$w_1 \leftarrow w_1 - \eta \frac{\partial \mathcal{L}}{\partial w_1} = w_1 - \eta(y - \hat{y})w_3 w_2 x$$

其中 η 是学习率参数，定义了更新时要采取多大的步长。

简而言之，我们需要使用链式规则，即反推算法的核心，来找到我们在训练期间需要更新权重的梯度。对于我们的简单网络，我们能够通过从输出到输入的网络后向移动，明确地计算出这些梯度的值。当然，这只是一个简易网络。现在让我们再看看如何在更普遍的意义上使用反推来计算任何网络的必要梯度。

9.4.2 反推第二步

让我们首先重温一下损失函数并引入一些新的符号。损失函数是网络中所有参数的函数，这意味着每个权重和偏置值都对它有贡献。例如，图8-1中的网络有20个权重和偏置，其损失可以写为

$$\text{loss} = \mathcal{L}\left(w_{00}^{(1)}, w_{01}^{(1)}, w_{02}^{(1)}, w_{10}^{(1)}, w_{11}^{(1)}, w_{12}^{(1)}, b_0^{(1)}, b_1^{(1)}, b_2^{(1)}, w_{00}^{(2)}, w_{01}^{(2)}, w_{10}^{(2)}, w_{11}^{(2)}, w_{20}^{(2)}, w_{21}^{(2)}, b_0^{(2)}, b_1^{(2)}, w_{00}^{(3)}, w_{10}^{(3)}, b_0^{(3)}\right)$$

注意，我们为参数引入了一个新的符号 $w_{jk}^{(i)}$，这表示将第 j 个输入，即第 $i-1$ 层的输出，连接到第 i 层的第 k 个节点的权重。我们还有 $b_k^{(i)}$ 来表示第 i 层的第 k 个节点的偏置值。这里第 0 层是输入层本身。指数上的括号是一个标签，即层号，不是实际的指数。因此，$w_{20}^{(2)}$ 是第一层的第三个输出到第二层的第一个节点的权重。这就是图9-4中突出显示的权重。记住，我们总是从上到下给节点编号，从 0 开始。

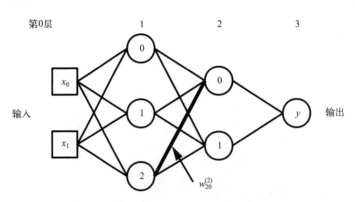

图9-4   图8-1的网络，其权重 $w_{20}^{(2)}$ 用粗线标出

这个符号有点令人生畏，但它会让我们精确地引用网络的任何权重或偏置。我们需要使用反推的数字是关于每个权重或偏置的损失的偏导。因此，我们最终想要找到的东西，在数学中都被写成符号，记为

$$\frac{\partial \mathcal{L}}{\partial w_{jk}^{(i)}}$$

这就给我们提供了斜率：当连接第 i 层的 k 个节点和第 $i-1$ 层的 j 个输出的权重发生变化时，损失量会发生变化。一个类似的方程给了我们偏差的部分导数。

我们可以通过只处理层数来简化这个烦琐的符号，理解蕴含在符号中的是一个向量（偏置、激活）或矩阵（权重），因此我们要找到

$$\frac{\partial \mathcal{L}}{\partial w^{(i)}} 和 \frac{\partial \mathcal{L}}{\partial b^{(i)}}$$

它们分别对应于连接第 $i-1$ 层到第 i 层的所有权重的矩阵，以及第 i 层所有偏置的向量。我们将通过从向量和矩阵的角度看问题来保护我们的符号理智。让我们从输出层开始，看看这能给我们带来什么。我们知道，输出层，即 L 层的激活值是通过以下方式找到的

$$a^{(L)} = h(W^{(L)} a^{(L-1)} + b^{(L)})$$

a 是来自 $L-1$ 层的激活函数值，b 是 L 层的偏置向量，W 是 $L-1$ 层和 L 层之间的权重矩阵，激活函数是 h。

此外，我们将定义 h 的参数为 $z^{(L)}$

$$z^{(L)} \equiv W^{(L)} a^{(L-1)} + b^{(L)}$$

并称 $\partial \mathcal{L}/\partial z^{(l)}$ 为误差，即对第 l 层输入的损失贡献。

$$\delta^{(l)} \equiv \frac{\partial \mathcal{L}}{\partial z^{(l)}}$$

这样，我们从现在开始就可以用 δ 来工作。

对于输出层，我们可以把 δ 写成

$$\delta^{(L)} = \frac{\partial \mathcal{L}}{\partial z^{(L)}} = \frac{\partial \mathcal{L}}{\partial a^{(L)}} \cdot h'(z^{(L)})$$

符号 $h'(z^{(L)})$ 是 h（相对于 z）在 $z(L)$ 处求导的另一种写法。·（实心点）代表元素乘法。这是 NumPy 在将两个相同大小的数组相乘时的工作方式，所以如果 $C = A \cdot B$，那么 $C_{ij} = A_{ij}B_{ij}$。从技术上讲，这种乘法叫作 Hadamard（）乘法，以法国数学家 Jacques Hadamard 命名。

前面的意思是，要使用反向传播，我们需要一个可以被微分的损失函数——在每个点都存在导数的损失函数。这并不是一个太大的负担。我们将在下一节研究的损失函数符合这一标准。我们还需要一个可以被微分的激活函数，这样我们就可以找到 $h'(z)$。同样，到目前为止，我们所考虑的激活函数基本上都是可微分的。

δ 的方程式告诉我们由于某一层的输入而产生的误差。接下来我们将看到如何使用它来获得一个层的每个权重的误差。

有了 $\delta^{(L)}$，我们可以通过以下方式将误差向下传播到下一层

$$\delta^{(l)} = ((W^{(l+1)})^{\mathrm{T}} \delta^{l+1}) \cdot h'(z^{(l)})$$

其中，对于倒数第二层，$l+1=L$。T代表矩阵转置。这是一个标准的矩阵操作，涉及对角线上的反射，因此，如果

$$A = \begin{bmatrix} 1 & 2 & 3 \\ 4 & 5 & 6 \\ 7 & 8 & 9 \end{bmatrix}$$

那么

$$A^{\mathrm{T}} = \begin{bmatrix} 1 & 4 & 7 \\ 2 & 5 & 8 \\ 3 & 6 & 9 \end{bmatrix}$$

我们需要权重矩阵的转置，因为我们的方向与正向传递的方向相反。如果第l层有三个节点，第$l+1$层有两个节点，那么它们之间的权重矩阵W是一个2×3的矩阵，所以Wx是一个两元素向量。在反推中，我们要从第$l+1$层到第l层，所以我们对权重矩阵进行转置来映射这个两元素向量，这里，我们映射为三元素向量。

$\delta^{(L)}$方程用于通过网络反向传播的每一层。输出层的值由$\delta^{(L)}$给出，这就开始了这个过程。

一旦我们有了每层的误差，就可以最终找到我们需要的梯度值。对于偏置来说，这些值是该层的δ的元素

 注意
我说"本质上"是因为ReLU的导数在$x=0$时是未定义的。从左边来的导数是0，从右边来的导数是1。否则，它返回1。这是因为，从数值上看，在计算过程中，浮点值有很多四舍五入的情况，所以传递给ReLU函数导数的值不太可能真的是完全为0。

$$\frac{\partial \mathcal{L}}{\partial b_j^{(l)}} = \delta_j^{(l)}$$

为第l层的偏置的第j个元素。对于权重，我们需要

$$\frac{\partial \mathcal{L}}{\partial w_{kj}^{(l)}} = a_k^{(l-1)} \delta_j^{(l)}$$

将上一层的第k个输出与当前层l的第j个误差联系起来。

对网络的每一层使用前面的方程，可以得到继续应用梯度下降所需的一组权重和偏置梯度值。

我希望你能从这个相当密集的部分看到，我们可以使用一个方便的数学定义来建立一个迭代过程，将误差从网络的输出端通过网络的各层移回到输入层。如果不知道后一层的误差，我们就无法计算出该层的误差，所以我们最终通过网络向后传播误差，因此被称为反向传播。

9.5　损失函数

损失函数在训练中被用来衡量网络的表现有多差。训练的目的是使这个值尽可能小，同时仍能概括出数据的真实特征。在理论上，如果我们觉得与手头的问题有关，我们可以创建任何我们想要的损失函数。如果你阅读深度学习的文献，你会看到文献一直在这样做。不过，大多

数研究还是会回到一些标准的损失函数上，根据经验，这些函数在大多数时候都能起到很好的作用。我们将在这里讨论其中的三个：绝对损失（有时称为L1损失），均方误差损失（有时称为L2损失），以及交叉熵损失。

9.5.1 绝对损失和均方误差损失

让我们从绝对损失和均方误差损失函数开始。我们将一起讨论它们，因为它们在数学上非常相似。

我们在讨论反推的时候已经看到了均方误差。绝对损失是新的。在数学上，这两个方程是

$$\mathcal{L}_{\text{abs}} = |y - \hat{y}|$$

$$\mathcal{L}_{\text{MSE}} = \frac{1}{2}(y - \hat{y})^2$$

在这里，我们分别用abs表示绝对值，MSE表示均方误差。注意，我们总是用y表示网络输出，即输入x的前向传递的输出。我们总是用$\hat{y}$表示已知的训练类标签，它总是一个从0开始的整数标签。

尽管我们以简单的形式来写损失函数，但我们需要记住，当使用时，其值实际上是训练集或小批次上损失的平均值。这也是均方误差中的均值的来源。因此，我们实际上应该将它们写为：

$$\mathcal{L}_{\text{MSE}} = \frac{1}{N}\sum_{i=1}^{N}\frac{1}{2}(y_i - \hat{y}_i)^2 = \frac{1}{2N}\sum_{i=1}^{N}(y_i - \hat{y}_i)^2$$

在这里，我们要找到训练集（或小批次）中N个值的误差平方损失的平均值。

如果我们考虑到这两个损失函数所测量的内容，那么它们都是合理的。我们希望网络能输出一个与预期值，即样本标签相匹配的值。这两者之间的差异表明了网络输出的错误程度。对于绝对损失，我们找到差异并去掉符号，这就是绝对值的作用。对于MSE损失，我们找到差值，然后将其平方。这也会使差值变成正数，因为将一个负数乘以它本身总是会得到一个正数。正如本书的"反向传播"一节中提到的，MSE损失的1/2因子简化了损失函数的导数，但并不改变它的工作方式。

然而，绝对损失和MSE是不同的。MSE对离群值更敏感。这是因为我们在对差值进行平方计算，当差值x变大时，$y=x^2$的曲线会迅速增长。对于绝对损失来说，这种影响是最小的，因为没有平方，差值仅仅是差值。

事实上，当神经网络的目标是分类时，这两个损失函数都不常用于神经网络，这是我们在本书中的隐含假设。更常见的是使用交叉熵损失。我们希望网络的输出能够给出对应输入的正确类别标签。然而，我们完全可以训练一个网络来输出一个连续的真实值。这被称为回归，这两个损失函数在这种情况下都非常有用。

9.5.2 交叉熵损失

尽管我们在训练神经网络进行分类时可以使用绝对损失和MSE损失函数，但最常用的损失是交叉熵损失（与对数损失密切相关）。这个损失函数假定网络的输出在多类情况下是一个softmax（矢量），在二类情况下是一个sigmoid（逻辑，标量）。在数学上，对于多类情况下的M类，它看起来像这样：

$$\mathcal{L}_{\text{ent}} = -\sum_{i}^{M}\hat{y}_j \log y_j \,(\text{多类情况})$$

$$\mathcal{L}_{\text{ent}} = -\hat{y}\log(y) + (1-\hat{y})\log(1-y)(\text{二元情况})$$

交叉熵的作用是什么？什么原因使它成为训练神经网络分类的更好选择？让我们考虑一下具有softmax输出的多类情况。softmax的定义意味着网络输出可以被认为是对输入代表每个可能类别的可能性的概率估计。如果我们有三个类别，我们可能会得到一个看起来像这样的softmax输出：

$$y = (0.03, 0.87, 0.10)$$

这个输出大致上意味着网络认为输入有3%的机会属于类0，87%的机会属于类1，10%的机会属于类2。这就是输出向量y。我们通过一个向量提供实际的标签来计算损失，其中0表示不是这个类别，1表示这个类别。因此，与导致这个y的输入相关的$\hat{y}$向量将是

$$\hat{y} = (0, 1, 0)$$

其总损失值为

$$\mathcal{L}_{\text{ent}} = -(0(\log 0.03) + 1(\log 0.87) + 0(\log 0.10)) = 0.139262$$

网络的三个预测可以被认为是一个概率分布，就像我们把投掷两个骰子的不同结果的可能性加在一起得到的概率分布一样。我们也有一个来自类别标签的已知概率分布。在前面的例子中，实际的类别是1，所以我们做了一个概率分布，不给类0和类2分配机会，将实际的类别分配100%的概率给类1。随着网络的训练，我们希望输出分布越来越接近（0，1，0），即标签的分布。

最小化交叉熵促使网络越来越好地预测我们希望网络了解的不同类别的概率分布。理想情况下，这些输出分布看起来像训练标签。除了实际类别的输出为1外，所有类别都为0。

对于分类任务，我们通常使用交叉熵损失。sklearn MLPClassifier类使用交叉熵。Keras也支持交叉熵损失，但提供了许多其他的损失，包括绝对误差和均方误差。

9.6 权重初始化

在我们训练神经网络之前，我们需要初始化权重和偏置。清单9-1中关于梯度下降的第1步说："为权重和偏置选择一些较好的起始值。"

这里研究的初始化技术都依赖于在某个范围内选择随机数。不仅如此，这些随机数还需要在该范围内均匀分布或正态分布。均匀分布意味着该范围内的所有数值被选中的可能性相同。这就意味着，当你面向从1到6的每个数字，如果你多次掷出一个公平的骰子，你会得到什么。第4章介绍了正态分布的数值。这些值有一个特定的平均值，即最有可能返回的值，以及围绕平均值的一个范围，在这个范围内，一个值被选中的可能性会根据一个被称为标准偏差的参数逐渐下降到0。这就是典型的钟形曲线形状。两种分布都可以使用。主要的一点是，初始权重并不都是相同的值（比如0），因为如果它们是相同的，所有的梯度在反推过程中都是相同的，每个权重都会以相同的方式变化。初始权重需要不同，以打破这种对称性，让单个权重适应训练数据。

在神经网络的早期，人们通过在[0,1]中均匀地［U（0,1）］选择数值或从标准正态分布N（0,1）中提取它们来初始化权重和偏置，其平均值为0，标准偏差为1。这些数值通常乘以一些小常数，如0.01。在许多情况下，这种方法是有效的，至少对简单的网络是如此。然而，随着网络变得越来越复杂，这种简单的方法就失效了。以这种方式初始化的网络在学习上有困难，许

多网络根本无法学习。

让我们快进数十年和大量的研究之后。研究人员意识到,一个特定层的权重应该如何被初始化,主要取决于几件事情:使用的激活函数的类型和进入该层的权重数量(f_{in}),以及可能的情况下,出去的权重数量(f_{out})。这些认知给出了今天使用的主要初始化方法。

sklearn MLPClassifier类使用Glorot初始化。有时这也被称为Xavier初始化,尽管一些工具包在使用这个术语时有不同的意思❶(注意,Xavier和Glorot实际上指的是同一个人)。MLPClassifier中初始化权重的关键方法是_init_coef。这个方法使用一个均匀分布,并为其设置范围,以便权重在

$$\left[-\sqrt{\frac{A}{f_{in}+f_{out}}}, \sqrt{\frac{A}{f_{in}+f_{out}}} \right]$$

其中括号内的符号表示所选的最小可能值(左边)到最大可能值(右边)。由于分布是均匀的,该范围内的每个值都有同样的可能被选中。

我们还没有说明A是什么。这个值取决于所使用的激活函数。根据文献,如果激活函数是一个sigmoid(逻辑),那么建议$A=2$。否则,建议使用$A=6$。

现在要混淆一下。一些工具包,如Caffe,使用另一种形式的Xavier初始化,它们的意思是对标准正态分布的样本进行乘法。在这种情况下,我们用以下的抽样来初始化权重

$$N(0,1)\sqrt{\frac{1}{f_{in}}} \text{(备选 Xavier 初始化)}$$

为了增加更多的混乱,整流线性单元(ReLU)的引入导致了进一步的推荐变化。这种方式现在被称为He初始化,它将Xavier初始化中的1替换为2。

$$N(0,1)\sqrt{\frac{2}{f_{in}}} \text{(He 初始化, 仅使用 ReLU)}$$

关于这一点,请看Kaiming He等人所著的 *"Delving Deep into Rectifiers: Surpassing Human- Level Performance on ImageNet Classification"*。

这些初始化方案的关键点在于,老式的"小随机值"被一套更有原则的数值所取代,这套数值通过f_{in}和f_{out}将网络结构考虑在内。

前面的讨论忽略了偏置值。这是故意的。虽然初始化偏置值,而不是让它们全部为0也是可以的,但目前流行的观点是,最好将它们全部初始化为0,这一点是变化无常的。也就是说,sklearn MLPClassifier以与权重相同的方式初始化了偏置值。

9.7 过拟合与正则化

训练模型的目的是让它学习数据集采样的父分布的基本、一般特征。这样,当模型遇到新的输入时,它就能正确地解释它们。正如我们在本章中所看到的,训练神经网络的主要方法包括优化——寻找"最佳"参数集,以便网络在训练集上尽可能少犯错误。

然而,仅仅寻找能使训练误差最小化的最佳值集是不够的。如果我们在对训练数据进行分类时没有犯错,那么通常情况下,我们已经过拟合,实际上并没有学到数据的一般特征。这种

---

❶ 如果您想了解更多,请参考Glorot、Xavier 和 Yoshua Bengio 发表的 "Understanding the Difficulty of Training Deep Feedforward Neural Networks."

情况更有可能出现在传统模型、神经网络或经典模型上，而像第12章中的卷积网络这样的深度模型则不那么容易。

9.7.1　理解过拟合

我们之前不时提到过过拟合，但对于什么是过拟合并没有使读者获得良好的直觉。思考过拟合的一种方式是考虑一个单独的问题，即把一个函数拟合到一组点上的问题。这被称为曲线拟合，一种方法是通过寻找使误差最小化的函数参数来优化对各点的误差测量。这听起来应该很熟悉。这正是我们在训练神经网络时所做的。

作为一个曲线拟合的例子，考虑以下几点。

x	y
0.00	50.0
0.61	−17.8
1.22	74.1
1.83	29.9
2.44	114.8
3.06	55.3
3.67	66.0
4.28	89.1
4.89	128.3
5.51	180.8
6.12	229.7
6.73	229.3
7.34	227.7
7.95	354.9
8.57	477.1
9.18	435.4
9.79	470.1

我们想找到一个描述这些点的函数，$y=f(x)$，一个可能是这些点的母函数的函数，尽管是有噪声的。

通常，在进行曲线拟合时，我们已经知道了函数的形式，我们要找的是参数。但如果我们不知道函数的确切形式，只知道它是某种多项式呢？一般来说，对于某个最大指数n，多项式是这样的：

$$y = a_0 + a_1 x + a_2 x^2 + a_3 x^3 + \cdots + a_n x^n$$

对数据集进行多项式拟合的目的是找到参数$a_0, a_1, a_2, \cdots, a_n$。做到这一点的方法通常是最小化$y$（给定$x$位置的给定输出）和$f(x)$（当前参数集在同一$x$位置的函数输出）之间的平方差。这应该听起来非常熟悉，因为我们讨论过的正是使用这种类型的损失函数来训练神经网络。

这与过拟合有什么关系？让我们画出之前的数据集，以及两个不同函数的拟合结果。第一个函数是

$$y = a_0 + a_1x + a_2x^2$$

这是一个二次函数，你在初等代数时可能已经学会了这种类型的函数。第二个函数是

$$y = a_0 + a_1x + a_2x^2 + a_3x^3 + \cdots + a_{14}x^{14} + a_{15}x^{15}$$

这是个15次的多项式。结果显示在图9-5中。

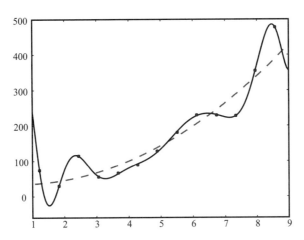

图9-5　一个数据集和两个函数的拟合：一个二次函数（虚线）和一个15次的多项式（实线）

哪个函数能更好地捕捉到数据集的总体趋势？二次函数明显遵循了数据的总体趋势，而15次多项式则是到处乱跑。再看一下图9-5。如果我们只用数据点与相应的函数值之间的距离来判断我们对数据的拟合是否良好，我们会说15次多项式是更好的拟合，毕竟它几乎穿过了所有的数据点。这类似于训练一个神经网络并在训练集上实现完美。这种完美的代价很可能是对新输入的概括能力较差。图9-5中的二次拟合没有击中数据点，但它确实捕捉到了数据的总体趋势，如果我们想对新的x值进行预测，那么它就会更有用。

当人类想要对像样本数据集这样的东西拟合一条曲线时，他们通常会看一下数据，然后注意到一般的趋势，选择函数来拟合。也可能是这样的情况，预期的函数形式已经从理论上知道了。然而，如果我们想象类似于神经网络，会发现自己处于这样一种情况，即我们不知道合适的函数，需要从x的函数空间及其参数中找到一个"最佳"函数。

希望这个例子能让我们明白，训练神经网络并不是一个像其他优化问题一样的优化问题——我们需要一些东西来推动网络正在学习的函数朝着捕捉数据本质的方向发展，而不至于落入过分关注训练数据的具体特征的陷阱。这个东西就是正则化，你需要它，特别是对于具有巨大容量的大型网络。

9.7.2　理解正则化

正则化是一种可以推动网络学习母体分布的相关特征而不是训练集的细节的工具。正则化的最佳形式是增加训练集的规模和代表性。数据集越大，越能代表网络在现场遇到的所有类型的样本，它的学习效果就越好。当然，我们通常被迫使用一个有限的训练集。机器学习界已经并正在花费无数的时间和精力来学习如何从较小的数据集中获得更多的东西。

在第5章中，我们遇到了也许是正则化模型的第二好方法——数据增强。这是拥有更大的数据集的一种代理，我们使用我们所拥有的数据来生成新的训练样本，这些样本似乎来自父分布。

例如，我们考虑通过简单的旋转、翻转和移动已经在训练集中的图像来增加有限的训练图像集。数据增强是很强大的，你应该尽可能地使用它。当使用图像作为输入时，它特别容易应用，尽管在第5章中我们也看到了一种增强由连续值向量组成的数据集的方法。

现在我们的正则化工具箱里有两个技巧：更多的数据和数据增强。这些是需要知道的最好的技巧，但是还有其他的技巧，在可用的情况下你应该使用。让我们再看一下另外两个。L2正则化和丢弃。前者现在是标准的，被工具包广泛支持，包括sklearn和Keras。后者很强大，在2012年出现时改变了游戏规则。

9.7.3　L2正则化

一个有几个权重值很大的模型在某种程度上不如一个有较小权重的模型简单。因此，保持较小的权重将有望使网络实现一个更简单的函数，更适合我们希望它学习的任务。

我们可以通过使用L2正则化来鼓励权重变小。L2正则化在损失函数中增加了一个项，这样损失就变成了

$$\mathcal{L} = \mathcal{L}(x, y, w, b) + \frac{\lambda}{2} \sum_i w_i^2$$

其中第一项是我们已经使用的任何损失，第二项是新的L2正则化项。注意，损失是输入（x）、标签（y）、权重（w）和偏置（b）的函数，我们指的是网络的所有权重和所有偏置。正则化项是网络中所有权重的总和，而且只包括权重。"L2"标签是导致我们对权重进行平方的原因。

这里L2指的是规范或距离的类型。你可能熟悉平面上两点之间的距离公式：$D_2 = (x_2 - x_1)^2 + (y_2 - y_1)^2$。这是欧氏距离，也被称为L2距离，因为数值是平方的。这就是为什么正则化项被称为L2，权重值是平方的。也可以使用L1损失项，即不对权重进行平方，而使用绝对值。在实践中，L2正则化更常见，至少从经验上看，似乎对神经网络分类器更有效。

λ乘数设定了这个项的重要性，它越大，它就越能支配用于训练网络的总体损失。λ的典型值约为0.0005。我们稍后会看到为什么乘数是$\lambda/2$，而不仅仅是λ。

L2术语是做什么的？回顾一下，损失是我们在训练时想要最小化的东西。新的L2项是对网络权重的平方的总结。如果权重大，损失就大，而这是我们在训练时不希望看到的。较小的权重会使L2项变小，所以梯度下降将有利于小权重，无论它们是正还是负，因为我们将权重值平方。如果网络的所有权重都比较小，而且没有一个强势主导，那么网络就会使用所有的权重来表示数据，在防止过拟合时，这是一件好事。

因为L2项在丢弃期间的作用，L2正则化也被称为权重衰减。丢弃给了我们损失函数相对于w_i的偏导。添加L2正则化意味着总损失的偏导现在加入了L2项本身相对于任何特定权重w_i的偏导。$\frac{1}{2}w^2$的导数是λw，1/2抵消了本来会出现的2的因素。另外，由于我们想要的是关于特定权重w_i的偏导，L2项的所有其他部分都归为0。

$$w_i \leftarrow w_i - \eta \frac{\partial \mathcal{L}}{\partial w_i} - \eta \lambda w_i$$

其中η是学习率，我们忽略了任何额外的动量项。$\eta\lambda w_i$项是新的。这是由于L2正则化，我们可以看到，随着训练的进行，它将权重推向0，因为η和λ都<1，所以在每个小批次上，我们要减去权重值的一小部分。权重仍然可以增加，但要做到这一点，原始损失的梯度必须很大。

我们之前说过，损失函数的形式取决于我们，网络的开发者。正则化项并不是我们唯一可

以添加到损失函数中的项。正如我们对L2项所做的那样，我们可以创建和添加项来改变网络在训练过程中的行为，并且帮助它学习我们希望它学习的东西。这是一种强大的技术，可以用来定制神经网络学习的各个方面。

9.7.4 丢弃

丢弃（dropout）在2012年出现时，在机器学习界掀起了一场风暴，见Alex Krizhevsky等人发表的*Imagenet Classification with Deep Convolutional Neural Networks*，截至2020年秋季，这篇论文已经被引用了7万多次，正如一位知名的机器学习研究者当时私下告诉我的，"如果我们在20世纪80年代就有丢弃，现在就会是一个不同的世界。"那么，什么是丢弃，为什么大家都对它如此兴奋？

为了回答这个问题，我们需要回顾一下模型集合的概念。我们在第6章中谈到了它们。一个集合体是一组模型，所有模型都略有不同，都是在相同的数据集或略有不同的数据集上训练的。这个想法很简单：由于训练大多数模型涉及随机性，训练多个类似的模型应该产生一个相互促进的集合——在这个集合中，输出可以结合起来产生一个比任何一个单独的模型更好的结果。集合体是有用的，我们经常使用它们，但它们在运行时间上是有代价的。如果通过一个神经网络运行一个样本需要$x$ms，而我们有一个由20个网络组成的集合体，那么我们的评估时间（推理时间）就会跳到$20x$ms，忽略了并行执行的可能性。在某些情况下，这是不可接受的（更不用说20个大网络相对于1个网络的存储和电力要求了）。由于集合模型的结果体现了更好的整体性能，我们可以说集合模型也是一种正则器，因为它体现了"人群的智慧"。

丢弃将集合体的想法发挥到了极致，但只在训练期间这样做，而且没有创建第二个网络，所以最后我们仍然有一个模型要处理。像统计学中的许多好主意一样，这个主意需要随机性。现在，当我们训练网络时，我们使用当前的权重和偏置做一个前向传递。如果在前向传递过程中，我们给网络的每个节点随机分配一个0或一个1，这样一来，带1的节点就会被用于下一层，而带0的节点就会被丢弃，那会怎么样呢？我们实际上每次都是通过不同的神经网络配置来运行训练样本。例如，见图9-6。

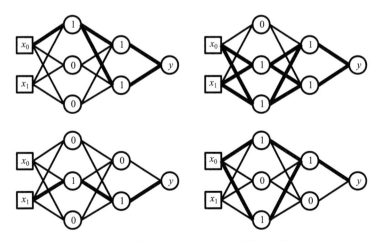

图9-6　在训练过程中应用丢弃时可能使用到的网络

这里我们展示了图8-1的网络，但每个隐藏节点都有一个0或1。这个0或1决定了输出是否被使用。网络中的粗线显示的是仍然有效的连接。换句话说，粗线显示的是实际用于创建丢弃的输出积累的网络。如果我们对每个训练样本都这样做，我们可以很容易地看到，我们将训练大量的神经网络，每个网络都是在单一样本上训练的。此外，由于权重和偏置在前向传递之间持续存在，所有的网络将共享这些权重，希望这个过程能够强化代表数据集本质的良好权重值。正如我们在本章中多次提到的，学习数据的本质是训练的目标，我们希望对来自最初产生训练集的同一虚拟父分布的新数据进行良好的概括。丢弃严格意义上来说是一种严肃的正则化。

我以前说过，我们"随机分配一个0或一个1"给节点。我们对它们的分配是平等的吗？我们在一个层中删除节点的概率是我们可以指定的。让我们把它称为p。通常情况下，$p=0.5$，这意味着在每一个训练样本中，一个层中大约有50%的节点会被放弃。设置$p=0.8$会丢掉80%的节点，而$p=0.1$则只丢掉10%的节点。有时，网络的不同层会使用不同的概率，特别是第一个输入层，它应该使用比隐藏节点更小的概率。如果我们放弃了太多的输入，我们就会失去我们试图让网络识别的信号源。应用于输入层的丢弃可以被认为是一种数据增强的形式。

从概念上讲，丢弃是在训练一大组共享权重的网络。假设我们使用softmax输出，这些网络中每个网络的输出都可以通过几何平均数与其他网络相结合。两个数字的几何平均数是它们的乘积的平方根。n个数字的几何平均数是它们的乘积的n次方根。在丢弃的情况下，事实证明，这可以通过使用整个网络的所有权重乘以它们将被纳入的概率来近似。鉴于我们说p是一个节点被丢弃的概率，权重需要乘以$1-p$，因为这是该节点不会被丢弃的概率。因此，如果我们固定$p=0.5$，并将其用于所有的节点，那么最终的网络就是所有的权重都除以2。

截至目前，sklearn的MLPClassifier类不支持丢弃，但Keras肯定支持，所以我们将在第12章再次看到丢弃。

小结

因为这是一个重要的章节，让我们更深入地回顾一下我们所学到的知识。在这一章中，我们描述了如何使用梯度下降和反向传播来训练一个神经网络。整体的步骤顺序如下。

① 选择模型的结构。这意味着层的数量、它们的大小以及激活函数的类型。

② 使用智能选择的初始值初始化网络的权重和偏置。

③ 通过网络运行一小批次训练样本，并计算一小批次样本的平均损失。我们讨论了常见的损失函数。

④ 使用反向传播法，计算每个权重和偏置对小批次的总体损失的贡献。

⑤ 使用梯度下降法，根据通过反向传播发现的贡献，更新模型的权重和偏置值。我们讨论了随机梯度下降及其与小批次概念的关系。

⑥ 从第3步开始重复，直到处理了所需数量的历时或小批次，或损失下降到某个阈值以下，或不再有太大变化，或验证样本集的得分达到最低值。

⑦ 如果网络学习效果不好，就应用正则化并再次训练。我们在本章中研究了L2正则化和丢弃（dropout）。数据增强或增加训练集的大小或代表性，也可以被认为是正则化。

训练神经网络的目的是学习一个模型的参数，该模型对未见过的输入具有良好的泛化作用。这也是所有监督下的机器学习的目标。对于神经网络，我们知道它能够近似任何函数，有足够的容量和足够的训练数据。我们可能认为我们所做的不过是普通的优化，但是，在一个重要的意义上，我们所做的并非如此简单。训练集上的完美往往不是一件好事，它往往是过拟合的标志。相反，我们希望模型能够学习一个函数，这个函数能够捕捉到训练集所隐含的函数的基本性质。我们使用测试数据来给我们信心，我们已经学到了一个有用的函数。

在下一章中，我们将通过一系列使用sklearn的实验，真实地探索传统的神经网络。

第 **10** 章

神经网络实验

在第9章中，我们讨论了神经网络背后的理论。在这一章中，我们将用方程换取代码，并运行一些旨在提高我们对神经网络基本参数直觉的实验：架构和激活函数、批次大小、基础学习率、训练集大小、L2正则化、动量、权重初始化、特征排序以及权重和偏置的精度。

为了节省空间和消除烦琐的重复，我们不会展示每个实验的具体代码。在大多数情况下，代码与之前的例子只有细微的不同。我们通常只改变我们感兴趣的多层感知机分类器构造函数的特定参数。每个实验的代码都包含在与本书相关的文件集中，我们会列出网络参数和文件的名称。必要时，我们会提供代码来澄清一个特定的方法。我们将完整地展示第一个实验的代码。

10.1 我们的数据集

我们将使用MNIST数据集的矢量形式，该数据集是我们在第5章组装的。回顾一下，这个数据集由28×28像素的手写数字[0, 9]的8位灰度图像组成。在矢量形式中，每个28×28的图像被解开成一个28×28=784个元素的矢量，都是字节形式（[0, 255]）。解开后，每一行都是端对端地展现。因此，每个样本有784个元素和一个相关的标签。训练集有60000个样本，而测试集有10000个。在我们的实验中，我们不会使用训练集中的所有数据。这是为了帮助说明网络参数的影响，并保持我们的训练时间合理。请参考图5-3，了解有代表性的MNIST数字。

10.2 多层感知机分类器

多层感知机分类器（MLPClassifier）遵循与其他sklearn分类器相同的格式。有一个构造函数和预期的方法：训练中的拟合，用于将分类器应用于测试数据的得分，以及用于对未知输入进行预测。我们还将使用predict_proba来返回实际预测的每类概率。这个构造函数有很多选项。

```
MLPClassifier(hidden_layer_sizes=(100, ), activation='relu',
    solver='adam', alpha=0.0001, batch_size='auto',
    learning_rate='constant', learning_rate_init=0.001,
    power_t=0.5, max_iter=200, shuffle=True,
    random_state=None, tol=0.0001, verbose=False,
    warm_start=False, momentum=0.9, nesterovs_momentum=True,
    early_stopping=False, validation_fraction=0.1, beta_1=0.9,
    beta_2=0.999, epsilon=1e-08)
```

这里我们提供了每个参数的默认值。关于每个参数的完整描述，请参见sklearn文档页：

http://scikit-learn.org/。我们把其中一些设置为特定的值,其他的将针对实验而改变设置,还有一些参数只在特定情况下起作用。我们将使用的关键参数见表10-1。

下面一组实验探讨了各种MLPClassifier参数的效果。如前所述,我们将展示用于第一个实验的所有代码,并使读者能够理解执行其他实验只需要小的改动。有时,我们会展示一些小的代码片段,以使这些改变具体化。

表10-1 重要的MLPClassifier构造函数关键参数和说明

关键参数	说明
hidden_layer_sizes	给出隐藏层大小的元组
activation	激活函数类型;例如,ReLU
alpha	L2参数——我们称之为λ
batch_size	小批次大小
learning_rate_init	学习率,η
max_iter	训练纪元的数量
warm_start	继续训练或重新开始
momentum	动量
solver	求解器算法("sgd")
nesterovs_momentum	使用Nesterov动量(False)
early_stopping	使用早期停止(False)
learning_rate	学习率计划("常数")
tol	如果损失变化< tol (1e-8)就提前停止
verbose	训练时输出到控制台(False)

10.3 架构和激活函数

当设计一个神经网络时,我们立即面临两个基本问题:什么架构和什么激活函数?这可以说是一个模型成功与否最重要的决定性因素。让我们来探讨一下,当我们使用不同的架构和激活函数来训练一个模型,同时保持训练数据集的固定,会发生什么。

10.3.1 代码

正如我们所承诺的,在这第一个实验中,我们将完整地展示代码,从清单10-1中的辅助函数开始。

```
import numpy as np
import time
from sklearn.neural_network import MLPClassifier

def run(x_train, y_train, x_test, y_test, clf):
    s = time.time()
    clf.fit(x_train, y_train)
```

```
        e = time.time()-s
        loss = clf.loss_
        weights = clf.coefs_
        biases = clf.intercepts_
        params = 0
        for w in weights:
            params += w.shape[0]*w.shape[1]
        for b in biases:
            params += b.shape[0]
        return [clf.score(x_test, y_test), loss, params, e]

    def nn(layers, act):
        return MLPClassifier(solver="sgd", verbose=False, tol=1e-8,
                nesterovs_momentum=False, early_stopping=False,
                learning_rate_init=0.001, momentum=0.9, max_iter=200,
                hidden_layer_sizes=layers, activation=act)
```

清单10-1　用于实验架构和激活函数的辅助函数（参见mnist_nn_experiments.py）

　　清单10-1导入了常规模块，然后定义了两个辅助函数run和nn。从nn开始，我们看到它所做的就是使用隐层大小和给定的激活函数类型返回一个MLPClassifier的实例。

　　隐层大小是以一个元组的形式给出的，其中每个元素都是相应层中的节点数。回顾一下，sklearn只对全连接层工作，所以我们只需要一个数字来指定大小。用于训练的输入样本决定了输入层的大小。这里的输入样本是代表数字图像的向量，所以在输入层有28×28=784个节点。

　　那么，输出层呢？它没有明确规定，因为它取决于训练标签中的类的数量。MNIST数据集有10个类，所以在输出层会有10个节点。当predict_proba方法被调用以获得输出概率时，sklearn在10个输出上应用softmax。如果模型是二元的，也就是说只有0和1两个类标签，那么只有一个输出节点，即logistic（sigmoid），代表属于1类的概率。

　　现在让我们来看看我们传递给MLPClassifier的参数。首先，我们明确指出我们要使用随机梯度下降（SGD）求解器。求解器是用于在训练期间修改权重和偏置的方法。所有的求解器都使用反推来计算梯度。我们使用这些梯度的方式是不同的。现在，普通的随机梯度下降对我们来说已经足够好了。

　　接下来，设置一个低容忍度，这样就可以训练所要求的历时（max_iter）的数量。我们还关闭了Nesterov动量（标准动量的一个变种）和早期停止（通常是有用的，但在这里不需要）。

　　初始学习率被设置为默认值0.001，标准动量的值也是0.9。迭代次数被任意设置为200次（默认值），但我们将在后面的实验中进一步探讨。

　　请随时保持你的好奇心，看看改变这些值对事情有什么影响。为了一致起见，我们将使用这些值作为默认值，除非它们是我们想要实验的参数。

　　清单10-1中的另一个辅助函数是run。这个函数将使用标准的sklearn拟合和评分方法来训练和测试它所传递的分类器对象。它还会做一些我们以前没有见过的事情。

　　特别是，在对训练所需时间进行计时后，我们从MLPClassifier对象中提取最终的训练损失值、网络权重和网络偏差，以便我们能够得到它们的返回值。MLPClassifier最小化了对数损失（log-loss），我们在第9章中描述了这一点。我们将log-loss存储在loss_成员变量中。这个值的大小以及它在训练过程中的变化，为我们提供了一条说明网络的学习效果的线索。一般来说，log-loss越小，网络的表现就越好。随着对神经网络的探索越来越多，你会开始对什么是好的损失值以及训练过程中损失的变化速度是否快速学习形成直觉。

权重和偏置被存储在coefs_和intercepts_成员变量中。这些分别是NumPy矩阵（权重）和向量（偏置）的列表。在这里，我们用它们来计算网络中的参数数量，方法是将每个矩阵和向量中的元素数量相加。这就是run函数中的两个小循环的作用。最后，我们将所有这些信息，包括针对测试集的得分，都返回给主函数。我们在清单10-2中展示了代码的主函数。

```python
def main():
    x_train = np.load("mnist_train_vectors.npy").astype("float64")/256.0
    y_train = np.load("mnist_train_labels.npy")
    x_test = np.load("mnist_test_vectors.npy").astype("float64")/256.0
    y_test = np.load("mnist_test_labels.npy")

    N = 1000
    x_train = x_train[:N]
    y_train = y_train[:N]
    x_test = x_test[:N]
    y_test = y_test[:N]

    layers = [
        (1,), (500,), (800,), (1000,), (2000,), (3000,),
        (1000,500), (3000,1500),
        (2,2,2), (1000,500,250), (2000,1000,500),
    ]

    for act in ["relu", "logistic", "tanh"]:
        print("%s:" % act)
        for layer in layers:
            scores = []
            loss = []
            tm = []
            for i in range(10):
                s,l,params,e = run(x_train, y_train, x_test, y_test,
                                   nn(layer,act))
                scores.append(s)
                loss.append(l)
                tm.append(e)
            s = np.array(scores)
            l = np.array(loss)
            t = np.array(tm)
            n = np.sqrt(s.shape[0])
            print("    layers: %14s, score= %0.4f +/- %0.4f,
                loss = %0.4f +/- %0.4f (params = %6d, time = %0.2f s)" % \
                (str(layer), s.mean(), s.std()/n, l.mean(),
                 l.std()/n, params, t.mean()))
```

清单10-2 用于实验架构和激活函数的主函数（参见mnist_nn_experiments.py）

首先加载存储在x_train（样本）和y_train（标签），以及x_test和y_test中的MNIST训练和测试数据。注意，我们将样本除以256.0，使其成为[0,1]范围内的浮点数。这个归一化是我们在本章中唯一要做的预处理。

由于完整的训练集有60000个样本，而且我们想进行多次训练，我们将只使用前1000个样本进行训练。我们同样也会保留前1000个测试样本。我们在本章中的目标是在改变参数时看到相对差异，而不是建立最好的模型，所以我们会牺牲模型的精度以便在合理的时间范围内得到结果。有了1000个训练样本，我们平均只有100个每个数字类型的实例。我们将为具体的实验改变训练样本的数量。

层数列表里有我们要探索的不同架构。最终，我们将把这些值传递给MLPClassifier构造函数的hidden_layer_sizes参数。注意，我们将研究从只有一个节点的单一隐含层到每层有多达2000个节点的三个隐含层的架构。

主循环在三种激活函数类型上运行：整流线性单元、logistic（sigmoid）单元和双曲正切。我们将为激活函数类型和架构（层）的每个组合训练一个模型。此外，由于我们知道神经网络训练是随机的，所以我们将为每个组合训练10个模型，并报告平均值和标准误差，这样我们就不会被一个不具代表性的特别糟糕的模型所吓倒。

当你在后面的实验中运行代码时，你很可能会从sklearn中看到像这样的警告信息。

```
ConvergenceWarning: Stochastic Optimizer: Maximum iterations (200) reached
and the optimization hasn't converged yet.
```

收敛警告：随机优化器：达到最大迭代次数（200次），优化还没有收敛。

```
The messages are sklearn's way of telling you that the number of training iterations
completed before sklearn felt that the network had converged to a good set of weights.
The warnings are safe to ignore and can be disabled completely by adding
-W ignore to the command line when you run the code; for example:
```

这些信息是sklearn告诉你，在sklearn认为网络已经收敛到一个好的权重集之前，已经完成了多少次训练迭代。这些警告是可以忽略的，可以在运行代码时通过在命令行中添加-W ignore来完全禁用；例如：

```
$ python3 -W ignore mnist_nn_experiments.py
```

10.3.2   结果

运行这段代码需要几个小时才能完成，产生的输出行看起来像这样。

```
layers:(3000,1500), score=0.8822+/-0.0007, loss=0.2107+/-0.0006
(params=6871510, time=253.42s)
```

这告诉我们，这里使用ReLU激活函数，以及具有两个隐含层（各3000和1500个节点）的架构，这些模型的平均得分为88.2%，平均最终训练损失为0.21（记住，越低越好）。它还告诉我们，该神经网络总共有近690万个参数，平均需要4min多一点的时间来训练。表10-2总结了各种网络架构和激活函数类型的得分。

表10-2   MNIST测试集的平均得分（平均值±标准差）与架构和激活函数类型的关系

架构	ReLU	tanh	Logistic(sigmoid)
1	0.2066 ± 0.0046	0.2192 ± 0.0047	0.1718 ± 0.0118
500	0.8616 ± 0.0014	0.8576 ± 0.0011	0.6645 ± 0.0029
800	0.8669 ± 0.0014	0.8612 ± 0.0011	0.6841 ± 0.0030

架构	ReLU	tanh	Logistic(sigmoid)
1000	0.8670 ± 0.001	0.8592 ± 0.0014	0.6874 ± 0.0028
2000	0.8682 ± 0.0008	0.8630 ± 0.0012	0.7092 ± 0.0029
3000	0.8691 ± 0.0005	0.8652 ± 0.0011	0.7088 ± 0.0024
1000;500	0.8779 ± 0.0011	0.8720 ± 0.0011	0.1184 ± 0.0033
3000;1500	0.8822 ± 0.0007	0.8758 ± 0.0009	0.1221 ± 0.0001
1000;500;250	0.8829 ± 0.0011	0.8746 ± 0.0012	0.1220 ± 0.0000
2000;1000;500	0.8850 ± 0.0007	0.8771 ± 0.0010	0.1220 ± 0.0000

在每一种情况下，我们都显示了10个训练过的模型在缩小的测试集上的平均得分（加上或减去平均值的标准误差）。这张表有相当多的信息，让我们仔细看一下。

如果我们看一下激活类型，我们马上就会发现有些地方不对劲。逻辑激活函数的结果显示，随着单个隐含层变大，分数也在提高，这是我们可能期望看到的，但是当我们移动到一个以上的隐含层时，网络就无法训练了。我们知道它无法训练，因为测试集上的分数是糟糕的。如果你检查输出，你会发现损失值并没有下降。如果在进行训练时，损失值没有减少，那就是出了问题。

现在还不清楚为什么在逻辑激活函数的情况下训练失败。一种可能性是sklearn中的错误，但考虑到该工具包的广泛使用，这是不可能的。最有可能的罪魁祸首与网络初始化有关。sklearn工具箱使用了我们在第8章中讨论的标准的、常用的初始化方案。但是这些都是为ReLU和tanh激活函数量身定做的，对于logistic情况来说，可能表现不佳。

考虑到我们的目的，我们可以将这一失败视为一个明显的迹象，即逻辑激活函数并不适合用于隐含层。可悲的是，在神经网络的早期历史中，这正是被广泛使用的激活函数，所以我们从一开始就在自寻烦恼。难怪花了这么长时间，神经网络才最终找到了自己合适的位置。从这里开始，我们将忽略逻辑激活函数的结果。

再考虑一下单隐层网络的得分（见表10-2，第1～6行）。对于ReLU和tanh（双曲正切）激活函数，我们看到网络的性能在稳步提高。另外，请注意，在通常情况下，ReLU激活函数都略微优于tanh，尽管这些差异是在每个架构只有10个模型的情况下得到的，可能也没有统计学意义。不过，这还是遵循了社区中普遍存在的一种观察。ReLU比tanh更受欢迎。

如果看一下表10-2的其余几行，我们会发现，增加第二个甚至第三个隐含层可以继续提高测试分数，但是回报率会越来越小。这也是一个广泛存在的现象，我们应该更仔细地观察一下。特别是，我们应该考虑表10-2的模型中的参数数量。这使得比较有点不公平。相反，如果我们训练的模型具有密切匹配的参数数量，那么我们可以更公平地比较模型的性能。我们看到的任何性能差异都可以合理地归因于所使用的层数，因为参数的总体数量几乎是一样的。

通过修改清单10-2中的层数组，我们可以训练表10-3中所示的多个版本的架构。每层的节点数的选择是为了与模型中的整体参数平行。

表10-3 为产生图10-1而测试的模型架构

架构	参数数量
1000	795010
2000	1590010
4000	3180010

架构	参数数量
8000	6360010
700;350	798360
1150;575	1570335
1850;925	3173685
2850;1425	6314185
660;330;165	792505
1080;540;270	1580320
1714;857;429	3187627
2620;1310;655	6355475

　　表10-3中的神奇数字是怎么来的？我们首先挑选了想要测试的单层尺寸。然后确定这些结构的模型中的参数数量。接下来，我们使用第8章的经验法则制作了两层结构，这样一来，这些模型中的参数数量将接近于这些单层模型中的相应参数数量。最后，我们对三层模型重复这一过程。这样做可以让我们比较参数数量非常相似的模型的性能。从本质上讲，我们固定了模型中的参数数量，只改变了它们之间的相互作用方式。

　　正如我们在清单10-2中所做的那样训练模型，但这次是对25个模型进行平均化，而不是只对10个模型进行平均化，我们得到了图10-1。

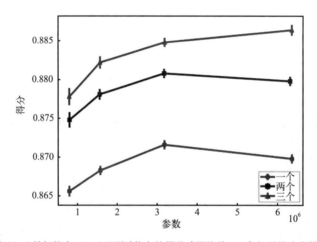

图10-1　表10-3的架构在MNIST测试集上的得分（平均值±E）与网络中参数数量的关系

　　我们来解析一下图10-1。首先，注意x轴，即模型中的参数数量，是以百万为单位的。其次，我们可以比较垂直方向的三条线，因为这些模型都有类似的参数数量。图例告诉我们哪张图代表一个、两个或三个隐含层的模型。

　　观察最左边的点，代表每种情况下最小的模型，我们看到从单层到两层的变化给我们的模型性能带来了跳跃。另外，从两层到三层的变化也导致了另一个更小的上升。这在所有从左到右的层尺寸中都会重复。我们将在稍后解决单层和双层架构的两个最大模型之间的性能下降问题。固定参数的数量，增加网络的深度（层数）会带来更好的性能。我们在这里可能很想说，"要深，不要广"，但在某些情况下，这是行不通的。不过，还是值得记住：更多的层会有所帮助，而不仅仅是有更多节点的更宽层。

在单层和双层情况下，最大模型的倾角如何？这些是图10-1中最右边的点。回顾一下，用于制作该图的模型，每个都只训练了1000个样本。对于最大的模型，很可能没有足够的数据来充分训练这么宽的模型。如果我们增加训练样本的数量，我们可以这样做，因为MNIST有60000个样本可供选择，我们可能会看到下降的趋势消失了。我把这个问题留给读者做个练习。

10.4 批次大小

现在让我们把注意力转向批次大小如何影响训练。回顾一下，这里的批次大小指的是小批次（minibatch）大小，即在前向传递中用于计算小批次平均损失的全部训练集的一个子集。从这个损失中，我们使用反推（backprop）来更新权重和偏置。那么，处理一个小批次的结果就是一个梯度下降的步骤——对网络参数的一次更新。

我们将对MNIST的一个固定大小的子集进行训练，用不同的小批次大小进行一定数量的历时（epochs），看看这对最终的测试分数有何影响。然而，在这之前，我们需要了解，对于历时和小批次，sklearn用来训练神经网络的过程。

让我们简单看一下MLPClassifier类的实际sklearn源代码。了解到这个方法是一个内部方法，可能会在不同的版本中发生变化，我们看到的代码看起来像这样。

```
for it in range(self.max_iter):
  X, y = shuffle(X, y, random_state=self._random_state)
  accumulated_loss = 0.0
  for batch_slice in gen_batches(n_samples, batch_size):
    activations[0] = X[batch_slice]
    batch_loss, coef_grads, intercept_grads = self._backprop(
      X[batch_slice], y[batch_slice], activations, deltas,
      coef_grads, intercept_grads)
    accumulated_loss += batch_loss * (batch_slice.stop -
                                      batch_slice.start)
    grads = coef_grads + intercept_grads
    self._optimizer.update_params(grads)
  self.n_iter_ += 1
```

上述代码有两个for循环，第一个是关于历时的数量（max_iter），第二个是关于训练数据中存在的小批次的数量。gen_batches函数从训练集中返回小批次。实际上，它返回的是片状索引，X[batch_slice]返回的是实际训练样本，但效果是一样的。对_backprop和update_params的调用完成了当前小批次的梯度下降步骤。

一个历时是对训练集中的小批次的一次完整操作。小批次本身是训练数据的分组，因此在小批次上循环使用训练集中的所有样本一次。如果训练样本的数量不是小批次大小的整数倍，那么最终的小批次会比预期的小，但从长远来看，这不会影响训练。

我们可以像图10-2那样来看待这个问题，在这里我们可以看到一个历时是如何从训练集中的小批次中建立的。在图10-2中，整个训练集被表示为具有 n 个样本的历时。一个小批次有 m 个样本。最后一个小批次比其他的小，表示 n/m 可能不是一个整数。

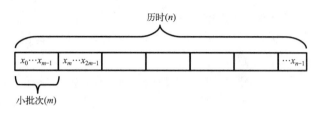

图10-2 历时（n）、小批次（m）和样本 $\{x_0, x_1, \cdots, x_{n-1}\}$ 之间的关系

图10-2还暗示，训练集中样本的顺序是至关重要的，这就是为什么我们在制作数据集时进行了洗牌。如果需要的话，sklearn工具箱也会在训练期间的每个历时后重新排列样本。只要小批次在统计学上是来自整个训练集的随机样本，事情就应该是好的。如果小批次不是随机的，那么它可能会在反推过程中对梯度方向给出一个有偏见的看法。

我们的小批次实验将固定MNIST训练样本的数量为16384，同时我们改变小批次的大小。我们还将固定历时的数量为100。我们报告的得分是同一模型的五次不同运行的平均值和标准差，每次都有不同的随机初始化。因此，MLPClassifier对象是通过以下方式实例化的。

```
MLPClassifier(solver="sgd", verbose=False, tol=1e-8,
    nesterovs_momentum=False, early_stopping=False,
    learning_rate_init=0.001, momentum=0.9, max_iter=100,
    hidden_layer_sizes=(1000,500), activation="relu",
    batch_size=bz)
```

这段代码表明，所有的模型都有两个分别为1000个和500个节点的隐含层，当加入输入层和输出层的节点时，整个网络的架构为784-1000-500-10。定义网络时，唯一变化的参数是batch_size。我们将使用表10-4中的批次大小，以及每个历时所采取的梯度下降步骤的数量（见图10-2）。

表10-4 小批次的大小和每个历时的梯度下降步骤的对应数量

小批次大小	每个历时采取的SGD步骤
2	8192
4	4096
8	2048
16	1024
32	512
64	256
128	128
256	64
512	32
1024	16
2048	8
4096	4
8192	2
16384	1

当小批次大小为2时，每个历时将采取超过8000个梯度下降步骤，但当小批次大小为8192时，只采取2个梯度下降步骤。固定历时数应该有利于较小的小批次大小，因为会有相应更多的

梯度下降步骤，这意味着有更多的机会向最佳网络参数集发展。

图10-3显示了平均得分与小批次大小的关系。为该图生成数据的代码在mnist_nn_experiments_batch_size.py文件中。绘图代码本身在mnist_nn_experiments_batch_size_plot.py中。目前我们关注的曲线是使用圆圈的曲线。我们很快会解释方形符号的曲线。

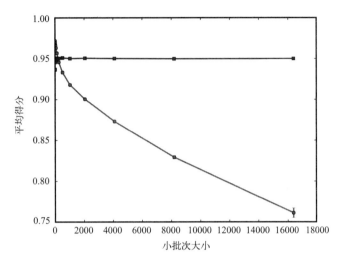

图10-3　MNIST测试集的平均得分与小批次大小的函数关系（平均值 ±SE），不考虑小批次大小（圆圈）或固定数量的小批次（方块）的固定历时数（100）

这里我们把历时数固定为100，所以通过改变小批次的大小，我们改变了梯度步骤的数量：小批次越大，我们采取的梯度步骤越少。因为小批次更大，所以步骤本身是对实际梯度方向更忠实的表述。但是，由于每个历时的小批次更少，所以步骤的数量减少，导致收敛性更差，我们没有达到损失函数的良好最小值。

一个更"公平"的测试可能是看当我们调整历时数，使检查的小批次数量不变，而不考虑小批次的大小时会发生什么。一种方法是注意到每个历时的小批次数量是n/m，其中n是训练样本的数量，m是小批次的数量。如果我们把想要运行的小批次h的总数量称为M，那么，为了保持它的固定性，我们需要把历时的数量设置为

$$E = \frac{Mm}{n}$$

因此，无论m如何，我们在训练期间总共执行了M个梯度下降步骤。

让我们保持相同的小批次集合，但根据前面的公式改变历时的数量。我们需要选择M，即小批次（梯度下降步骤）的总数量。让我们设定M=8192，这样在每种情况下，历时数都是一个整数。当小批次大小为2时，我们用一个历时来获得8192个小批次。而当小批次大小为16384（n也还是16384个样本）时，我们得到8192个历时。如果这样做，我们会得到一组完全不同的结果，即图10-3中的方形符号曲线，我们看到平均得分几乎是一个常数，代表训练期间进行的梯度下降更新次数不变。当小批次大小较小时，对应于图10-3中的0附近的点，我们确实看到了性能的下降，但在一定的小批次大小之后，性能趋于平稳，反映了梯度下降更新的恒定数量与使用足够大的小批次对真实梯度的合理估计相结合。

对于基础神经网络参数集，特别是对于固定的学习率，由于sklearn的设计，固定历时的数量会导致性能下降。固定的小批次数量则主要导致性能不变。

10.5 基础学习率

在第9章中，我们介绍了在训练期间更新神经网络权重的基本方程式：

$$w \leftarrow w - \eta \Delta w$$

这里的 η 是学习率，是控制基于梯度值 Δw 的步长大小的参数。在 sklearn 中，η 是通过 learning_rate_init 参数指定的。在训练过程中，学习率经常被降低，这样，我们越接近训练的最小值，步长就越小（希望如此！）。然而，在我们的实验中，我们使用的是一个恒定的学习率，所以无论我们把学习率设置成什么值，都会在整个训练过程中持续存在。让我们看看这个值对学习有什么影响。

在这个实验中，我们将小批次大小固定为64个样本，架构固定为（1000，500），即两个隐含层分别有1000个和500个节点。然后我们看一下两个主要影响。第一个是当我们固定历时数而不考虑基本学习率的时候，我们得到什么。在这种情况下，我们在训练过程中总是采取固定数量的梯度下降步数。第二种情况是固定基础学习率与历时数的乘积。这种情况很有趣，因为它考查了较少的大步数与许多小步数对测试分数的影响。这些实验的代码在 mnist_experiments_base_lr.py 中有展示。本例的训练集是前 20000 个 MNIST 样本。

第一个实验将历时数固定为50，并在不同的基础学习率上循环。

```
[0.2, 0.1, 0.05, 0.01, 0.005, 0.001, 0.0005, 0.0001]
```

第二种使用相同的基础学习率，但改变历时数，以便在每种情况下，基础学习率和历时数的乘积为1.5。这导致了与前面的基础学习率相匹配的历时数如下。

```
[8, 15, 30, 150, 300, 1500, 3000, 15000]
```

运行这两个实验需要一些时间。当它们完成后，我们可以将测试得分作为基础学习率大小的函数来绘制。这样做可以得到图10-4。

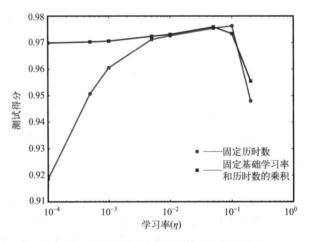

图10-4　MNIST测试得分与基础学习率的关系

图10-4显示了两幅图。在第一幅图中，使用圆圈，历时数被固定为50。固定历时数可以固定训练期间所采取的梯度下降步骤的数量。然后改变学习率，学习率越大，我们采取的步骤就越多。

想象一下，在一个足球场上行走，试图用有限的步数从一个角落走到最中心。如果我们采取大步走，我们会很快走过很多地方，但我们将无法锁定中心点，因为我们会一直走过它。如果采取小步子，我们将只覆盖从角落到中心的一小段距离。我们可能在轨道上，但由于只允许一定数量的步骤，所以我们无法到达中心。凭直觉，也许有一个理想的地方，在那里，我们的步幅和步数结合起来，可以让我们到达中心。

我们在图10-4的圆圈图中看到这种效果。最左边的点代表了微小步数的情况。我们做得相对较差，因为我们还没有遍历足够的误差空间来找到最小值。同样地，最右边的点代表采取非常大的步长。我们做得很差，因为我们不断地跨过最小值。当我们的步数和这些步长的大小共同作用，使我们达到最小值时，就会出现最佳成绩。在图中，当基础学习率为0.1时就会出现这种情况。

现在来看看图10-4中的方形符号图。这个图来自当基础学习率和历时数的乘积为常数时发现的得分，这意味着小的学习率将运行大量的历时数。在大多数情况下，除了非常大的基础学习率外，所有的测试分数都是一样的。在我们走过足球场的思考实验中，方形符号图对应的是走几大步或非常多的小步。我们可以想象这两种方法都能让我们接近球场的中心，至少直到我们的步幅太大，无法让我们落在中心之上。

在这一点上，有些读者可能会提出反对意见。如果我们比较图10-4中圆形和方形图的前三点，我们会发现有很大的差距。对于圆圈来说，性能随着基础学习率的增加而提高。然而，对于正方形来说，无论基础学习率如何，其性能仍然很高，而且是恒定的。对于圆圈，我们训练了50个历时数。这是一个比方块图中相应的基础学习率所使用的更多的历时数。这意味着，在圆圈的情况下，我们在接近领域中心后进行了相当多的踩点。然而，对于正方形的情况，我们限制了历时的数量，所以我们在接近场地中心时就停止了行走，因此性能得到了提高。这意味着我们需要调整历时的数量（梯度下降的步数）以匹配学习速度，这样我们就能快速接近损失函数的最小值，而不需要大量的踩踏，但也不至于快到我们采取大的步骤而不能让我们收敛到最小值。

到目前为止，我们在整个训练过程中一直保持学习率不变。由于空间的考虑，我们不能完全探索在训练中改变学习率的效果。不过，至少可以用足球场思考实验来帮助我们理解为什么在训练中改变学习率是有意义的。回顾一下，网络的初始化是智能但随机的。这意味着我们在球场的某个地方随机开始。这个任意位置靠近中心的概率很低，也就是误差面的最小值，所以我们确实需要应用梯度下降来使我们更接近中心。一开始，我们不妨采取重要的步骤来快速通过这个领域。由于我们是沿着梯度前进的，这使我们向中心移动。然而，如果我们继续采取大步走，我们可能会过度偏离中心。在走了几大步之后，我们可能会认为开始走小步是明智的，更接近于到达中心的目标。我们走得越多，步子就越小，这样我们就能尽可能地接近中心了。这就是为什么在训练期间，学习率通常会降低。

10.6 训练集大小

我们已经提到，训练集中的样本数量对性能影响很大。让我们用MNIST数据来量化这一论断。在这个实验中，我们将改变训练集样本的数量，同时调整历时的数量，以便在每种情况下，我们在训练中采取（大约）1000个梯度下降步骤。这个实验的代码在 mnist_nn_experiments_samples.py 中。在所有情况下，小批次大小为100，网络的结构有两个隐含层，分别为1000个和500个节点。图10-5显示了这个实验的结果。

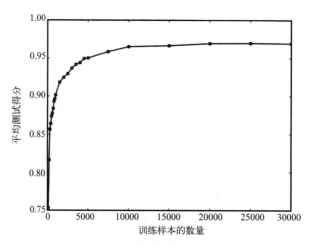

图10-5　MNIST测试得分与训练样本数量的关系

图10-5特别令人满意，因为它显示的正是我们期望看到的情况。如果我们的训练数据太少，我们就不能很好地学习归纳，因为我们是用父分布中非常稀疏的样本来训练模型。当我们增加越来越多的训练数据时，我们期望网络的性能有可能迅速提高，因为训练集是我们要求模型学习的父分布的一个越来越好的样本。

图10-5显示，增加训练集的大小会导致收益递减。从1000个训练集样本到5000个训练集样本会导致性能大幅提高，但是从5000个样本到10000个样本只给我们带来小幅的性能提升，而训练集规模的进一步增加会使性能达到某个上限。我们可以把这个水平区域看作是达到了某种能力——模型已经基本学会了它将从数据集中学到的一切。在这一点上，我们可能会考虑扩大网络结构，看看是否能在测试集的得分上获得跳跃，只要我们有足够的训练样本可用。

10.7　L2 正则化

在第9章中，我们讨论了改善网络泛化能力的正则化技术，包括L2正则化。我们看到，L2正则化在训练过程中给损失函数增加了一个新项，在功能上等同于权重衰减，如果权重变大，就会在训练中惩罚网络。

在sklearn中，控制L2正则化强度的参数是 α。如果这个参数是0，就没有L2正则化，而正则化的强度会随着 α 的增加而增加。让我们探索一下L2正则化对我们的MNIST网络的影响。

在这个实验中，我们将固定小批次大小为64。我们还将把动量设置为0，这样我们看到的效果就仅仅是由于L2正则化造成的。最后，我们将使用一个较小的网络，该网络有两个隐含层，每个隐含层有100个和50个节点，并有一个由前3000个MNIST样本组成的小训练集。具体代码在mnist_nn_experiments_L2.py中。

与之前的实验不同，在这种情况下，我们想在每个训练历时后评估测试数据，这样我们就可以观察网络在训练过程中的学习情况。如果它正在学习，测试集的误差将随着训练次数的增加而下降。我们知道sklearn会在数据集中的所有小批次上循环一个历时，所以我们可以将训练历时的数量设置为1。然而，如果我们将max_iter设置为1，然后调用fit方法，那么下次我们调用fit时，将从一个新的初始化的网络重新开始。这对我们没有任何帮助，我们需要在调用fit时保留权重和偏置。

幸运的是，sklearn的创建者提前考虑到了这一点，并添加了 warm_start 参数。如果这个参数被设置为 "True"，对 fit 的调用将不会重新初始化网络，而会使用现有的权重和偏置。如果我们把 max_iter 设置为 1，warm_start 设置为 True，我们就可以在每个训练历时后调用 score 来观察网络的学习情况。调用 score 可以给我们提供在测试数据上的准确性。如果我们想要误差，我们需要追踪的值是 1-score。这就是我们绘制的与历时有关的数值。我们要绘制的 α 值是

```
[0.0, 0.1, 0.2, 0.3, 0.4]
```

与默认值相比，我们把这些数据做得相当大，以便我们看到效果。

仅仅关注测试错误，评估单个历时的代码是：

```
def epoch(x_train, y_train, x_test, y_test, clf):
    clf.fit(x_train, y_train)
    val_err = 1.0 - clf.score(x_test, y_test)
    clf.warm_start = True
    return val_err
```

这里，调用 fit 来进行一个历时的训练。然后我们计算测试集的误差并将其存储在 val_err 中。在调用 fit 后将 warm_start 设置为 True，以确保第一次调用历时时能正确地初始化网络，但随后的调用将保留前一次调用的权重和偏置。

然后在一个简单的循环中进行训练。

```
def run(x_train, y_train, x_test, y_test, clf, epochs):
    val_err = []
    clf.max_iter = 1
    for i in range(epochs):
        verr = epoch(x_train, y_train, x_test, y_test, clf)
        val_err.append(verr)
    return val_err
```

这个循环收集每个历时的结果，并将它们返回给主函数，而主函数本身则循环处理我们感兴趣的数值。

让我们运行这段代码并绘制 val_err，即测试误差，作为每个 α 的历时数的函数。图 10-6 是结果。

我们在图 10-6 中注意到的第一件事是，与完全不使用 L2 正则化相比，任何非零值都能产生

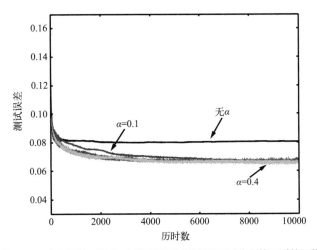

图 10-6　在不同的 α 值下，MNIST 测试误差可以看作训练历时的函数

较低的测试误差。我们可以得出结论，L2正则化是有帮助的。不同的值都会产生大致相同的测试误差，但是较大的值会略微有效，并更快地达到较低的测试误差。例如，比较$\alpha=0.1$和$\alpha=0.4$下的结果。

注意，较大的值似乎更嘈杂：相对于较小的α值，图中的误差跳动更多，因此更粗糙。为了理解这一点，请考虑在训练期间最小化的总损失。当α大的时候，相对于网络在小批次上的误差，我们更重视L2项。这意味着，当我们要求网络在反推过程中调整权重和偏置时，它受网络参数大小的影响会比训练数据本身更强烈。因为网络对减少训练数据造成的损失关注较少，所以我们可能期望每个历时的测试误差变化较大。

10.8　动量

动量改变了训练期间的权重更新，它加入了前一个小批次中用于更新权重的梯度值的一个分数。这个分数被指定为上一个梯度值的乘数，在区间[0,1]中。我们在第9章讨论了动量。

让我们看看改变这个参数对训练有什么影响。在这种情况下，实验的设置很简单。它与之前用于L2正则化的方法相同，但我们不是固定动量参数（μ）和改变L2权重（α），而是固定$\alpha=0.0001$和改变μ。所有其他部分保持不变：单次历时训练，网络配置等等。代码详见mnist_nn_experiments_momentum.py。

我们将探讨这些动量值。

```
[0.0, 0.3, 0.5, 0.7, 0.9, 0.99]
```

它们的范围从没有动量项（$\mu=0$）到大动量项（$\mu=0.99$）。运行该实验产生了图10-7。

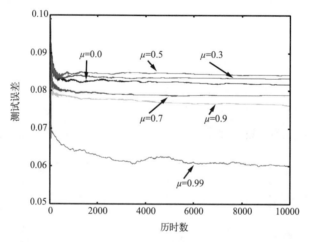

图10-7　在不同的μ值下，MNIST测试误差与训练历时的关系

在图10-7中，我们看到三个不同的区域。第一个区域由无动量或相对较小的动量值（$\mu=0.3$，$\mu=0.5$）代表，显示出最高的测试集误差。第二个区域显示了中等动量值（$\mu=0.7$，$\mu=0.9$）的改善，包括"标准"（sklearn默认）值0.9。然而，在这种情况下，0.99的大动量将测试集的误差从大约7.5%降低到大约6%。动量有帮助，应该使用，特别是在接近0.9的标准值时。在实践中，人们似乎很少改变动量，但正如这个例子所示，有时它对结果有很大的影响。

注意，我们将训练集严格限制在仅仅3000个样本，每个数字大约300个，这可能使动量更加重要，因为训练集是我们希望模型学习的父分布的一个小而不完整的样本。将训练集的规模增加到30000，会产生一个不同的、更典型的图表排序，其中0.9的动量是最佳选择。

10.9 权重初始化

曾经被粗暴对待的网络权重和偏置的初始值集合现在被认为是非常重要的。本节的简单实验清楚地表明了这一点。

sklearn工具箱通过调用MLPClassifier类的_init_coef方法来初始化神经网络的权重和偏置。这个方法根据我们在第9章讨论的Glorot算法随机选择权重和偏置。该算法将权重和偏置设置为从范围内均匀取样的值

$$\left[-\sqrt{\frac{A}{f_{\text{in}}+f_{\text{out}}}}, \sqrt{\frac{A}{f_{\text{in}}+f_{\text{out}}}}\right]$$

其中，f_{in}是输入的数量，f_{out}是当前层被初始化的输出的数量。如果激活函数是一个sigmoid，那么$A=2$；否则，$A=6$。

如果我们玩一个小把戏，改变sklearn初始化网络的方式，从而尝试其他初始化方案。这个技巧使用了Python面向对象的编程能力。如果我们做一个MLPClassifier的子类，让我们简单地称它为Classifier（分类器），我们可以用自己的_init_coef方法进行覆盖。Python还允许我们在一个类的实例中任意添加新的成员变量，这就满足了我们的所有需求。

实验的其余部分沿用了前面几节的格式。我们最终将绘制不同初始化方法下在完整数据的一个子集上训练的MNIST数字的历时测试误差图。

模型本身将使用前6000个训练样本，小批次大小为64，设置固定学习率为0.01，动量为0.9，L2正则化参数为0.2，架构为两个隐含层，每个隐含层有100个和50个节点。这个实验的代码见mnist_nn_experiments_init.py。

我们将测试四种新的权重初始化方案，以及sklearn的标准Glorot方法。这些方案显示在表10-5中。

表10-5 权重初始化方案

名字	公式	描述
Glorot	$\left[-\sqrt{\frac{6}{f_{\text{in}}+f_{\text{out}}}}, \sqrt{\frac{6}{f_{\text{in}}+f_{\text{out}}}}\right]$	默认sklearn法
He	$N(0,1)\sqrt{\frac{2}{f_{\text{in}}}}$	ReLU He初始化法
Xavier	$N(0,1)\sqrt{\frac{1}{f_{\text{in}}}}$	备选Xavier法
Uniform	$0.01[U(0,1)-0.5]$	经典统一法
Gaussian	$0.005N(0,1)$	经典高斯法

回顾一下，N（0,1）是指平均数为0、标准差为1的钟形曲线的样本，而U（0,1）是指从[0,1]中均匀抽取的样本，这意味着除了1.0之外，该范围内的所有数值都有同样的可能性。每个新的初始化方法都将偏置值设置为0，始终如此。然而，sklearn的Glorot可以实现以与设置权重相同的方式设置偏置值。

> 如第9章所述，Xavier和Glorot都是指同一个人，Xavier Glorot。我们在这里进行区分，是因为我们所称的Xavier的形式在其他机器学习工具包（如Caffe）中是这样称呼的，而且所使用的方程式与原始论文中使用的方程式不同。

这一切听起来很好，很工整，但如何在代码中实现它呢？首先，我们定义一个新的Python类，Classifier，它是MLPClassifier的一个子类。作为一个子类，新类立即继承了超类（MLPClassifier）的所有功能，同时允许我们自由地用我们自己的实现来覆盖超类的任何方法。我们只需要定义自己的_init_coef版本，其参数和返回值相同。在代码中，它看起来像这样。

```
class Classifier(MLPClassifier):
    def _init_coef(self, fan_in, fan_out):
        if (self.init_scheme == 0):
            return super(Classifier, self)._init_coef(fan_in, fan_out)
        elif (self.init_scheme == 1):
            weights = 0.01*(np.random.random((fan_in, fan_out))-0.5)
            biases = np.zeros(fan_out)
        elif (self.init_scheme == 2):
            weights = 0.005*(np.random.normal(size=(fan_in, fan_out)))
            biases = np.zeros(fan_out)
        elif (self.init_scheme == 3):
            weights = np.random.normal(size=(fan_in, fan_out))* \
                      np.sqrt(2.0/fan_in)
            biases = np.zeros(fan_out)
        elif (self.init_scheme == 4):
            weights = np.random.normal(size=(fan_in, fan_out))* \


            np.sqrt(1.0/fan_in)
        biases = np.zeros(fan_out)
```

我们执行的初始化取决于init_scheme的值。这是一个新的成员变量，我们用它来选择初始化方法（见表10-6）。

表10-6   初始化方案和init_scheme值

值	初始化方法
0	默认sklearn法
1	经典统一法
2	经典高斯法
3	He初始化法
4	备选Xavier法

我们在创建分类器对象后立即设置该变量。

我们知道，由于网络初始化的方式不同，训练一次以上的网络会导致性能略有不同。因此，为每种初始化类型训练一个网络很可能会导致对初始化表现的错误看法，因为我们可能会碰到一组糟糕的初始权重和偏置。为了减少这种情况，我们需要训练多个版本的网络并报告平均性能。由于我们想把测试误差绘制成训练历时的函数，我们需要跟踪每个初始化方案的每个训练历时的测试误差。这里建议使用一个三维数组。

```
test_err = np.zeros((trainings, init_types, epochs))
```

我们对每个初始化类型（init_types）进行训练，最多可训练到最大的历时数。

有了所有这些，实际实验输出的生成和存储是直接的，尽管相当缓慢，需要一天的时间来运行。

```
for i in range(trainings):
    for k in range(init_types):
        nn = Classifier(solver="sgd", verbose=False, tol=0,
                nesterovs_momentum=False, early_stopping=False,
                learning_rate_init=0.01, momentum=0.9,
                hidden_layer_sizes=(100,50), activation="relu", alpha=0.2,
                learning_rate="constant", batch_size=64, max_iter=1)
        nn.init_scheme = k
        test_err[i,k,:] = run(x_train, y_train, x_test, y_test, nn, epochs)
np.save("mnist_nn_experiments_init_results.npy", test_err)
```

这里nn是要训练的分类器实例，init_scheme设置了要使用的初始化方案，run是我们之前定义的函数，用于增量训练和测试网络。

如果我们把训练次数设为10次，历时数设为4000次，并绘制每个历时的平均测试误差，将得到图10-8。

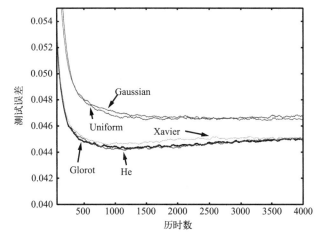

图10-8　不同权重初始化方法下MNIST测试误差与训练历时的关系（10次训练的平均值）

让我们来理解该图向我们展示的内容。五种初始化方法被标记出来，每个都指向图中五条曲线中的一条。曲线本身我们现在已经很熟悉了：它们显示了测试集误差与训练历时的关系。在这种情况下，为每条曲线绘制的数值是同一网络结构的10次训练运行的平均值，这些网络结构以相同的方法但不同的随机值初始化。

我们立即看到两组不同的结果。在上面，我们看到了使用小的均匀值或正常分布值（Gaussian）的经典初始化方法获得的测试误差。在下面，我们看到了目前使用的更有原则的初始化的结果。即使这个基本实验也很清楚地显示了现代初始化方法的有效性。回顾一下，经典方法是几十年前神经网络名声不佳的部分原因。网络很不稳定，难以训练，这在很大程度上是因为初始化不当。

看下一组结果，我们看到对于这个实验，sklearn的默认初始化（我们称之为Glorot）和He的初始化方法之间没有什么区别。这两张图几乎是一样的。标记为Xavier的图起初略差，但在我们的训练运行结束时，与其他两个图相匹配。sklearn使用了一个好的初始化策略。

该图还向我们展示了其他的东西。对于传统的初始化方法，我们看到测试集的误差趋于平缓，并或多或少地保持不变。对于现代的初始化方法，我们观察到测试误差随着训练历时数的增加而略有增加。这对于 Glorot 和 He 方法来说尤其如此。这种增加是过拟合的一个信号：随着我们不断地训练，模型停止学习父分布的一般特征，开始关注训练集的特定特征。我们没有画出训练集的误差，但即使测试集误差开始上升，它也会下降。最低的测试集误差是在经历大约 1200 个历时数时出现。理想情况下，这将是我们停止训练的地方，因为我们有最可靠的证据表明模型处于正确预测新的、未见过的输入的好状态。进一步的训练往往会降低模型的概括性。

为什么测试误差的增加会发生？造成这种影响的可能原因是训练集太小，只有 6000 个样本。另外，模型架构也不是很大，隐含层中只有 100 个和 50 个节点。

本节戏剧性地展示了使用当前最先进的网络初始化的好处。当我们在第 12 章探讨卷积神经网络时，我们将完全使用这些方法。

10.10　特征排序

我们将以一个有趣的实验来结束我们的 MNIST 实验，当我们探索卷积神经网络的时候，我们会再次回到这个实验。到目前为止，所有的实验都是将 MNIST 数字作为一个向量，通过将数字图像的行端对端铺设而成。当我们这样做的时候，我们知道这个向量的元素是相互关联的，如果我们把这个向量重塑成一个 28×28 的元素数组，就可以重建这个数字。这意味着，除了一行的结束和下一行的开始，这一行的像素仍然是数字的一部分——图像组成部分的空间关系被保留下来。

然而，如果我们扰乱图像的像素，但总是以同样的方式扰乱像素，我们会破坏像素之间的局部空间关系。这种局部关系是我们在看图像时用来决定它代表什么数字的。我们寻找 5 的上半部分是一条直线段，而下半部分则是右边的曲线，以此类推。

请看图 7-3。图中最上面一行是 MNIST 的数字图像，而同样的数字图像在加扰动后是什么样子的（下面）。在第 7 章中，我们表明这种扰动并不影响经典机器学习模型的准确性，这些模型从整体上考虑输入，而不是像我们这样通过局部空间关系来考虑。对神经网络也是如此吗？另外，如果是真的，那么网络在使用加扰动的输入时，会不会像使用原始图像时那样快速学习？让我们拭目以待。

这个实验的代码可以在 mnist_nn_experiments_scrambled .py 中找到，在这里我们简单地定义了我们现在预期的神经网络模型

```
MLPClassifier(solver="sgd", verbose=False, tol=0,
  nesterovs_momentum=False, early_stopping=False,
  learning_rate_init=0.01, momentum=0.9,
  hidden_layer_sizes=(100,50), activation="relu",
  alpha=0.2, learning_rate="constant", batch_size=64, max_iter=1)
```

并在前 6000 个 MNIST 数字样本上训练它——首先像往常一样，然后使用加扰动版本。我们将测试集的误差作为历时数的函数来计算，并在绘图之前对 10 次运行结果进行平均。结果如图 10-9 所示。

在该图中，我们看到了先前问题的答案。首先，是的，传统的神经网络确实像经典模型一样，从整体上解释它们的输入向量。其次，网络对加扰动数据的学习和未加扰动数据的学习一样迅速。图 10-9 中的加扰动和未加扰动曲线之间的差异没有统计学意义。

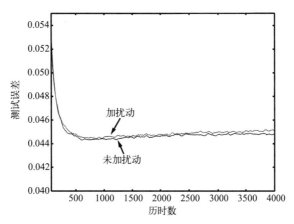

图10-9　MNIST测试误差与加扰动和未加扰动数字的训练历时的关系

　　这些结果表明，（传统的）神经网络能够完整地"理解"它们的输入，而不会去寻找局部的空间关系。当我们使用卷积神经网络时，我们会看到这个实验的不同结果（第12章）。正是这种空间意识的缺乏（假设图像为输入），长期以来限制了神经网络的发展，并导致了卷积神经网络的发展，它具有空间意识。

小结

　　在这一章中，我们通过对MNIST数据集的实验探索了第8章和第9章中提出的概念。通过改变与网络结构和梯度下降学习过程相关的关键参数，对这些参数如何影响网络的整体性能有了更直观的认识。空间上的考虑使我们无法彻底探索所有的MLPClassifier选项，所以我鼓励你自己多做实验。特别是，尝试使用不同的求解器、Nesterov动量、早期停止，以及对训练卷积神经网络特别关键的非恒定学习率。

　　下一章将探讨用于评估机器学习模型性能的技术和指标。在我们跳到卷积神经网络之前的这个插曲将为我们提供工具，我们可以用来帮助理解更高级的模型类型的性能。

第 11 章

评价模型

到目前为止，我们已经通过观察模型在一个保持不变的测试集上的准确性来评估模型。这很自然，也很直观，但正如我们在本章中所了解到的，这并不是我们评价一个模型的全部方法，也不应该如此。

在这一章的开始，我们将定义指标并描述一些基本假设。然后看看为什么我们需要的不仅仅是准确性。我们将介绍混淆矩阵的概念，并花时间讨论我们可以从中得出的度量指标。从那里，我们将跳到性能曲线，这是比较不同模型的最好方法。最后，我们将把混淆矩阵的概念扩展到多类情况。我们不会说所有关于性能指标的内容，因为这个领域还在某种程度上不断发展。然而，在本章结束时，你将熟悉参与机器学习的人所抛出的各种数字，并对它们的含义有很好的理解。

11.1 定义与假设

除了准确性之外，还有许多其他的指标，可以用来帮助我们评估一个模型的表现如何。这些都使我们能够合理地比较模型。让我们先来定义一下度量指标这个词。对我们来说，度量指标是一个数字或一组数字，代表了关于模型表现如何的东西。

指标的值随着模型性能的增加或减少而增加或减少，或者可能反过来。有时，我们会有点马虎，把图表也称为度量指标，因为我们用它们来判断一个模型的性能。

我们关注的是对一个模型的评估，我们有一个单一的测试集。假设我们遵循了第 4 章的建议，建立了三个数据集：一个训练集来指导模型，一个验证集来决定模型何时完成训练，以及一个保留的测试集来评估训练好的模型。我们现在已经训练了我们的模型，从而利用了训练集和验证集，并想知道我们做得如何。

在本章中，我们还有一个隐含的假设。这是一个关键的假设：我们假设保留的测试集是产生数据的父分布的良好代表。换句话说，保留的测试集必须以尽可能多的方式代表模型在现场环境遇到的那种数据。例如，测试集中特定类别出现的频率应该尽可能地与模型使用时遇到的预期比率相匹配。

这是很有必要的，因为训练集使模型有条件地期待一个特定的分布、一组特定的特征，如果在使用模型时给它的数据有不同的特征，模型就不会有好的表现。训练集和使用时呈现给模型的数据集之间的分布差异是部署的机器学习模型在实际使用中失败的最常见原因之一。

11.2 为什么仅有准确性是不够的

二元分类器对一个特定的输入输出一个决定：0类或1类。让我们来定义一下。

N_c，模型正确分类的测试样本的数量。

N_w，该模型错误的测试样本的数量。

那么，这个模型的总体准确率，即0和1之间的数字，就是

$$ACC = \frac{N_c}{N_c + N_w}$$

这就是我们在书中一直使用的准确率。注意，在这一章中，当我们指的是总体准确率时，我们将使用ACC。

这似乎是一个相当合理的指标，但是有几个很好的理由让我们不要太相信这个数字。例如，N_c 和 N_w 没有告诉我们每个类别的相对频率。如果有一个类别是罕见的呢？让我们看看这可能会对事情产生什么影响。

如果模型有95%的准确率（ACC=0.95），我们可能会很高兴。然而，假设第1类的频率（读作先验概率）只有5%，这意味着平均而言，如果我们从测试集中抽取100个样本，其中大约5个是类1，其他95个是类0。我们看到，一个预测所有输入都是类0的模型在95%的情况下是正确的。但是考虑到这一点：我们的模型可能对所有输入都只返回类0。如果我们坚持总体准确率，我们可能会认为我们有一个好的模型，而事实上，我们有一个糟糕的模型，我们可以用两行Python语言实现它，即

```python
def predict(x):
    return 0
```

在这段代码中，我们说，无论输入的特征向量是什么，类都是0。没有人会对这样的模型感到满意。

类的先验概率影响到我们应该如何考虑整体的准确性。然而，如果我们知道以下情况：

① N_0，我们的测试集中类0样本的数量；

② N_1，测试集中类1样本的数量；

③ C_0，我们的模型发现的类0样本的数量；

④ C_1，我们的模型发现的类1样本的数量。

我们可以很容易地计算出每一类的准确率。

$$ACC_0 = \frac{C_0}{N_0}$$

$$ACC_1 = \frac{C_1}{N_1}$$

$$ACC = \frac{C_0 + C_1}{N_0 + N_1}$$

最后的表达式只是计算总体准确率的另一种方式，因为它统计了所有正确的分类除以测试样本的数量。

每个类别的准确率比总体准确率要好，因为它考虑到了测试集中各个类别的频率的不平衡

性。对于我们之前假设的测试集，类1的频率为5%，如果分类器对所有的输入都预测为类0，我们会检测到它，因为我们的每类准确率将是$ACC_0=1.0$和$ACC_1=0.0$。这是有道理的。我们会得到每一个类0的样本都是正确的，每一个类1的样本都是错误的（无论如何我们都会称它们为类0）。当我们考虑评估多类模型时，每类准确率会再次出现。

不仅仅使用总体准确率的一个更微妙的原因是，错误可能比正确带来更高的成本。这引入了测试集之外的东西：它引入了我们赋予类0和类1的意义。例如，如果我们的模型正在测试乳腺癌，也许使用我们在第5章中创建的数据集，当实际样本并不代表恶性病例时，报告类1（恶性）可能会导致等待测试结果的妇女感到焦虑。然而，随着进一步的测试，她会被证明终究没有患乳腺癌。但考虑另一种情况。一个实际上是恶性的良性结果可能意味着她将不会接受治疗，或接受治疗太晚，这很可能是致命的。一类与另一类的相对成本是不一样的，可能真的意味着生与死之间的区别。同样可以说，一辆自动驾驶汽车认为在路中间玩耍的孩子是一个空汽水罐，或任何其他现实世界的例子。

我们在现实世界中使用模型，所以它们的输出与现实世界有关，有时与输出有关的成本是很高的。仅仅使用一个模型的整体准确率可能会产生误导，因为它没有考虑到一个错误的成本。

11.3　2×2混淆矩阵

到目前为止，我们所使用的模型最终都为每个输入分配了一个类标签。例如，一个具有逻辑输出的神经网络被解释为类1成员的概率。使用一个典型的0.5的阈值让我们分配一个类标签：如果输出<0.5，则称输入为类0；否则，称其为类1。对于其他的模型类型，决策规则是不同的（例如，k-NN中的投票），但效果是一样的：我们得到一个输入的类别分配。

如果我们通过模型运行整个测试集并应用决策规则，会得到分配的类标签以及每个样本的真实类标签。同样，只考虑二元分类器的情况，我们对每个输入样本在分配类别和真实类别方面有四种可能的结果（见表11-1）。

表11-1　二元分类器的真实类标签和分配的类标签之间可能存在的关系

分配的类	实际的类	案例
0	0	TN
0	1	FN
1	0	FP
1	1	TP

案例标签定义了我们将如何谈论这些情况。如果输入的实际类别是类0，而模型分配的是类0，我们就有一个正确识别的阴性案例，所以我们有一个真阴性，或TN。如果实际类别是类1，而模型指定了类1，我们就有一个正确识别的阳性案例，所以我们有一个真阳性，或称TP。然而，如果实际类别是类1，而模型分配的类别是0，我们就有一个被错误地称为阴性的阳性病例，所以我们有一个假阴性，或FN。最后，如果实际的类是0，而模型指定的类是1，我们就有一个被错误地称为阳性的案例，所以我们有一个假阳性，或FP。

我们可以把测试集中的每一个输入对应到这些情况中的一个，而且只有一个。这样做可以让我们统计每个案例在测试集中出现的次数，我们可以将其很好地表现为一张表（见表11-2）。

表11-2 2×2表中的类标签的定义

项目	实际类为1	实际类为0
模型分配类为1	TP	FP
模型分配类为0	FN	TN

我把案例标签（TP、FP等）放在了每个案例的实际统计数字的位置上。

这个表被称为2×2混淆矩阵（或2×2突发事件表）。它是2×2矩阵，因为有两行和两列。它是一个混淆矩阵，因为它能让我们一目了然地看到分类器的表现，尤其是它在哪些方面出现了混淆。当分类器将一个类别的实例分配给另一个类别时，它就会感到困惑。在2×2的表格中，这种混淆显示为不在表格主对角线上的计数（从左上到右下），这些是FP和FN条目。一个在测试集上表现完美的模型将有FP=0和FN=0，它在分配类别标签时不会犯错。

在第7章中，我们用第5章中建立的乳腺癌数据集进行了实验。我们通过观察经典模型的总体准确率来报告它们在这个数据集上的表现。这就是sklearn score方法的回报。现在让我们来看看这些模型从测试集生成的一些2×2表格。

我们要看的代码在文件bc_experiments.py中。这段代码训练了多个经典模型类型。然而，我们不使用总体准确率，而是引入一个新的函数，计算2×2表中的条目（清单11-1）。

```python
def tally_predictions(clf, x, y):
    p = clf.predict(x)
    score = clf.score(x,y)
    tp = tn = fp = fn = 0
    for i in range(len(y)):
        if (p[i] == 0) and (y[i] == 0):
            tn += 1
        elif (p[i] == 0) and (y[i] == 1):
            fn += 1

        elif (p[i] == 1) and (y[i] == 0):
            fp += 1
        else:
            tp += 1
    return [tp, tn, fp, fn, score]
```

清单11-1 生成计数

这个函数接受一个训练好的sklearn模型对象（clf）、测试样本（x）和相应的实际测试标签（y）。这个函数做的第一件事是使用sklearn模型来预测每个测试样本的类标签，结果则存储在p中。然后它计算总得分，并在每个测试样本上循环，比较预测的类标签（p）和实际的已知类标签（y），看看该样本是不是真阳性、真阴性、假阳性或假阴性。完成后，所有这些值都会被返回。

应用tally_predictions对bc_experiments.py的输出可以得到表11-3。这里，给出了sklearn模型的类型。

表11-3 乳腺癌测试集的2×2表格

最近质心	实际类为1	实际类为0		3-NN	实际类为1	实际类为0
模型分配为1	43	4		模型分配为1	45	1
模型分配为0	2	65		模型分配为0	0	68

决策树	实际类为1	实际类为0
模型分配为1	44	6
模型分配为0	1	63

SVM（线性）	实际类为1	实际类为0
模型分配为1	45	4
模型分配为0	0	65

在表11-3中，我们看到四个2×2表格，对应于各个模型的测试集：最近质心、3-NN、决策树和SVM（线性）。仅从这些表格来看，我们看到表现最好的模型是3-NN，因为它只有一个假阳性，没有假阴性。这意味着该模型从未将一个真正的恶性病例称为良性，只有一次将一个良性病例称为恶性。鉴于我们在上一节的讨论，我们看到这是一个令人鼓舞的结果。

现在看看最近质心模型和决策树模型的结果。这些模型的总体准确率分别为94.7%和93.9%。仅从准确性来看，我们可能会说最近质心模型更好。然而，如果我们看一下2×2的表格，尽管决策树有更多的假阳性（6），但它只有一个假阴性，而最近质心模型有两个假阴性。同样，在这种情况下，假阴性意味着错过了癌症检测，可能会造成严重后果。因此，对于这个数据集，我们希望尽量减少假阴性，即使这意味着我们需要容忍假阳性的少量增加。因此，我们将选择决策树而不是最近质心模型。

11.4　从2×2混淆矩阵中导出度量指标

观察原始的2×2表是有帮助的，但更有帮助的是由它得出的度量指标。让我们在本节中看一下其中的几个指标，看看它们如何帮助我们解释2×2表中的信息。然而，在我们开始之前，我们应该记住，我们将讨论的指标有时是有点争议性的。对于在什么时候使用哪些指标最好，学术界仍然存在着有益的争论。在这里我们的目的是通过例子来介绍它们，并描述它们所测量的内容。作为一个机器学习的从业者，你会不时地遇到所有的这些情况，至少熟悉它们是必需的。

11.4.1　从2×2表中导出度量指标

第一个指标是直接从2×2表中的数值得出的：TP，TN，FP，FN。它们很容易计算，也很容易理解。回顾一下表11-2中的2×2表的一般形式。我们现在要定义另外两个量。

$$真阳性率(TPR) = \frac{TP}{TP + FN}$$

$$真阴性率(TNR) = \frac{TN}{TN + FP}$$

真阳性率（TPR）是指模型正确识别类1的实际实例的概率。TPR经常被称为其他名称：敏感性、召回率和命中率。你可能会在医学文献中看到它被称为敏感性。

真阴性率（TNR）是指模型正确识别类0的实际实例的概率。TNR也被称为特异性，同样，在医学文献中尤其如此。这两个量，作为概率，都有一个在0和1之间的值，越高越好。一个完美的分类器会有TPR=TNR=1.0，这发生在它不犯错的时候，所以FP=FN=0。

TPR和TNR需要一起理解，以评估一个模型。例如，我们之前提到，如果第1类是罕见的，而且模型总是预测第0类，那么它就会有很高的准确性。如果我们看一下这种情况下的TPR和TNR，会发现TNR是1，因为模型从未将类0的样本分配给类1（FP=0）。然而，TPR是0，原因也是一样的，所有实际的类1实例都会被错误地识别为假阴性，它们被分配到类0。因此，这两个指标加在一起立即表明，这个模型不是一个好的模型。

在乳腺癌案例中，假阴性可能是致命的，那么我们希望TPR和TNR在这种情况下是怎样的呢？理想情况下，我们当然希望它们都尽可能高，但如果TPR非常高而TNR可能较低，我们可能还是愿意使用这个模型。在这种情况下，我们知道，实际的乳腺癌存在时，几乎都能被发现。为什么呢？因为假阴性计数（FN）几乎为0，所以TPR的分母约为TP，这意味着TPR约为1.0。另一方面，如果我们容忍假阳性（被模型称为恶性的实际阴性实例），我们看到TNR可能远远低于1.0，因为TNR的分母包括FP计数。

TPR和TNR告诉了我们一些关于模型分到实际的类1和类0样本的可能性。然而，它没有告诉我们的是，我们应该对模型的输出给予多大的信任。例如，如果模型说"类1"，我们应该相信它吗？为了做出这样的评估，我们需要从2×2表中直接得出另外两个指标。

$$阳性预测值(PPV) = \frac{TP}{TP + FP}$$
$$负面预测值(NPV) = \frac{TN}{TN + FN}$$

阳性预测值（PPV）最常被称为精确度。它是指当模型声称一个实例属于类1时，它是属于类1的概率。同样地，负面预测值（NPV）是指当模型声称一个实例属于类0时，它是正确的概率。这两个值也都是0和1之间的数字，越高越好。

TPR和PPV之间的唯一区别是我们在分母中是否考虑假阴性或假阳性。通过包括假阳性，即模型说是类1而实际上是类0的实例，我们得到模型输出正确的概率。

对于一个总是预测类0的模型来说，PPV是不确定的，因为TP和FP都是零。所有的第1类实例都被推入FN计数，而TN计数包括所有实际的类0实例。对于TPR很高，但TNR不高的情况，我们有一个非零的FP计数，这样PPV就会下降。让我们编一个例子来看看为什么会这样，以及我们如何理解它。

假设我们的乳腺癌模型产生了以下2×2的表格（表11-4）。

表11-4　一个假设的乳腺癌数据集的2×2表

项目	实际类为1	实际类为0
模型分配为1	312	133
模型分配为0	6	645

在这个例子中，到目前为止我们所涉及的指标是

$$TPR = 0.9811$$
$$TNR = 0.8398$$
$$PPV = 0.7011$$
$$NPV = 0.9908$$

这意味着一个真正的恶性病例在98%的情况下会被模型称为恶性，但一个良性病例只有84%的情况下会被称为良性。70%的PPV意味着当模型说"恶性"时，只有70%的机会是恶性的，然而，由于高TPR，我们知道埋在"恶性"输出中的几乎是所有的实际乳腺癌病例。还请注意，这意味着一个高的准确率，所以当模型说"良性"时，我们有非常高的信心，认为该实例不是乳腺癌。这就是使模型有用的原因，即使PPV低于100%。在临床环境中，当这个模型显示为"恶性"时，将需要进一步的测试，但在一般情况下，如果它显示为"良性"，则可能不需要进一步测试。

当然，这些指标的可接受水平取决于该模型的使用情况。有些人可能会说只有99.1%的准确率太低，因为错过癌症检测的成本可能非常高。诸如此类的想法也可能促使我们推荐筛查的频率。

我们还可以从2×2的表格中轻松得出另外两个基本指标。

$$假阳性率(FPR) = \frac{FP}{FP + TN}$$

$$假阴性率(FNR) = \frac{FN}{FN + TP}$$

这些指标分别告诉我们，如果实际类别是类0，样本成为假阳性的可能性，或者如果实际类别是类1，成为假阴性的可能性。FPR将在以后我们谈论使用曲线评估模型时再次出现。注意，FPR=1−TNR，FNR=1−TPR。

计算这些基本指标是很简单的，特别是如果我们使用之前定义的tally_predictions函数的输出作为输入（清单11-2）。

```python
def basic_metrics(tally):
    tp, tn, fp, fn, _ = tally
    return {
        "TPR": tp / (tp + fn),
        "TNR": tn / (tn + fp),
        "PPV": tp / (tp + fp),
        "NPV": tn / (tn + fn),
        "FPR": fp / (fp + tn),
        "FNR": fn / (fn + tp)
    }
```

清单11-2   计算基本度量指标

我们将tally_predictions返回的列表分解，不考虑准确性，然后建立并返回一个包含我们描述的六个基本度量的字典。当然，强大的代码会检查分母为零的病理情况，但我们在此忽略了这些代码以保持表述的清晰性。

11.4.2   使用我们的指标来解释模型

让我们用tally_predictions和basic_metrics来解释一些模型。我们将使用MNIST数据的向量形式，但只保留数字3和5，这样我们就有一个二元分类器。该代码与我们在第7章中使用的mnist_experiments.py中的代码相似。

只保留数字3和5，我们就有11552个训练样本（6131个3；5421个5）和1902个测试样本，其中1010个是3892个是5。实际代码在mnist_2x2_tables.py中，表11-5是选定的输出。

表11-5   MNIST 3与5模型的选定输出和相应的基本指标

模型	TP	TN	FP	FN
最近质心	760	909	101	132
3-NN	878	994	16	14
朴素贝叶斯	612	976	34	280
随机森林500	884	1003	7	8
线性SVM	853	986	24	39

续表

模型	TPR	TNR	PPV	NPV	FPR	FNR
最近质心	0.8520	0.9000	0.8827	0.8732	0.1000	0.1480
3-NN	0.9843	0.9842	0.9821	0.9861	0.0158	0.0157
朴素贝叶斯	0.6851	0.9663	0.9474	0.7771	0.0337	0.3139
随机森林500	0.9910	0.9931	0.9921	0.9921	0.0069	0.0090
线性SVM	0.9563	0.9762	0.9726	0.9620	0.0238	0.0437

在表11-5中，我们看到表的上半部是原始计数，下半部是本节中定义的度量指标。让我们分析一下，看看发生了什么事。我们将专注于表格底部的指标。前两栏显示了真阳性率（灵敏度，召回率）和真阴性率（特异性）。这些数值应该一起研究。

看一下最近质心法的结果，TPR=0.8520，TNR=0.9000。这里1类是5，0类是3。因此，最近质心分类器将把它看到的85%的5称为"5"。同样地，它将把90%的3称为"3"。虽然不是太寒酸，但我们也不应该被打动。往下看，我们看到有两个模型在这些指标上表现非常好。3-NN和有500棵树的随机森林。在这两种情况下，TPR和TNR几乎相同，而且相当接近1.0。这是模型表现良好的一个标志。绝对的完美是TPR=TNR=PPV=NPV=1.0，FPR=FNR=0.0。我们越是接近完美，就越好。如果试图为这个分类器挑选最佳模型，我们可能会选择随机森林，因为它在测试集上最接近完美。

让我们简单看一下朴素贝叶斯方法的结果。TNR（特异性）是相当高的，大约是97%。然而，68.5%的TPR（灵敏度）是很可怜的。粗略地说，在这个模型中，每三个5中只有两个会被正确分类。如果我们检查接下来的两列，即积极和消极预测值，我们看到PPV为94.7%，这意味着当模型碰巧说输入的是5时，我们可以在一定程度上相信它是一个5。然而，负面预测值并不那么好，只有77.7%。看一下表11-5的上半部分，我们就会发现在这种情况下发生了什么。在测试集的1010个3中，FP数只有34，但FN数很高，280个5被标记为"3"。这就是这个模型的低净现值的来源。

以下是这些指标的一个好的经验法则：一个表现良好的模型的TPR、TNR、PPV和NPV非常接近1.0，FPR和FNR非常接近0.0。

再看一下表11-5，特别是随机森林的较低指标。正如其名称所示，FPR和FNR值是比率。我们可以用它们来估计使用该模型时FP和FN的发生频率。例如，如果我们用$N=1000$个属于3（类0）的案例来展示模型，我们可以用FPR来估计模型会调用多少个5（类1）。

$$估计FP的数量 =FPR×N=0.0069×1000≈7$$

通过类似的计算，我们可以得到$N=1000$的FN的估计数量。实质上是5的样本。

$$估计FN的数量 =FNR×N=0.0090×1000=9$$

TPR和TNR也是如此，它们的名字中也有"率"字（对于实际的3和5，$N=1000$）。

$$估计TP的数量 =TPR×N=0.9910×1000=991$$

$$估计FN的数量 =FNR×N=0.9931×1000=993$$

这些计算表明这个模型在测试数据上的表现如何。

11.5　更多高级度量指标

让我们在本节中看看我武断地称为更高级的度量指标。我说它们是更高级的，因为它们不是直接使用2×2表的数值，而是从表本身计算出来的数值中建立的。特别是，我们将研究五个高级指标：知情度、标记度、F1得分、Cohen系数κ和马修斯相关系数（MCC）。

11.5.1　知情度与标记度

知情度（informedness）和标记度（markedness）是合并在一起使用的。与本节中的其他指标相比，它们在某种程度上不太为人所知，但希望它们在未来会被更多人所了解。我之前说过，TPR（敏感性）和TNR（特异性）应该一起解释。知情度（也叫Youden's J统计）就是这样做的。

$$知情度 =TPR+TNR–1$$

知情度是一个[–1,+1]范围的数字，它结合了TPR和TNR。知情度越高，就越好。知情度为0意味着随机猜测，而知情度为1意味着完美（在测试集中）。小于0的知情度可能表明一个比随机猜测更糟糕的模型。知情度为–1意味着所有真正的阳性实例都被称为阴性，反之亦然。在这种情况下，我们可以调换模型要分配给每个输入的标签，得到一个相当好的模型。只有病态的模型才会导致负的知情度值。

标记度结合了阳性和阴性预测值，就像知情度结合TPR和TNR一样。

$$标记度 =PPV+NPV–1$$

我们看到，它的范围与知情度相同。知情度说明了模型在正确标记每个类别的输入方面做得如何。标记度说的是，当模型为一个特定的输入（无论是类0还是类1）宣称一个特定的标签时，它的正确性有多高。随机猜测会给出接近0的标记度，而完美的标记度则接近1。

我喜欢知情度和标记度在一个单一的数字中捕捉模型性能的基本方面。有些人声称，这些指标不受特定类别的先验概率的影响。这意味着如果类1比类0明显地不常见，知情度和标记度就不会受到影响。关于更深入的细节，请看David Martin Powers所著的"*Evaluation: From Precision, Recall and F-measure to ROC, Informedness, Markedness, and Correlation*"。

11.5.2　F1得分

F1得分，无论对错，都被广泛使用，我们应该熟悉它。F1得分将两个基本指标合二为一。它的定义在精确率（PPV）和召回率（TPR）方面是直截了当的。

$$F1 = \frac{2\times 精确率 \times 召回率}{精确率 + 召回率} = \frac{2 \times PPV \times TPR}{PPV + TPR}$$

F1得分是一个[0, 1]范围的数字，越高越好。这个公式是怎么来的？在这种形式下并不明显，但F1得分是精确率和召回率的调和平均值。调和平均值是倒数的算术平均值的倒数。像这样：

$$F1 = \left(\frac{1}{2} \left(\frac{1}{精确率} + \frac{1}{召回率} \right) \right)^{-1} = \left(\frac{精确率 + 召回率}{2\times 精确率 \times 召回率} \right)^{-1} = \frac{2\times 精确率 \times 召回率}{精确率 + 召回率}$$

对F1得分的一个批评是，它没有像知情度（通过TNR）那样考虑到真阴性。如果我们看一下PPV和TPR的定义，会发现这两个数量完全取决于2×2表中的TP、FP和FN计数，而不是TN计数。此外，F1得分对精确率和召回率的权重相同。精确率受到假阳性的影响，而召回率则受到假阴性的影响。从以前的乳腺癌模型中，我们看到，假阴性的人力成本大大高于假阳性。有些人认为，在评估模型性能时必须考虑到这一点，而且确实应该考虑。然而，如果假阳性和假阴性的相对成本相同，那么F1分数将有更大的意义。

11.5.3　Cohen系数 κ

Cohen系数 κ 是机器学习中常见的另一种统计量。它试图说明模型可能会意外地将输入放入

正确的类别。在数学上，该指标被定义为

$$\kappa = \frac{p_{\mathrm{o}} - p_{\mathrm{e}}}{1 - p_{\mathrm{e}}}$$

其中，p_{o} 是观察到的准确率，p_{e} 是预期的准确率。对于一个 2×2 的表格，这些值被定义为

$$p_{\mathrm{o}} = (\mathrm{TP} + \mathrm{TN}) / N$$
$$p_{\mathrm{e}} = \frac{(\mathrm{TP} + \mathrm{FN})(\mathrm{TP} + \mathrm{FP})}{N^2} + \frac{(\mathrm{TN} + \mathrm{FP})(\mathrm{TN} + \mathrm{FN})}{N^2}$$

N 为测试集的样本总数。

Cohen 系数一般在 $0 \sim 1$ 之间。0 表示分配的类标签和给定的类标签之间完全不一致。负值表示比偶然的一致要差。一个接近 1 的值表示强烈的一致。

11.5.4 马修斯相关系数

我们最后的指标是马修斯相关系数（Matthews correlation coefficient, MCC）。它是知情度和标记度的几何平均值。在这个意义上，它和 F1 得分一样，是两个指标的组合。

MCC 的定义为

$$\mathrm{MCC} = \frac{\mathrm{TP} \times \mathrm{TN} - \mathrm{FP} \times \mathrm{FN}}{\sqrt{(\mathrm{TP} + \mathrm{FP})(\mathrm{TP} + \mathrm{FN})(\mathrm{TN} + \mathrm{FP})(\mathrm{TN} + \mathrm{FN})}}$$

从数学上看，这相当于知情度和标记度的几何平均值。

$$\mathrm{MCC} = \sqrt{\mathrm{Informedness} \cdot \mathrm{Markedness}}$$

MCC 受到许多人的青睐，因为它考虑到了整个 2×2 表，包括两个类别的相对频率（类别的先验概率）。这是 F1 得分所不能做到的，因为它忽略了真正的负面因素。

MCC 是一个介于 0 和 1 之间的数字，越高越好。如果只考虑一个值作为评估二元模型的指标，那么就把它作为 MCC。注意，在 MCC 的分母中有四个和。如果其中一个和是 0，整个分母将是 0，这是一个问题，因为我们不能除以 0。幸运的是，在这种情况下，分母可以被替换为 1，得到一个仍然有意义的结果。一个表现良好的模型的 MCC 接近 1.0。

11.5.5 实现我们的指标

让我们写一个函数，从一个给定的 2×2 表格中构建这些度量指标。代码展示在清单 11-3 中。

```python
from math import sqrt
def advanced_metrics(tally, m):

    tp, tn, fp, fn, _ = tally
    n = tp+tn+fp+fn
    po = (tp+tn)/n
    pe = (tp+fn)*(tp+fp)/n**2 + (tn+fp)*(tn+fn)/n**2

    return {
        "F1": 2.0*m["PPV"]*m["TPR"] / (m["PPV"] + m["TPR"]),
        "MCC": (tp*tn - fp*fn) / sqrt((tp+fp)*(tp+fn)*(tn+fp)*(tn+fn)),
        "kappa": (po - pe) / (1.0 - pe),
```

```
        "informedness": m["TPR"] + m["TNR"] - 1.0,
        "markedness": m["PPV"] + m["NPV"] - 1.0
    }
```

清单11-3　计算高级指标

为了简单起见，我们没有像一个完整的实现来检查MCC分母是否为0。

这段代码将统计表和基本指标作为参数，并返回一个带有更高级指标的新字典。让我们看看当我们计算高级指标时，表11-5中的MNIST例子看起来如何。

表11-6显示了本节中MNIST数字3与5模型的度量指标。有几件事是值得注意的。首先，F1得分总是比MCC或Cohen系数κ高。在某种程度上，F1得分过于乐观了。如前所述，F1得分没有考虑到真正的负面因素，而MCC和Cohen系数κ都考虑到了。

表11-6　MNIST 3与5模型的部分输出结果及相应的高级指标

模型	F1	MCC	Cohen系数κ	知情度	标记度
最近质心	0.8671	0.7540	0.7535	0.7520	0.7559
3-NN	0.9832	0.9683	0.9683	0.9685	0.9682
朴素贝叶斯	0.7958	0.6875	0.6631	0.6524	0.7244
随机森林500	0.9916	0.9842	0.9842	0.9841	0.9842
线性SVM	0.9644	0.9335	0.9334	0.9325	0.9346

另一个需要注意的是，表现好的模型，如3-NN和随机森林，在所有这些指标中都有很高的得分。当模型表现良好时，F1得分和MCC之间的差异比模型表现不佳时（例如朴素贝叶斯）要小。还要注意的是，MCC总是在知情度和标记度之间，就像几何平均值一样。最后，从表11-5和表11-6的数值中，我们看到表现最好的模型是随机森林，基于MCC为0.9842。

在这一节以及之前的两节中，我们看了相当多的指标，并看到它们是如何被计算和解释的。一个表现良好的模型将在所有这些指标上获得高分。这是一个好模型的标志。当我们评估的模型不那么出色时，指标之间的相对差异，以及指标的意义才真正发挥作用。这时我们需要考虑具体的指标值以及与模型所犯错误相关的成本（FP和FN）。在这些情况下，我们必须使用我们的判断和特定问题的因素来决定最终选择哪个模型。

现在，让我们换个角度，看一下评估模型性能的图形方式。

11.6　接收者操作特征曲线

俗话说，一图胜千言。在这一节中，我们将了解到，一张图片——更准确地说，一条曲线——可以抵得上一打数字。也就是说，我们将学习如何将一个模型的输出转化为一条曲线，比前几节的指标更能捕捉到性能的特点。具体来说，我们将学习广泛使用的接收者操作特征（receiver operating characteristics, ROC）曲线：它是什么，如何绘制它，以及如何使用sklearn来帮助我们绘制它。

11.6.1　集成我们的模型

为了做出这个曲线，我们需要一个能输出属于类1的概率的模型。在前面的章节中，我们使用了输出类标签的模型，这样我们就可以统计出TP、TN、FP和FN的数量。对于我们的ROC曲线，我们仍然需要这些计数，但我们需要的不是作为模型输出的类标签，而是类1成员的概率。我们将对这些概率应用不同的阈值来决定给输入什么标签。

幸运的是，传统的神经网络（以及我们将在第12章看到的深度网络）可以输出必要的概率。如果我们使用sklearn，也可以让其他经典模型输出一个概率估计值，但我们在这里会忽略这一事实，以便让事情保持简单。

我们的测试案例是一系列被训练来决定偶数MNIST数字（类0）和奇数MNIST数字（类1）的神经网络。我们的输入是本书到此为止一直使用的数字的向量形式。我们可以使用我们在第5章中创建的训练和测试数据，我们只需要重新编码标签，使数字0、2、4、6和8为类0，而数字1、3、5、7和9为类1。这很容易通过几行代码来完成。

```python
old = np.load("mnist_train_labels.npy")
new = np.zeros(len(old), dtype="uint8")
new[np.where((old % 2) == 0)] = 0
new[np.where((old % 2) == 1)] = 1
np.save("mnist_train_even_odd_labels.npy", new)

old = np.load("mnist_test_labels.npy")
new = np.zeros(len(old), dtype="uint8")
new[np.where((old % 2) == 0)] = 0

new[np.where((old % 2) == 1)] = 1
np.save("mnist_test_even_odd_labels.npy", new)
```

目录路径指向其他MNIST数据存储的地方。我们利用这样一个事实：当一个偶数除以2时，余数总是0或1，这取决于该数字是偶数还是奇数。

我们将测试哪些模型？为了强调各自模型之间的差异，我们将有意训练那些我们知道远非理想的模型。特别是，我们将使用以下代码来生成模型并产生概率估计。

```python
import numpy as np
from sklearn.neural_network import MLPClassifier

def run(x_train, y_train, x_test, y_test, clf):
    clf.fit(x_train, y_train)
    return clf.predict_proba(x_test)

def nn(layers):
    return MLPClassifier(solver="sgd", verbose=False, tol=1e-8,
            nesterovs_momentum=False, early_stopping=False, batch_size=64,
            learning_rate_init=0.001, momentum=0.9, max_iter=200,
            hidden_layer_sizes=layers, activation="relu")

def main():
    x_train = np.load("mnist_train_vectors.npy").astype("float64")/256.0
    y_train = np.load("mnist_train_even_odd_labels.npy")
    x_test = np.load("mnist_test_vectors.npy").astype("float64")/256.0
    y_test = np.load("mnist_test_even_odd_labels.npy")
    x_train = x_train[:1000]
    y_train = y_train[:1000]
    layers = [(2,), (100,), (100,50), (500,250)]
    mlayers = ["2", "100", "100x50", "500x250"]
    for i,layer in enumerate(layers):
        prob = run(x_train, y_train, x_test, y_test, nn(layer))
        np.save("mnist_even_odd_probs_%s.npy" % mlayers[i], prob)
```

这些代码可以在文件mnist_even_odd.py中找到。run和nn函数应该很熟悉。我们在第10章中使用了几乎相同的版本，其中nn返回一个配置好的MLPClassifier对象，run训练分类器并返回测试集上的预测概率。主函数加载训练集和测试集，将训练集限制在前1000个样本（大约500个偶数和500个奇数），然后在我们要训练的隐含层大小上循环。前两个是单隐含层网络，分别有2个和100个节点。最后两个是隐含层网络，每层有100×50个和500×250个节点。

11.6.2　绘制我们的指标

clf.predict_proba的输出是一个矩阵，其行数与测试样本的数量相同（本例中为10000）。矩阵有多少列，就有多少类。因为我们要处理的是一个二元分类器，所以每个样本有两列。第一列是样本是偶数的概率（类0），第二列是样本是奇数的概率（类1）。例如，其中一个模型的前10个输出如表11-7所示。

表11-7　模型输出示例，显示分配的每类概率和实际的原始类标签

类0	类1	实际标签
0.009678	0.990322	3
0.000318	0.999682	3
0.001531	0.998469	7
0.007464	0.992536	3
0.011103	0.988897	1
0.186362	0.813638	7
0.037229	0.962771	7
0.999412	0.000588	2
0.883890	0.116110	6
0.999981	0.000019	6

第一列是偶数的概率，第二列是奇数的概率。第三列是样本的实际类别标签，表明预测是准确的。奇数数字具有较高的类1概率和较低的类0概率，而偶数样本的情况则相反。

当我们以一个模型在被保留的测试集上的表现建立一个2×2的表格时，我们得到一个TP、TN、FP和FN数字的集合，从中我们可以计算出前面几节的所有指标。这包括真阳性率（TPR，敏感性）和假阳性率（FPR，等于1－特异性）。表中隐含的是我们用来决定模型输出何时应被视为类1或类0的阈值。在前面的章节中，这个阈值是0.5。如果输出≥0.5，我们就把样本归入类1；否则，我们就把它归入类0。有时你会看到这个阈值被添加为一个下标，如$TPR_{0.5}$或$FPR_{0.5}$。

在数学上，我们可以把从2×2表中计算出的TPR和FPR看作是FPR（x轴）与TPR（y轴）平面上的一个点，具体地说，就是点（FPR，TPR）。由于FPR和TPR的范围都是0～1，所以点（FPR，TPR）将位于一个长度为1的正方形内，正方形的左下角在点（0，0），右上角在点（1，1）。每次我们改变决策阈值，就会得到一个新的2×2表格，获得FPR与TPR平面上的一个新点。例如，如果我们把决策阈值从0.5改为0.3，这样每个输出的类1概率为0.3或更高，我们就会得到一个新的2×2表和平面上的一个新点（$FPR_{0.3}$，$TPR_{0.3}$）。当我们系统地将决策阈值从高到低改变时，会产生一连串的点，可以将其连接起来形成一条曲线。

以这种方式改变参数而产生的曲线被称为参数曲线。这些点是阈值的函数。让我们把阈值称为θ，并把它从接近1变为接近0。这样做可以让我们计算出一组点（FPR_{θ}，TPR_{θ}），这些点被

绘制出来后，在FPR与TPR的平面上形成一条曲线。如前所述，这条曲线有一个名字：接收者操作特征（receiver operating characteristics, ROC）曲线。让我们看看ROC曲线，探讨一下这样的曲线能告诉我们什么。

11.6.3 探索ROC曲线

图11-1显示了MNIST偶数与奇数模型的ROC曲线，该模型具有100个节点的单一隐含层。

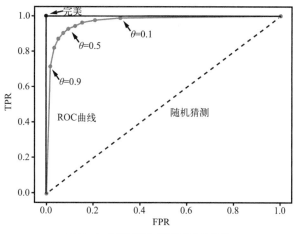

图11-1 标有关键元素的ROC曲线

标记的点代表给定阈值的FPR和TPR。虚线为从（0,0）到（1,1）的对角线。这条虚线代表一个随机猜测其输出的分类器。我们的曲线越接近这条虚线，模型就越不强大。如果你的曲线位于这条线的上方，你还不如抛硬币，以此来分配标签。任何低于虚线曲线的表现都比随机猜测要差。如果这个模型是完全错误的，也就是说它把所有的类1实例都称为类0，反之亦然，一个奇怪的事情发生了：我们可以把所有的类1输出改为0类，所有的类0输出改为类1，把完全错误的模型变成一个完全正确的模型。你不太可能碰到一个这么糟糕的模型。

图11-1中的ROC曲线在图的左上角有一个标注为完美的单点。这就是我们所追求的理想。我们希望ROC曲线向上和向左移动，朝向这个点。曲线越接近这个点，模型对测试集的表现就越好。一个完美的模型的ROC曲线会垂直向上跳到这一点，然后水平地跳到（1,1）点。图11-1中的ROC曲线正朝着正确的方向发展，代表了一个表现相当好的模型。

注意标注的θ值。在这种情况下，典型的默认值0.5给了我们最好的性能，因为该阈值返回的TPR和FPR具有最佳的平衡，即最接近图形左上方的点。然而，我们有理由想使用一个不同的θ值。如果我们把θ变小，比如说0.1，我们就会沿着曲线向右移动。有两件事会发生。第一，TPR上升到0.99左右，这意味着我们把交给模型的真实的类1实例的99%正确地分配到了类1。第二，FPR也上升到0.32左右，这意味着我们将同时把大约32%的真实阴性案例（类0）也称为类1。如果我们的问题是这样的：我们可以容忍把一些阴性案例称为"阳性"，知道我们现在有很小的机会做相反的事情，把阳性案例称为"阴性"，我们可能选择把阈值改为0.1。想想之前的乳腺癌例子：我们从来不想把一个阳性病例称为"阴性"，所以我们容忍更多的假阳性，以知道我们没有误标任何实际的阳性病例。

把阈值（θ）移到0.9是什么意思？在这种情况下，我们沿着曲线向左移动，到一个假阳性率很低的点。如果我们想高度肯定地知道，当模型说"类1"时，它就是1类的一个实例，我们就会这样做。这意味着我们想要一个高的阳性预测值（PPV，精确度）。回顾一下PPV的定义。

$$PPV = \frac{TP}{TP + FP}$$

如果FP很低，则PPV很高。将θ设置为0.9使得任何给定的测试集的FP都很低。对于图11-1的ROC曲线，移动到θ=0.9意味着FPR约为0.02，TPR约为0.71，PPV约为0.97。在θ=0.9时，当模型输出"类1"时，模型有97%的机会是正确的。相反，在θ=0.1时，PPV约为76%。一个高的阈值可以用在这样的情况下，即我们对明确定位类1的例子感兴趣，而不关心我们可能无法检测到所有类1的例子。

改变阈值θ使我们沿着ROC曲线移动。当我们这样做的时候，我们应该期待上一节的指标也会作为θ的函数发生变化。图11-2向我们展示了MCC和PPV是如何随θ变化的。

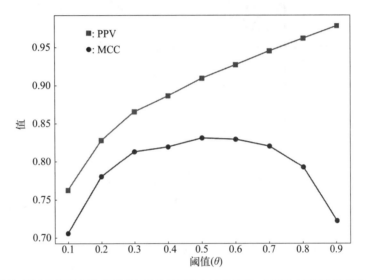

图11-2　随着图11-1的MNIST偶数/奇数模型的决策阈值（θ）的变化，MCC（圆圈）和PPV（方块）的变化

在图中，我们看到，随着阈值的上升，PPV也在上升。当该模型宣布一个输入是类1的成员时，它变得更加自信。然而，这被MCC的变化所抑制，正如我们之前看到的，MCC是衡量模型整体性能的一个很好的单一指标。在这种情况下，最高的MCC是在θ=0.5处，MCC随着阈值的增加或减少而下降。

11.6.4　采用ROC分析对比模型

ROC曲线给我们提供了大量的信息。它对于比较模型也很方便，即使这些模型在结构或方法上有根本的不同。然而，在进行比较时必须注意，以便用于生成曲线的测试集最好是相同或非常接近相同的。

用ROC分析来比较我们之前训练的不同的MNIST偶数/奇数模型，看看这是否有助于我们在它们之间做出选择。

图11-3显示了这些模型的ROC曲线，插图扩大了图形的左上角，使之更容易区分一个模型和另一个。每个隐含层的节点数被标明，以识别模型。

我们立即看到，有一条ROC曲线与其他三条曲线有明显的不同。这是有两个节点的单一隐含层的模型的ROC曲线。其他的所有ROC曲线都在这条曲线之上。作为一般规则，如果一条ROC曲线完全高于另一条，那么产生该曲线的模型可以被认为是优越的。所有较大的MNIST偶数/奇数模型都优于其隐含层只有两个节点的模型。

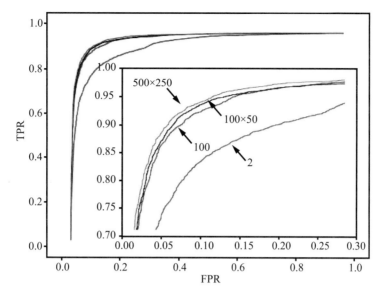

图11-3　MNIST 的偶数/奇数模型的 ROC 曲线（图中标明了模型隐含层的大小）

其他三种模式相当接近，那么我们如何选择呢？这个决定并不总是一目了然。按照我们关于 ROC 曲线的经验法则，应该选择分别有 500 个和 250 个节点的两层模型，因为它的 ROC 曲线高于其他模型。然而，根据使用情况，我们可能会犹豫不决。这个模型有超过 50 万个参数。运行它需要使用所有这些参数。100×50 的模型包含略多于 80000 个参数。这还不到这个大模型的五分之一。我们可能会决定，处理速度的考虑使较大的模型在整体性能上的小幅改善黯然失色，从而选择较小的模型。ROC 分析表明，这样做只涉及一个小的性能损失。

视觉上比较 ROC 曲线时要考虑的另一个因素是当 FPR 较小时曲线的斜率。一个完美的模型有一个垂直的斜率，因为它立即从点（0,0）跳到（0,1）。因此，更好的模型的 ROC 曲线在低 FPR 区域有一个更陡峭的斜率。

从 ROC 曲线得出的一个常用指标是其下的面积。这个面积通常被缩写为 AUC，在医学界被称为 Az。一个完美的 ROC 曲线的 AUC 为 1.0，因为曲线从（0,0）跳到（0,1），然后再跳到（1,1），形成一个边长为 1 的正方形，面积为 1。一个随机猜测的模型（ROC 图中的对角线）的 AUC 为 0.5，即虚线形成的三角形的面积。为了计算任意 ROC 曲线下的面积，需要进行数学积分。幸运的是，sklearn 知道如何做到这一点，所以我们不需要这样做。我们很快就会看到这一点。

人们经常报告 AUC，但随着时间的推移，我越来越不赞成它。主要原因是 AUC 用一个数字代替了信息量很大的图形，但不同的 ROC 曲线可以导致相同的 AUC。如果两条曲线的 AUC 相同，但其中一条远远向右倾斜，而另一条在低 FPR 区域有一个陡峭的斜率，我们可能会认为这些模型的性能大致相当，而实际上，斜率较陡的模型可能是我们想要的，因为它将达到一个合理的 TPR，而没有太多误报。

使用 AUC 的另一个注意事项是，即使其他参数有相当大的变化，AUC 的变化也是很小的。这使得人类很难根据仅有微小差别的 AUC 值进行良好的判断。例如，隐含层有两个节点的 MNIST 偶数/奇数模型的 AUC 是 0.9373，而有 100 个节点的模型的 AUC 是 0.9722。两者都远高于 0.9（可能是 1.0），那么，它们是否都差不多？我们知道它们不一样，因为 ROC 曲线清楚地显示双节点模型远远低于另一个。

11.6.5   生成一条ROC曲线

我们现在准备学习如何创建ROC曲线。获得ROC曲线和AUC的简单方法是使用sklearn。

```python
import os
import sys
import numpy as np
import matplotlib.pylab as plt
from sklearn.metrics import roc_auc_score, roc_curve

def main():
    labels = np.load(sys.argv[1])
    probs = np.load(sys.argv[2])
    pname = sys.argv[3]

    auc = roc_auc_score(labels, probs[:,1])
    roc = roc_curve(labels, probs[:,1])
    print("AUC = %0.6f" % auc)

    plt.plot(roc[0], roc[1], color='r')
    plt.plot([0,1],[0,1], color='k', linestyle=':')

    plt.xlabel("FPR")
    plt.ylabel("TPR")
    plt.tight_layout(pad=0, w_pad=0, h_pad=0)
    plt.savefig(pname, dpi=300)
    plt.show()
```

这个程序读取一组标签和相关的每类概率，比如上一节代码产生的输出。然后它调用sklearn函数roc_auc_score和roc_curve，分别返回AUC和ROC点。ROC曲线被绘制出来，保存到磁盘，并显示出来。

我们不需要把sklearn作为一个黑盒子。我们可以自己快速生成ROC曲线点。我们加载同样的输入、标签和每一类的概率，但不是调用一个库函数，而是在感兴趣的阈值上循环，计算每个阈值的TP、TN、FP和FN。从这些数据中，我们可以直接计算出FPR和TPR，从而得到我们需要绘制的点的集合。做到这一点的代码如下。

```python
def table(labels, probs, t):
    tp = tn = fp = fn = 0
    for i,l in enumerate(labels):
        c = 1 if (probs[i,1] >= t) else 0
        if (l == 0) and (c == 0):
            tn += 1
        if (l == 0) and (c == 1):
            fp += 1
        if (l == 1) and (c == 0):
            fn += 1
        if (l == 1) and (c == 1):
            tp += 1
    return [tp, tn, fp, fn]

def main():
    labels = np.load(sys.argv[1])
    probs = np.load(sys.argv[2])
    pname = sys.argv[3]

    th = [0.9, 0.8, 0.7, 0.6, 0.5, 0.4, 0.3, 0.2, 0.1]
```

```
roc = []
for t in th:
    tp, tn, fp, fn = table(labels, probs, t)
    tpr = tp / (tp + fn)
    fpr = fp / (tn + fp)
    roc.append([fpr, tpr])
roc = np.array(roc)

xy = np.zeros((roc.shape[0]+2, roc.shape[1]))
xy[1:-1,:] = roc
xy[0,:] = [0,0]
xy[-1,:] = [1,1]
plt.plot(xy[:,0], xy[:,1], color='r', marker='o')
plt.plot([0,1],[0,1], color='k', linestyle=':')
plt.xlabel("FPR")
plt.ylabel("TPR")
plt.savefig(pname)
plt.show()
```

主函数加载标签和概率。循环应用不同的阈值th，通过调用表格函数在roc中积累的ROC点，计算当前阈值的TP、TN、FP和FN。

表函数在所有的每类概率上循环，如果类1的概率大于或等于当前的阈值，则分配一个类标签为1。然后将这个类的分配与实际的类标签进行比较，并增加适当的统计计数器。

一旦计算出ROC点，就将点（0,0）添加到点列表的开头，将点（1,1）添加到列表的结尾。这样做可以确保绘图扩展到FPR值的整个范围。这些点被绘制出来并保存在磁盘上。

11.6.6 精确度–召回率曲线

在离开这一节之前，我们应该提到另外一条评价曲线，在机器学习中你会不时地遇到。这就是精确度-召回率（PR）曲线。顾名思义，它随着决策阈值的变化，绘制出PPV（精确度）和TPR（召回率，灵敏度），就像ROC曲线。一条好的PR曲线会向右上方移动，而不是像好的ROC曲线那样向左上方移动。在sklearn中，使用度量模块中的precision_recall_curve函数可以很容易地生成这个曲线的点。

我们不花时间研究这条曲线，因为它没有考虑到真正的负面因素。我对PR曲线的偏见源于我对F1得分的偏见。由于没有考虑到真正的负面因素，PR曲线和F1分数对分类器质量的描述是不完整的。当真正的阳性类别很少或者真正的阴性性能不是很重要的时候，PR曲线确实有实用价值。然而，一般来说，对于评估分类器的性能，我声明最好坚持使用ROC曲线和我们所定义的指标。

11.7 处理多个类

到目前为止，我们讨论的所有度量指标都只适用于二元分类器。当然，我们知道许多分类器是多类的：它们输出多个标签，而不仅仅是0或1。为了评估这些模型，我们将把我们对混淆矩阵的想法扩展到多类情况，并看到我们也可以扩展一些我们已经熟悉的指标。

我们需要一些多类模型的结果来工作。值得庆幸的是，MNIST的数据已经是多类的了。回顾一下，我们费尽心思重新编码标签，使数据集成为二元制。在这里，我们将用同样的架构来训练模型，但这次我们将保持标签的原样，这样，模型将输出十个标签中的一个：它分配给测试输入的数字，MLPClassifier类的预测方法的输出。我们将不显示代码，因为它与上一节的代码完全相同，只是调用了predict来代替predict_proba。

11.7.1　扩展混淆矩阵

我们的二元度量的基础是2×2的混淆矩阵。混淆矩阵很容易扩展到多类情况。为此，我们让矩阵的行代表实际的类标签，而矩阵的列代表模型的预测。矩阵是正方形的，其行和列的数量与数据集中的类一样多。对于MNIST来说，由于有10个数字，所以我们得出了一个10×10的混淆矩阵。

我们从实际的已知测试标签和模型预测的标签中计算混淆矩阵。在sklearn的度量模块中有一个函数，confusion_matrix，我们可以使用它，但自己计算也很简单。

```
def confusion_matrix(y_test, y_predict, n=10):
    cmat = np.zeros((n,n), dtype="uint32")
    for i,y in enumerate(y_test):
        cmat[y, y_predict[i]] += 1
    return cmat
```

这里的n是类的数量，对于MNIST来说，固定为10。如果有需要，我们可以从提供的测试标签中确定它。

代码是直接且简单的。输入是实际标签（y_test）和预测标签（y_predict）的向量，混淆矩阵（cmat）是通过增加实际标签和预测标签形成的每个可能的指数来填充的。例如，如果实际标签是3，预测标签是8，那么我们就在cmat[3,8]上加一个。

让我们看看一个有100个节点的隐含层模型的混淆矩阵（表11-8）。

表11-8　有100个节点的单隐含层模型的混淆矩阵

	0	1	2	3	4	5	6	7	8	9
0	943	0	6	9	0	10	7	1	4	0
1	0	1102	14	5	1	1	3	1	8	0
2	16	15	862	36	18	1	17	24	41	2
3	3	1	10	937	0	20	3	13	17	6
4	2	8	4	2	879	0	14	1	6	66
5	19	3	3	53	13	719	17	3	44	18
6	14	3	4	2	21	15	894	1	4	0
7	3	21	32	7	10	1	0	902	1	51
8	17	14	11	72	11	46	21	9	749	24
9	10	11	1	13	42	5	2	31	10	884

行代表实际测试样本的标签，为[0,9]。列是由模型分配的标签。如果模型是完美的，那么在实际标签和预测标签之间将有一个一对一的匹配。这就是混淆矩阵的主对角线。因此，一个完美的模型将有沿主对角线的条目，所有其他元素都是0。表11-8并不完美，但最大的计数是沿主对角线的。

请看第4行和第4列。该行和该列相交的地方有879个数值。这意味着有879次实际类别是4，而模型正确预测了"4"作为标签。如果我们沿着第4行看，会看到其他不为零的数字。这些数字中的每一个都代表了一个实际的4被模型称为另一个数字的情况。例如，有66次4被称为

"9"，但只有一次4被标记为"7"。

第4列表示模型将输入的数字称为"4"的情况。正如我们看到的，它有879次是正确的。然而，也有其他数字被模型意外地标记为"4"，比如有21次6被称为"4"，或者有一次1被误认为"4"。没有出现3被标为"4"的情况。

混淆矩阵告诉我们，该模型在测试集上的表现如何。我们可以很快看到该矩阵是否主要是对角线的。如果是，该模型在测试集上做得很好。如果不是，我们需要仔细观察，看看哪些类别与其他类别混淆了。对矩阵做一个简单的调整就可以了。我们可以将每一行的值除以该行的总和，而不是原始计数，因为原始计数要求我们记住测试集中每个类别有多少例子。这样做可以将条目从计数转换为分数。然后，我们可以将这些条目乘以100来转换为百分数。这就把混淆矩阵转换成了我们所说的准确率矩阵。这种转换是很直接的。

```
acc = 100.0*(cmat / cmat.sum(axis=1))
```

这里cmat是混淆矩阵。这就产生了一个准确率矩阵，见表11-9。

表11-9 按类准确率呈现的混淆矩阵

	0	1	2	3	4	5	6	7	8	9
0	**96.2**	0.	0.6	0.9	0.	1.1	0.7	0.1	0.4	0.
1	0.	**97.1**	1.4	0.5	0.1	0.1	0.3	0.1	0.8	0.
2	1.6	1.3	**83.5**	3.6	1.8	0.1	1.8	2.3	4.2	0.2
3	0.3	0.1	1.	**92.8**	0.	2.2	0.3	1.3	1.7	0.6
4	0.2	0.7	0.4	0.2	**89.5**	0.	1.5	0.1	0.6	6.5
5	1.9	0.3	0.3	5.2	1.3	**80.6**	1.8	0.3	4.5	1.8
6	1.4	0.3	0.4	0.2	2.1	1.7	**93.3**	0.1	0.4	0.
7	0.3	1.9	3.1	0.7	1.	0.1	0.	**87.7**	0.1	5.1
8	1.7	1.2	1.1	7.1	1.1	5.2	2.2	0.9	**76.9**	2.4
9	1.	1.	0.1	1.3	4.3	0.6	0.2	3.	1.	**87.6**

对角线显示了每一类的准确率。表现最差的类是8，准确率为76.9%，而表现最好的类是1，准确率为97.1%。非对角线的元素是实际类别被模型标记为不同类别的百分比。对于类0，模型将真正的类0称为"5"的情况占1.1%。各行的百分比之和为100%（在四舍五入误差范围内）。

为什么类8的表现如此之差？纵观类8的行，我们看到模型将7.1%的实际为8的样本误认为"3"，将5.2%的样本误认为"5"。将8与"3"混淆是该模型所犯的最大的一个错误，尽管6.5%的4的样本也被标为"9"。稍微思考一下就能理解这些错误。人们有多少次混淆了8和3或4和9？这个模型所犯的错误与人类所犯的错误相似。

混淆矩阵也能显示出病态的表现。考虑一下图11-3中的MNIST模型，它有一个只有两个节点的单一隐含层。它产生的准确率矩阵如表11-10所示。

我们可以立即看出这是一个劣质模型。第5列完全为零，意味着该模型对任何输入都不会输出"5"。对于输出标签"8"和"9"也是如此。另一方面，该模型喜欢称输入为"0""1""2"或"3"，因为这些列对于各种形式的输入数字都是密集的。看一下对角线，我们看到只有1和3有合理的机会被正确识别，尽管其中许多会被称为"7"。类8很少被正确标记（1.3%）。一个表现不佳的模型会有一个像这样的混淆矩阵，有奇怪的输出和大的对角线值。

表11-10   隐含层中只有两个节点的模型的准确率矩阵

	0	1	2	3	4	5	6	7	8	9
0	**51.0**	1.0	10.3	0.7	1.8	0.0	34.1	0.7	0.0	0.4
1	0.4	**88.3**	0.4	1.1	0.8	0.0	0.0	9.3	1.0	0.0
2	8.6	2.8	**75.2**	6.9	1.7	0.0	1.4	3.0	0.3	0.6
3	0.2	1.0	4.9	**79.4**	0.3	0.0	0.0	13.5	0.0	0.2
4	28.4	31.3	7.3	2.1	**9.7**	0.0	0.3	13.6	1.0	0.5
5	11.4	42.5	2.2	4.9	4.4	**0.0**	0.1	16.5	0.9	0.3
6	35.4	1.0	5.4	0.2	1.4	0.0	**55.0**	0.0	0.0	0.1
7	0.4	5.2	2.0	66.2	0.8	0.0	0.0	**25.5**	0.2	0.3
8	10.5	41.9	2.8	8.0	4.1	0.0	0.1	22.1	**1.3**	0.4
9	4.7	9.1	5.8	26.2	5.8	0.0	0.2	41.2	2.2	**3.1**

11.7.2   计算加权准确率

准确率矩阵的对角线元素告诉我们该模型的每类准确率。我们可以通过平均这些数值来计算总体准确率。然而，如果一个或多个类别在测试数据中远比其他类别更普遍，这可能会产生误导。我们不应该使用简单的平均值，而应该使用加权平均。加权的依据是每个类别的测试样本总数除以提交给模型的测试样本总数。假设我们有三个类，它们在测试集中的频率和每个类的准确率如表11-11所示。

表11-11   假设有三个类的模型中每类准确率

类	频率	准确率
0	4004	88.1
1	6502	76.6
2	8080	65.2

这里我们有 N=4004+6502+8080=18586 个测试样本。然后，每类的权重如表11-12所示。

表11-12   每类权重

类	权重
0	4004/18586 = 0.2154
1	6502/18586 = 0.3498
2	8080/18586 = 0.4347

平均准确率可以计算为

$$ACC = 0.2154 \times 88.1 + 0.3498 \times 76.6 + 0.4347 \times 65.2 = 74.1$$

从哲学上讲，我们应该用实际的每类先验概率代替权重，如果我们知道的话。这些概率是该类在未知出现的真实可能性。然而，如果我们假设测试集是公平构建的，那么我们只使用每类的频率可能是安全的。我们声称，一个正确构建的测试集将合理地代表真实的先验类概率。

在代码中，加权平均准确率可以从混淆矩阵中简洁地计算出来。

```
def weighted_mean_acc(cmat):
    N = cmat.sum()
    C = cmat.sum(axis=1)
    return ((C/N)*(100*np.diag(cmat)/C)).sum()
```

N是被测试的样本总数，这只是混淆矩阵中的条目之和，因为测试集的每个样本都在矩阵中的某个位置，C是每个类别的样本数量的向量。这只是混淆矩阵的行数之和。每类准确率，作为一个百分比，是由混淆矩阵的对角线元素［np.diag（cmat）］除以每类在测试集中出现的次数C计算出来的。

如果我们把每个类的准确率相加，再除以类的数量，我们就会得到（可能会产生误导的）非加权平均准确率。相反，我们首先乘以C/N，即所有测试样本中属于每一类的部分（回顾一下，C是一个向量），然后求和，得到加权准确率。这个代码适用于任何大小的混淆矩阵。

对于上一节的MNIST模型，我们计算出的加权平均准确率如表11-13所示。

表11-13 MNIST模型的加权平均准确率

架构	加权平均准确率
2	40.08%
100	88.71%
100×50	88.94%
500×250	89.63%

表11-13显示了我们以前看到的那种随着模型大小的增加而收益递减的情况。100个节点的单一隐含层与有100个和50个节点的两个隐含层模型几乎相同，只比有500个节点和250个节点的较大模型差1%。隐含层中只有两个节点的模型表现很差。由于有10个类别，随机猜测的准确率往往为1/10=0.1=10%，所以即使这个非常奇怪的模型将784个输入值（28×28像素）映射到只有两个然后是10个输出的节点，仍然比随机猜测要准确4倍。然而，这本身就具有误导性，因为正如我们刚才在表11-10中看到的，这个模型的混淆矩阵相当奇怪。我们当然不会想使用这个模型。没有什么能胜过对混淆矩阵的仔细考虑。

11.7.3 多类马修斯相关系数

2×2混淆矩阵导致了许多可能的度量指标。虽然有可能将这些指标中的几个扩展到多类情况，但我们在这里只考虑主要的指标：马修斯相关系数（MCC）。对于二元的情况，我们看到MCC是

$$\mathrm{MCC} = \frac{\mathrm{TP} \times \mathrm{TN} - \mathrm{FP} \times \mathrm{FN}}{\sqrt{(\mathrm{TP} + \mathrm{FP})(\mathrm{TP} + \mathrm{FN})(\mathrm{TN} + \mathrm{FP})(\mathrm{TN} + \mathrm{FN})}}$$

这可以通过使用混淆矩阵中的术语扩展到多类情况，比如说

$$\mathrm{MCC} = \frac{c \times s - \sum_{k}^{K} p_k \times t_k}{\sqrt{\left(s^2 - \sum_{k}^{K} p_k^2\right) \times \left(s^2 - \sum_{k}^{K} t_k^2\right)}}$$

其中

$$t_k = \sum_{i}^{K} C_{ik}$$

$$p_k = \sum_{i}^{K} C_{ki}$$

$$c = \sum_{k}^{K} C_{kk}$$

$$s = \sum_{i}^{K} \sum_{j}^{K} C_{ij}$$

这里，K是类的数量，C是混淆矩阵。这个符号来自sklearn网站对MCC的描述，让我们直接看到了它是如何实现的。我们不需要详细了解这些公式，我们只需要知道，在多类情况下，MCC是由混淆矩阵建立的，就像在二元情况下一样。直观地说，这是有道理的。二元MCC是一个范围为[−1,+1]的值。多类情况下，下限会根据类的数量而改变，但上限仍然是1.0，所以MCC越接近1.0，模型的表现就越好。

计算MNIST模型的MCC，就像我们对加权平均准确率所做的那样，得到了表11-14。

表11-14   MNIST模型的MCC

架构	MCC
2	0.3440
100	0.8747
100×50	0.8773
500×250	0.8849

这再次向我们表明，最小的模型较差，而其他三个模型在性能上都很相似。然而，对10000个测试样本进行预测的时间因模型不同而有相当大的差异。有100个节点的单隐含层模型需要0.052s，而最大的模型需要0.283s，超过五倍的时间。如果速度是至关重要的，较小的模型可能更可取。在决定使用哪种模型时，许多因素都在起作用。本章所讨论的指标是指南，但不应该盲目遵循。最后，你需要知道什么对你要解决的问题是有意义的。

小结

Python

在这一章中，我们了解到为什么准确率不是衡量一个模型性能的充分标准。我们学习了如何为二元分类器生成2×2混淆矩阵，以及这个矩阵告诉我们模型在保留的测试集中的表现。我们从2×2混淆矩阵中得出基本指标，并使用这些基本指标得出更高级的指标。我们讨论了各种指标的效用，以建立我们对如何和何时使用这些指标的直觉。然后，我们了解了接收者操作特征（ROC）曲线，包括它对模型的说明，以及如何解释它以比较彼此的模型。最后，我们介绍了多类混淆矩阵，举例说明了如何解释它以及如何将一些二元分类器的指标扩展到多类情况。

在下一章，我们将达到机器学习模型的顶峰：卷积神经网络（CNN）。下一章介绍了CNN背后的基本思想，后面的章节将使用这种深度学习建立进行许多实验的架构。

第 **12** 章

卷积神经网络介绍

在这一章中，我们将介绍一种新的、有效的处理多维信息的方法。特别是，我们将通过卷积神经网络（CNN）的理论和高级操作工作，这是现代深度学习的一个基石。

我们将首先介绍卷积神经网络发展背后的动机。卷积是 CNN 的核心，我们将详细讨论它们，特别是它们是如何被 CNN 使用的。然后，我们将介绍一个基本的 CNN，并对其进行剖析。我们将在本章的其余部分使用这个基本的 CNN 架构。在剖析了 CNN 之后，我们将研究卷积层是如何工作的。然后是池化层。我们将看到它们是做什么的，它们提供什么好处，以及它们的回报是什么。为了完善我们对 CNN 基本组件的讨论，我们将介绍全连接层，实际上，这只是一个传统的、全连接的、前馈神经网络的层，比如第 8 章中介绍过的那些。

本章明显缺少一个话题：训练 CNN 的机制。部分原因是，一旦引入卷积层，训练就会变得混乱，但主要原因是我们已经在第 9 章中讨论了反向传播，而且我们使用相同的算法来训练 CNN。我们从训练小批次的平均损失中计算出所有层的权重和偏置，并使用反向传播来确定我们需要在每个随机梯度下降步数中更新权重和偏置的导数。

12.1 为什么是卷积神经网络？

与传统的神经网络相比，CNN 有几个优势。首先，CNN 的卷积层需要的参数比全连接神经网络少得多，我们在本章后面会看到。CNN 需要更少的参数，因为卷积操作将每一层的参数应用于输入的小子集，而不是像传统神经网络那样一次性应用于整个输入。

其次，CNN 引入了空间不变性的概念，即检测输入中的空间关系的能力，无论它出现在哪里。例如，如果神经网络的输入是一张猫的图像，传统的神经网络会将图像作为一个单一的特征向量，这意味着如果一只猫出现在图像的左上角，网络将学习到猫可以出现在图像的左上角，但不能学习到它们也可以出现在右下角（除非训练数据中包含猫在右下角的例子）。然而，对于 CNN 来说，卷积操作可以检测到猫出现的任何地方。

虽然 CNN 通常用于二维输入，但它们也可以用于一维输入，比如我们到目前为止所使用的特征向量。然而，我们所使用的特征向量，如鸢尾花的测量值，并不像猫的图像的各个部分那样反映任何空间关系。卷积运算没有什么可以利用的地方。这并不意味着 CNN 不能工作，但确实意味着它可能不是最适合使用的那种模型。像往常一样，我们需要了解各种模型类型是如何运作的，以便我们为手头的任务选择最佳模型。

注
意

CNN的追溯取决于你问谁。CNN要么是由Fukushima在1980年开发的,用于实现Neocognitron模型,要么是由LeCun等人在1998年开发的,在他们著名的论文《Gradient-Based Learning Applied to Document Recognition》(基于梯度的学习应用于文档识别)中提出,截至本书写作时,该论文已被引用超过21000次。我的看法是,这两个人都值得称赞,尽管LeCun使用了卷积神经网络或convnet这个短语,因为它们有时仍被称为卷积神经网络,而论文中所描述的内容就是我们在本书中要使用的内容。Neocognitron反映了CNN中的一些想法,但不是CNN本身。

12.2 卷积

卷积涉及在一个东西上滑动另一个东西。对我们来说,这意味着在输入上滑动一个内核,一个小的二维数组,这可能是CNN的输入图像或低层卷积层的输出。卷积有一个正式的数学定义,但它现在真的对我们没有帮助。幸运的是,我们所有的输入都是离散的,这意味着我们一挥手,就能摆脱这些困扰。为了简单起见,我们将只关注二维的情况。

12.2.1　用核进行扫描

核是我们要求卷积层在训练中学习的东西。它是我们在输入上移动的一组小的二维数组的集合。最终,核成为CNN中卷积层的权重。

卷积的基本操作是将输入的某一小部分,与核的大小相同,用核覆盖它,对数字集进行一些操作以产生一个单一的输出数字,然后再将核移动到输入的一个新位置后重复这个过程。核被移动的距离称为跨度。通常情况下,跨度为1,意味着核在输入的一个元素上滑动。

图12-1显示了卷积对MNIST数字图像的一部分的影响。

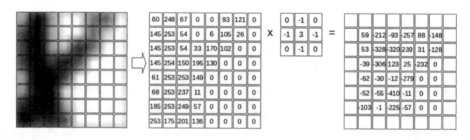

图12-1　用一个核给图像做卷积

图像部分在图12-1的左边,你可以看到一个手写的8号字的一部分。这些方框对应的是像素的强度,不过为了演示起来方便,我们扩大了原始图像的范围,以便在每个"像素"方框中可以看到许多灰色的阴影。接下来,在箭头后面给出了卷积工作的实际像素值。

这里,核是

$$\begin{bmatrix} 0 & -1 & 0 \\ -1 & 3 & -1 \\ 0 & -1 & 0 \end{bmatrix}$$

这是我们要在输入像素上滑动的一组数字。这是一个3×3的矩阵,所以我们需要覆盖输入

图像的3×3区域。第一个3×3区域，即左上角，是

$$\begin{bmatrix} 60 & 248 & 67 \\ 145 & 253 & 54 \\ 145 & 253 & 54 \end{bmatrix}$$

我们说过，卷积是以核和覆盖区域为输入进行的操作。这个操作很简单：将相应的条目相乘并求和。寻找卷积的第一个输出值起始于

$$\begin{bmatrix} 60 & 248 & 67 \\ 145 & 253 & 54 \\ 145 & 253 & 54 \end{bmatrix} \times \begin{bmatrix} 0 & -1 & 0 \\ -1 & 3 & -1 \\ 0 & -1 & 0 \end{bmatrix} = \begin{bmatrix} 0 & -248 & 0 \\ -145 & 759 & -54 \\ 0 & -253 & 0 \end{bmatrix}$$

当前面的元素被加起来时，就得到了输出值为

$$0+(-248)+0+(-145)+759+(-54)+0+(-253)+0 = 59$$

好的，第一次卷积运算的输出是59。我们该如何处理这个数字呢？核是3×3，每边都是一个奇数。这意味着有一个中间元素，也就是里面有3的那个。在输出数组中，中间数字所在的位置被替换为输出值，即59。图12-1显示了卷积的全部输出。果然，当核覆盖左上角时，输出的第一个元素是59，位于核的中心位置。

其余的输出值的计算方法完全相同，但每次都是将内核移动1个像素以上。当到达一行的末尾时，核回到左边，但向下移动1个像素。通过这种方式，它在整个输入图像上滑动，产生图12-1所示的输出，就像老式模拟电视的扫描线。

下一个输出值是

$$\begin{bmatrix} 248 & 67 & 0 \\ 253 & 54 & 0 \\ 253 & 54 & 33 \end{bmatrix} \times \begin{bmatrix} 0 & -1 & 0 \\ -1 & 3 & -1 \\ 0 & -1 & 0 \end{bmatrix} = \begin{bmatrix} 0 & -67 & 0 \\ -253 & 162 & 0 \\ 0 & -54 & 0 \end{bmatrix}$$

其中，和为-212，如图12-1的右侧所示。重复卷积操作产生的输出如图12-1所示。注意输出周围的空框。这些值是空的，因为我们的3×3核的中间没有覆盖输入阵列的边缘。因此，输出的数字矩阵在每个维度上都比输入的小两个。如果核是5×5，就会有一个2像素宽的边界，而不是1。

二维卷积的实现需要对这些边界像素做出决定。这里有一些操作，大多数工具包都支持其中的几个。一种是简单地忽略这些像素，使输出小于输入，如图12-1中所示。这种方法通常被称为精确或有效，因为我们只保留操作实际输出的值。

另一种方法是想象一个0值的边框围绕着输入图像。边框能有多厚就有多厚，以便核与输入的左上角像素的中间值吻合。对于我们在图12-1中的例子，这意味着一个1像素的边框，因为核是3×3，在核中心值的两边有一个元素。如果核是5×5，边界将是2个像素，因为在核中心的两边有两个值。这就是所谓的"零填充"，得到的输出与输入的大小相同。如图12-1所示，将28×28像素的MNIST数字图像与3×3的核进行卷积，得到26×26像素的输出，而不是得到一个28×28像素的输出。

如果我们对图12-1中的示例图像进行置零，可以像这样填补第一个空的输出方块

$$\begin{bmatrix} 0 & 0 & 0 \\ 0 & 60 & 248 \\ 0 & 145 & 253 \end{bmatrix} \times \begin{bmatrix} 0 & -1 & 0 \\ -1 & 3 & -1 \\ 0 & -1 & 0 \end{bmatrix} = \begin{bmatrix} 0 & 0 & 0 \\ 0 & 180 & -248 \\ 0 & -145 & 0 \end{bmatrix}$$

其总和为−213。这意味着，图12-1中输出矩阵的左上角，目前有一个空框，可以用−213来代替。同样地，其余的空框也会有数值，卷积操作的输出将是28×28像素。

12.2.2　图像处理中的卷积

卷积在神经网络中使用时，有时被看作是神奇的，是一种特殊的操作，让卷积神经网络能做那些奇妙的事情。这或多或少是真的，但卷积操作肯定不是什么新东西。即使我们完全忽略数学，只想到二维图像的离散卷积，我们也会看到，在卷积被应用于机器学习之前的几十年，图像科学家就已经在使用卷积进行图像处理了。

卷积操作可以进行各种形式的图像处理。例如，考虑图12-2中所示的图像。

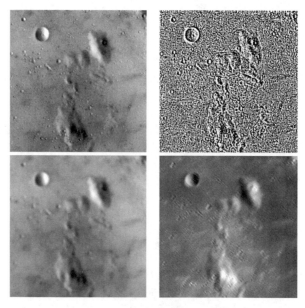

图12-2　5×5卷积核应用于一幅图像

左上角是原始的月亮图像。其他三幅图像是用不同的5×5核对月球图像进行卷积的结果。从右上角顺时针移动，核要么强调边缘、对角线结构（左上角到右下角），要么模糊输入图像。所有这些都是通过改变内核中的值来实现的，但卷积操作仍然是一样的。

从机器学习的角度来看，卷积方法的强大力量源自参数方面的节省。如果一个模型可以学习一组核，那么与全连接模型的权重相比，要学习的数字就更少了。这本身就是一件好事。事实上，卷积可以提取关于图像的其他信息，比如它缓慢变化的成分（图12-2的模糊）、快速变化的成分（图12-2的边缘），甚至是沿着特定方向的成分（图12-2的对角线），这意味着模型可以深入了解输入中的内容。而且，由于我们在图像上移动核，我们不依赖于这些结构在图像中的位置。

12.3　卷积神经网络的剖析

医科学生通过解剖尸体来了解解剖学，看看各个部分以及它们之间的关系。在类似的情况下，虽然挑战不大，但我们将从CNN本身开始，说明它的基本结构，然后把它拆开，了解每个部件是什么以及它的作用。

图12-3显示了基本CNN的结构。这是Keras工具包用来训练MNIST数字分类模型的默认CNN例子。在本章的剩余部分，我们将以它为标准。

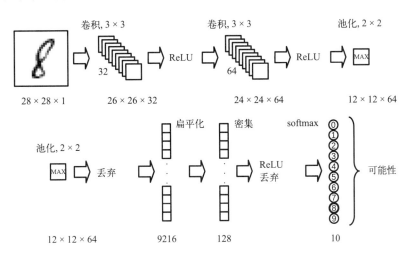

图12-3 基本卷积神经网络的结构

我们如何解释这个图呢？像传统的神经网络一样，CNN有一个输入和一个输出。在本例中，输入是左上角的数字图像。然后，网络按照箭头从左到右流动。在最上面一行的末尾，网络继续下一行的工作。注意，我们已经复制了最上面一行末尾的层，并将其置于下一行的开头，以便于展示。

流程沿底层行继续，同样从左到右，直到到达输出。这里的输出是一个softmax层，给我们每个可能的数字的可能性，就像我们在第10章中看到的传统神经网络一样。

12.3.1 不同类型的层

每个箭头之间是网络的一个层。我们注意到的第一件事是，与传统的神经网络不同，CNN有很多种类的层。让我们在这里列出它们。我们将依次讨论每一种。

- 卷积（conv）；
- ReLU；
- 池化（pool）；
- 丢弃（dropout, 也被称为剔除）；
- 扁平化（flatten）；
- 密集（dense）。

我们应该注意到，我们使用的是Keras对层的命名。例如，Keras使用密集来表示许多其他工具包所称的全连接层甚至内积（inner Product）层。

这些层中有几个应该已经很熟悉了。我们知道ReLU层实现了一个整流线性单元，它接收每一个输入并询问它是否大于或小于0。我们可以用数学方法表示为

$$ReLU\,(x) = \max(0, x)$$

其中max函数返回其两个参数中最大的一个。

同样地，我们在第9章中提到了丢弃（dropout）。丢弃在训练过程中随机选择一定比例的输出，并将其设置为0。这提供了一种强大的正则化形式，帮助网络学习输入数据有意义地表示。在我们的基本CNN中，有两个丢弃层。第一个使用25%的概率，这意味着在训练的任何小批次（minibatch）期间，大约25%的输出将被设置为0。

扁平层和密集层是老朋友了，尽管我们知道它们有另一个名字，而不是独立的实体。传统的前馈神经网络使用全连接层来处理一个一维向量。在这里，扁平层和密集层一起工作来实现全连接层。扁平层接收其输入——通常是一个四维数组（我们稍后会看到原因）——并将其变成一个矢量。它所做的事情与我们构建MNIST数据集的矢量形式类似，我们把每一行的像素端对端地解开二维图像。密集层实现了一个传统的神经网络层，每个输入值都被映射到密集层的每个节点上。通常情况下，密集层的输出被传递给另一个密集层或一个softmax层，让网络进行预测。

在内部，CNN的许多层都期待四维数组作为输入，并产生四维数组作为输出。第一个维度是小批次中输入的数量。因此，如果我们有一个24的小批次，4维数组的第一维将是24。

第二维度和第三维度被称为高度和宽度。如果一个层的输入是模型的输入（比如图像），那么这些维度就是真正的图像的高度和宽度。如果输入确实是其他层的输出，比如一个（尚未描述的）卷积层，那么高度和宽度指的是对某个输入应用卷积核的输出。例如，图12-1中输出的高度和宽度为26。

最后一个维度是通道的数量（如果是输入图像）或者是特征图的数量（如果是卷积层或池化层的输出）。图像中的通道数就是带子的数量，灰度图像有一个带子，彩色图像通常有三个带子，红、绿、蓝各一个。一些彩色图像也有一个alpha通道，用于指定一个像素的透明程度，但这些通道通常在图像通过CNN之前就被删除了。

图12-1中的输出被称为特征图，因为它是核对输入进行卷积的反映。正如我们在图12-2中所看到的，在图像上卷积核可以拉出图像的特征，所以卷积层使用的核的输出被称为特征图。

这就剩下两个层需要研究：卷积层（convolutional）和池化层（pooling）。这些层是新的。

在我们的基本CNN中，卷积层对二维输入的集合进行操作，我所说的集合是指二维数组的堆栈，其中第三维是通道或特征图的数量。这意味着，与我们在本书中看到的其他模型不同，这里的输入真的是完整的图像，而不是从图像中创建的矢量。然而，就CNN而言，卷积不仅仅只对二维输入进行操作。三维卷积也存在，一维也存在，尽管与二维卷积相比，这两种卷积很少被使用。

池化层被用来减少其输入的空间维度，根据一些规则组合输入值。最常见的规则是最大化（max），在输入上移动的小块中最大的值被保留，其他的值被丢弃。同样，我们将在本章中详细介绍池化层。

现代网络可以使用许多其他的层类型，其中许多已经在Keras中得到直接支持，不过也可以添加自己的层。这种灵活性是Keras经常快速支持新的深度学习发展的原因之一。与传统的神经网络一样，为了让一个层有可以学习的权重，该层需要在数学意义上是可微分的，这样链式规则才能继续，而且可以计算偏导数来学习如何在梯度下降期间调整权重。如果前面的句子还不清楚，那就该复习一下第9章的反推（backprop）部分了。

12.3.2　通过CNN传递数据

让我们再看一下图12-3。这里发生了很多事情，不仅仅是层的顺序和名称。许多层的底部都有斜体的数字。这些数字代表了该层输出的尺寸，高度、宽度和特征图的数量。如果该层只有一个数字，它就会输出一个有这么多元素的向量。

CNN的输入是一张28×28×1的图像。卷积层的输出是一组特征图。因此，第一个卷积层的输出是26×26×32，意味着有32个特征图，每个特征图都是由单一的28×28×1输入图像计算出来的26×26图像。类似地，第二卷积层的输出是24×24×64，是一组由26×26×32的输入计算出来的64张特征图，而这组特征图本身就是第一卷积层的输出。

我们看到，第一行末尾的池化层将其24×24×64的输入减少到12×12×64。"max"标签告诉我们池化层在做什么：它从输入的2×2区域中获取并返回最大值。由于输入是2×2，而且只返回一个值，这就把每个24×24的输入减少为12×12的输出。这个过程适用于每个特征图，因此输出为12×12×64。

看一下图12-3的最下面一行，我们就会发现，扁平层将池化层的12×12×64的输出变成了一个有9216个元素的向量。为什么是9216？因为12×12×64=9216。接下来，密集层有128个节点，最后，我们的输出softmax有10个节点，因为有10个类，即数字0～9。

在图12-3中，ReLU和丢弃层下面没有数字。这些层并不改变其输入的形状。它们只是对每个元素进行一些操作，而不管其形状如何。

我们的基本CNN的卷积层有其他与之相关的数字。"3×3"和"32"或"64"。3×3告诉我们卷积核的大小，而32或64告诉我们特征图的数量。

我们已经提到了池化层的2×2部分。这代表了池化核的大小，它和卷积核一样，在输入上滑动逐个特征图（或逐个通道），以减少输入的大小。使用2×2的池化核意味着通常情况下，输出将是输入的行和列尺寸的二分之一。

图12-3有我们熟悉的部分，但其表现形式对我们来说是新的，而且我们还有这些神秘的新层需要思考，比如卷积层和池化层，所以我们现在的理解肯定是有些模糊的。这完全没问题。我们有了新的想法，也有了一些视觉上的指示，知道它们是如何联系在一起组成一个CNN的。目前，这就是我们需要的一切。我希望，当你回想这个数字和它的各个部分时，本章的其余部分将是一系列"啊哈！"的时刻。当你理解了每个部分的作用后，你就会开始明白为什么它们会出现在处理链中，获得从图像输入到输出的softmax预测。

12.4 卷积层

如果我们对卷积的讨论在前面的章节中就结束了，我们就会明白基本的操作，但对CNN中的卷积层究竟是如何工作的仍然一无所知。考虑到这一点，让我们看看卷积思想是如何在CNN的卷积层的输入和输出中泛化的。

12.4.1 卷积层如何工作

卷积层的输入和输出都可以被认为是二维数组（或矩阵）的堆栈。卷积层的操作最好用一个简单的例子来说明，即如何将输入的数组栈映射到输出栈。

在介绍我们的例子之前，我们需要介绍一些术语。我们之前将核应用于输入的方式来描述卷积操作，两者都是二维的。我们将继续使用核这一术语来表示这个单一的二维矩阵。然而，在实现卷积层时，我们很快就会发现，我们需要一堆内核，这在机器学习中通常被称为滤波器。滤波器是一个内核的堆栈。滤波器通过其内部的若干组核，被应用于输入堆栈以产生输出堆栈。由于在训练过程中，模型在学习核，所以可以说模型也在学习滤波器。

对于我们的例子，输入是两个5×5阵列的堆栈，核大小是3×3，我们希望输出的堆栈有三个深度。为什么是三？因为，作为CNN架构的设计者，我们认为学习三个输出将有助于网络学习手头的任务。卷积操作决定了每个输出阵列的宽度和高度，我们选择深度。我们将使用有效卷积，在输出上失去一个厚度为1的边界，这意味着我们的输入将在宽度和高度上下降2。因此，一个5×5的输入与一个3×3的核进行卷积，将产生一个3×3的输出。

这说明了维度的变化，但我们如何从两个数组的堆栈变成三个数组的堆栈？将5×5×2的输入映射到所需的3×3×3的输出的关键是在训练期间学到的一组核，即滤波器。让我们看看滤波器是如何提供我们想要的映射的。假设此时我们已经知道了滤波器，每个滤波器都是一堆3×3×2的核。一般来说，如果输入栈中有 M 个数组，而我们希望在输出栈中有 N 个数组，使用的核是 $K×K$，那么我们需要一组 N 个滤波器，每一个都是 M 深 $K×K$ 的核堆栈。我们来探讨一下原因。

如果我们把堆栈打散，这样就可以清楚地看到每个元素，我们的输入堆栈看起来是这样的。

$$
0:\begin{bmatrix} -1 & 2 & 2 & -2 & -2 \\ -1 & 0 & 2 & 0 & 2 \\ 1 & 2 & 2 & 1 & -2 \\ -1 & 2 & 2 & 2 & 2 \\ 1 & -1 & 1 & 0 & -1 \end{bmatrix}
$$

$$
1:\begin{bmatrix} 2 & -2 & -1 & -2 & -2 \\ 1 & 1 & 2 & 1 & -2 \\ 2 & 2 & -1 & -1 & 0 \\ -1 & -1 & 2 & -2 & 2 \\ -1 & -2 & 0 & -2 & 0 \end{bmatrix}
$$

我们有两个标记为0和1的5×5矩阵，数值是随机选择的。

为了得到一个三的输出栈，我们需要一组三个滤波器。每个滤波器中的核堆栈有两个深度，以反映输入堆栈中数组的数量。核本身是3×3，所以我们有三个3×3×2的滤波器，我们卷积滤波器中的每个核与相应的输入数组。这三个滤波器是

$$
\begin{array}{cccc}
 & k_0 & k_1 & k_2 \\
0: & \begin{bmatrix} 1 & -1 & 1 \\ 1 & -1 & 0 \\ -1 & -1 & 1 \end{bmatrix} & \begin{bmatrix} 0 & -1 & 0 \\ -1 & 1 & -1 \\ -1 & 1 & 0 \end{bmatrix} & \begin{bmatrix} 1 & 0 & 0 \\ -1 & 0 & 0 \\ 0 & -1 & 0 \end{bmatrix} \\
1: & \begin{bmatrix} -1 & 0 & 0 \\ 1 & 1 & -1 \\ 0 & 0 & 1 \end{bmatrix} & \begin{bmatrix} 0 & 1 & 0 \\ 0 & 1 & 1 \\ 0 & 0 & 0 \end{bmatrix} & \begin{bmatrix} -1 & 1 & 1 \\ 1 & 0 & 1 \\ -1 & 0 & 0 \end{bmatrix}
\end{array}
$$

其中我们添加了0和1的标签，以显示哪些内核被应用于哪些输入栈阵列。我们也有一个偏置向量，就像我们对传统神经网络层所做的那样。这是一个向量，每个核栈有一个值，我们在最后加入，以帮助卷积层的输出与数据对齐，就像我们对传统神经网络层所做的那样。偏置为该层增加了一个自由度——可以学习的东西更多，以帮助该层从数据中学习到最多的东西。对于我们的例子，偏置向量是 $\boldsymbol{b}=\{1,0,2\}$，是随机选择的。

为了得到输出栈，我们将每个滤波器的每个核与相应的输入阵列进行卷积，将得到的输出元素相加，然后加上偏置值。对于滤波器 k_0，我们将第一个输入阵列与第一个核相融合，得到

$$\begin{bmatrix} -1 & 2 & 2 & -2 & -2 \\ -1 & 0 & 2 & 0 & 2 \\ 1 & 2 & 2 & 1 & -2 \\ -1 & 2 & 2 & 2 & 2 \\ 1 & -1 & 1 & 0 & -1 \end{bmatrix} * \begin{bmatrix} 1 & -1 & 1 \\ 1 & -1 & 0 \\ -1 & -1 & 1 \end{bmatrix} = \begin{bmatrix} -3 & -7 & -1 \\ 1 & -4 & 3 \\ -1 & 1 & -3 \end{bmatrix}$$

注意，我们用 * 来表示完整的卷积操作，这是相当标准的。我们对 k_0 中的第二个内核重复这一操作，将其应用于输入的第二个数组。

$$\begin{bmatrix} 2 & -2 & -1 & -2 & -2 \\ 1 & 1 & 2 & 1 & -2 \\ 2 & 2 & -1 & -1 & 0 \\ -1 & -1 & 2 & -2 & 2 \\ -1 & -2 & 0 & -2 & 0 \end{bmatrix} * \begin{bmatrix} -1 & 0 & 0 \\ 1 & 1 & -1 \\ 0 & 0 & 1 \end{bmatrix} = \begin{bmatrix} -3 & 3 & 6 \\ 6 & -1 & -2 \\ -6 & -1 & -1 \end{bmatrix}$$

最后，我们将两个卷积输出相加，并加入偏置值。

$$\begin{bmatrix} -3 & -7 & -1 \\ 1 & -4 & 3 \\ -1 & 1 & -3 \end{bmatrix} + \begin{bmatrix} -3 & 3 & 6 \\ 6 & -1 & -2 \\ -6 & -1 & -1 \end{bmatrix} = \begin{bmatrix} -6 & -4 & 5 \\ 7 & -5 & 1 \\ -7 & 0 & -4 \end{bmatrix} + 1 = \begin{bmatrix} -5 & -3 & 6 \\ 8 & -4 & 2 \\ -6 & 1 & -3 \end{bmatrix}$$

这样我们就得到了第一个输出数组，即滤波器 k_0 对输入堆栈的应用。

我们对滤波器 k_1 和 k_2 重复这个过程，得到它们的输出，这样，对于给定的输入，最后的卷积层输出是

$$\begin{bmatrix} -5 & -3 & 6 \\ 8 & -4 & 2 \\ -6 & 1 & -3 \end{bmatrix} \begin{bmatrix} -1 & 2 & -6 \\ 4 & -3 & 1 \\ 0 & -3 & -5 \end{bmatrix} \begin{bmatrix} -5 & 0 & -3 \\ 0 & 0 & -5 \\ 7 & -3 & 4 \end{bmatrix}$$

其中，我们将堆叠的阵列并排写在一起，是一个 $3 \times 3 \times 3$ 的输出，如愿以偿。

我们的卷积层例子将一个 $5 \times 5 \times 2$ 的输入映射到一个 $3 \times 3 \times 3$ 的输出。如果我们天真地使用全连接层，我们将得到一个含有 $50 \times 27 = 1350$ 个权重的权重矩阵，需要学习。相比之下，卷积层每个滤波器只用了 $3 \times 3 \times 2$ 的权重，三个滤波器总共有 54 个权重，不包括偏置值。这显著减少了。

12.4.2　使用卷积层

前面的例子告诉我们卷积层是如何工作的。现在我们来看看卷积层的效果。想象一下，我们已经训练了图 12-3 所示的网络，所以我们有了通过网络运行未知图像所需的权重和偏置。（你会在本章小结中看到如何训练 CNN。）

图 12-3 中网络的第一层是一个卷积层，它将 $28 \times 28 \times 1$ 的输入，即单通道灰度数字图像，用 32 个 3×3 核的滤波器映射到 $26 \times 26 \times 32$ 的输出。因此，我们知道输入图像和输出之间的权重适合于一个 $3 \times 3 \times 1 \times 32$ 的数组：3×3 为核大小，1 为输入通道数，32 为滤波器中核的数量。

训练结束后，滤波器的 32 个 3×3 核到底是什么样子的呢？我们可以从训练后的模型中提取它们，并将它们打印成一组 32 个 3×3 的矩阵。下面是前两个。

$$\begin{bmatrix} 0.022 & 0.163 & 0.152 \\ 0.032 & 0.104 & 0.290 \\ -0.322 & -0.345 & -0.221 \end{bmatrix}\begin{bmatrix} 0.141 & 0.239 & 0.311 \\ 0.005 & -0.026 & 0.215 \\ -0.158 & -0.370 & -0.207 \end{bmatrix}$$

这很好,但对于建立关于核作用的直觉没有特别大的帮助。

我们也可以通过将矩阵转换为图像来可视化滤波器的核。为了得到图像形式的核,我们首先注意到所有的核值恰好都在[-0.5,+0.5]的范围内,所以如果我们在每个核值上加上0.5,我们就把这个范围映射到了[0,1]。在这之后,乘以255将核值转换为字节值,与灰度图像使用的数值相同。此外,0的值现在是127,这是一个中间灰度值。

经过这种转换,核可以显示为灰度图像,其中负的核值更接近于黑色,而正的核值更接近于白色。不过,还需要最后一步,因为映射的核仍然只有3×3像素。最后一步是将3×3的图像放大到64×64像素。我们将以两种不同的方式扩大尺度。第一种是使用最近邻采样来显示核的块。第二种是使用Lanczos滤波器,它可以平滑图像,使其更容易看到核的方向。图12-4显示了核图像,上面是块状版本,下面是平滑版本。

这些图像代表了图12-3中模型的第一个卷积层学到的32个核。这些图像中有足够的细节暗示,这些内核正在选择特定方向的结构,就像产生图12-2右下方图像的核一样,它强调对角线结构。

现在让我们把注意力转移到核的效果上。核对输入的MNIST图像做了什么?我们可以通过这些核来运行MNIST图像的样本,方法是将每个核与样本(这里是"3")进行卷积,并遵循与产生前面的核图像类似的过程,其结果是一组32张26×26的图像,我们在显示它们之前再次将其放大到64×64。图12-5显示了这个结果。

图12-4中显示的核的顺序与图12-5中的图像相匹配。例如,图12-4的右上角图像显示的核在左上角是浅色的,在右下角是深色的,这意味着它将沿着从左下角到右上角的对角线检测结构。将这个内核应用于样本的输出是图12-5的右上角。我们看到,核增强的三个部分主要是从左下角到右上角的对角线。注意,这个例子很容易解释,因为输入是一个单通道的灰度图像。这意味着没有像我们之前看到的更一般的操作那样,对各通道的核输出进行求和。

通常情况下,CNN的第一个卷积层会学习选择特定方向、纹理的核,如果输入的图像是RGB,则选择颜色。对于灰度的MNIST图像,方向是最重要的。在CNN中更高的卷积层学习的核也在选择东西,但对核所选择的东西的解释变得越来越抽象,越来越难以理解。值得注意的是,CNN的第一个卷积层学到的核与哺乳动物大脑中的第一层视觉处理非常相似。这就是检测线条和边缘的初级视觉皮层或V1层。此外,请记住,一组卷积层和池化层是为了学习一个新的特征表示:输入图像的新表示。这个新的表征能更好地分离类别,以便全连接层能更容易地区分它们。

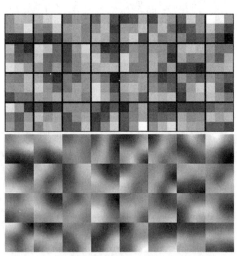

图12-4　第一卷积层的32个学习核(上),平滑化的版本更清楚地显示了方向(下)

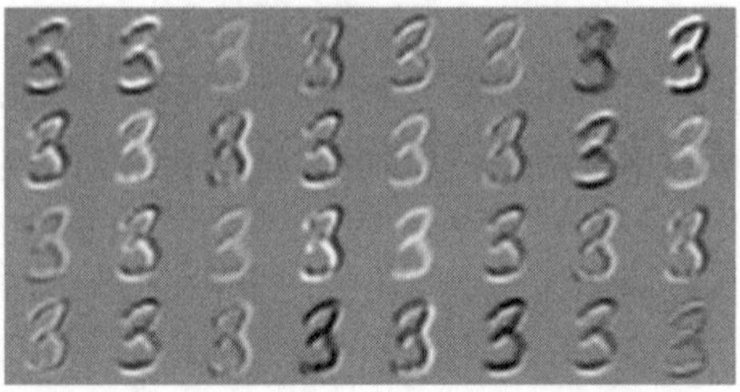

图12-5　应用于MNIST输入样本的32个核

12.4.3　多卷积层

大多数CNN都有一个以上的卷积层。这样做的一个原因是，随着对网络的深入，要建立起受输入的更大部分影响的特征。这就引入了感受野和有效感受野的概念。这两个概念是相似的，而且经常被混淆。我们可以通过图12-6来解释这两个概念。

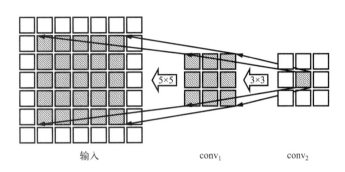

输入　　　　　　　$conv_1$　　　　　　　$conv_2$

图12-6　感受野

该图显示了两个卷积层的输出和模型的输入。我们只显示输出的相关部分，使用的是3×3核。我们也忽略了滤波器的深度，因为感受野（接下来定义）在卷积层输出的不同深度上都是一样的。

图12-6应该按照箭头所示从右到左阅读。这与数据在网络中的流动方向相反。在这里，我们回过头来看早期的层，看看是什么影响了上一层的输出值。这些方块是输出值。最右边的阴影方块是$conv_2$的一个输出。这是我们回看的起点，看看是什么影响了这个值。箭头指向影响$conv_2$的阴影值的$conv_1$的输出。$conv_2$中的值有一个3×3的感受野，因为它直接受到$conv_1$的3×3阴影输出的影响。这就是我们要定义的感受野：前一层的输出直接影响当前层的输出。

如果我们看一下直接影响$conv_1$的3×3阴影区域的输入值的集合，我们会看到一个5×5的区域。这是有道理的：$conv_1$的每个阴影输出都有一个接受域，是输入的3×3区域。感受野是3×3，因为$conv_1$的核是3×3的核。它们重叠在一起，所以阴影下的5×5输入区域就是所有阴影下的$conv_1$输出所影响的地方。

再看一下最右边的阴影输出值。如果我们回溯所有可能影响到输入的值，我们会发现输入的阴影5×5区域可以影响其值。这个输入区域是$conv_2$的最右边阴影输出的有效感受野。这个输出值最终会对输入图像中最左边阴影区域的情况做出反应。随着CNN的深入，随着更多的卷积层，我们可以看到有效感受野是如何变化的，因此，更深的卷积层的工作值最终来自模型输入的越来越大的部分。

12.4.4　初始化卷积层

在第9章中，我们看到，传统神经网络的性能受到用于学习权重和偏置的随机初始化类型的强烈影响。对于CNN来说也是如此。回顾一下，卷积层的权重是核的值。它们是在反推期间学习的，就像传统神经网络的权重一样。当我们设置网络时，我们需要一个智能的方法来初始化这些值。幸运的是，传统神经网络的最佳初始化方法也直接适用于卷积层。例如，Keras默认使用Glorot初始化，正如我们在第9章中所看到的，它在其他工具包中有时被称为Xavier初始化。

现在让我们从卷积层转到池化层。这些层比较简单，但执行的是一个重要的功能，尽管有些争议。

12.5　池化层

我们最喜欢的图，如图12-3，显示了前两个卷积层之后的池化层。这个池化层接收一个24×24×64的输入堆栈，并产生一个12×12×64的输出堆栈。池化部分被标记为"2×2"。这里发生了什么？

关键是"2×2"。这意味着，对于64个24×24的输入，我们在输入上移动一个2×2的滑动窗口，并进行类似卷积的操作。在图12-3中没有明确指出的是，跨度也是2，这样滑动的2×2窗口就会跳两下，以避免自己重叠。通常情况下是这样的，但不需要必须这样。由于池化操作是在堆栈中按输入进行的，所以输出时堆栈的大小没有变化。这与卷积层经常做的事情相反。

让我们看看应用于堆栈中单一输入的池化操作，一个24×24的矩阵。图12-7向我们展示了正在发生的事情。

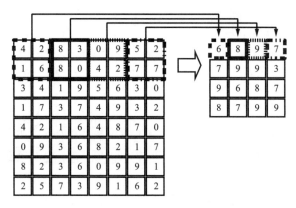

图12-7　对一个8×8的输入应用2×2的最大池化

第一个2×2值被映射到第一个输出值。然后我们移过两个，将下一个2×2区域映射到输出，以此类推，直到整个输入被映射。对每个2×2区域进行的操作由CNN的架构师决定。最常见的操作是"选择最大的值"，即最大集合，这就是我们在图12-7中展示的。这也是图12-3中的模型正在进行的操作。另一个相当常见的池化操作是对数值进行平均。

我们可以从图12-7中看到，8×8的输入矩阵被映射为4×4的输出矩阵。这就解释了为什么图12-3中池化层的输出是12×12，每个维度是输入的一半大小。

池化操作是直接的，但丢掉了信息。那么，为什么要这样做呢？池化的主要动机是为了减少网络中的数值的数量。通常情况下，随着深度的增加，卷积层使用的滤波器的数量也会增加，这是设计上的原因。我们看到，即使是图12-3的简单网络也是如此，第一个卷积层有32个滤波器，而第二个卷积层有64个。因此，第二个卷积层输出24×24×64=36864个值，但在2×2池化之后，只有12×12×64=9216个值可以使用，减少了75%。需要注意的是，我们说的是在网络中移动数据时存在的数值数量，而不是各层中学习的参数数量。图12-3中的第二个卷积层有3×3×32×64=18432个学习参数（忽略偏置值），而池化层没有学习参数。

在输出中减少数值的数量，也就是我们对输入的表示，可以加快计算速度，并作为正则器来防止过拟合。第9章的正则化技术和原理对CNN同样有效。然而，由于池化丢弃了信息并选择代理来代表卷积层输出的整个区域，因此它改变了输入部分之间的空间关系。这种空间关系的损失对于某些应用来说可能是至关重要的，并促使像Geoffrey Hinton这样的人通过引入其他类型的网络来消除池化［搜索"胶囊网络"（capsule networks）］。

具体来说，Hinton在回答Reddit上询问他在机器学习上最有争议的观点的问题时，对池化层说了以下的话："卷积神经网络中使用的池化操作是一个很大的错误，而它工作得很好的事实是一场灾难。如果池子不重叠，池子就会失去有关事物所在位置的宝贵信息。我们需要这些信息来检测物体各部分之间的精确关系。"

他在答案中进一步阐述，指出允许池化操作重叠确实以一种粗略的方式保留了一些空间关系。一个重叠的池化操作可能是使用一个2×2的窗口，就像我们在图12-7中使用的那样，但使用1的跨度而不是2。

撇开顾虑不谈，池化层是目前实现的CNN的一个重要部分，但在将其添加到模型中时要小心。现在让我们来看看CNN的顶层，即全连接层。

12.6　全连接层

在图12-3的第二行，所有以扁平（flatten）层开始的层构成了模型的全连接层。该图使用了Keras的术语。许多人把密集（dense）层称为全连接层，并认为在softmax层之前有一个扁平化操作作为它的一部分，还有激活函数（ReLU）和可选的丢弃率（dropout）。因此，图12-3中的模型只有一个全连接层。

我们之前说过，卷积层和池化层的净效果是将输入特征（比如说图像）的表示方法改变为使模型更容易推理的一种。在训练过程中，我们要求网络学习一种不同的，通常是更紧凑的输入表示，以帮助模型在未见过的输入上表现得更好。对于图12-3中的模型，所有的层，包括池化层（以及它之后的训练用的丢弃层）都是为了学习输入图像的新表示。在这种情况下，全连接层就是模型：它将接受新的表示，并最终根据它进行分类。

全连接层就是这样，全部连接。图12-3的9216个元素的扁平化最终的池化层（12×12×64=9216）和128个元素的密集层之间的权重与我们构建传统神经网络时相同。这意味着有9216×128=1179648个权重加上额外的128个偏置值需要在训练中学习。因此，在图12-3的模型中的1199882个参数（权重和偏置）中，98.3%的参数是在最后的池化层和全连接层之间的过渡。这说明了一个重要的问题：全连接层在需要学习的参数方面很昂贵，就像传统的神经网络一样。理想情况下，如果特征学习层、卷积层和池化层能够很好地完成它们的工作，我们可能期望只需要一个或两个全连接层。

除了内存的使用，全连接层还有一个缺点，会影响它们的效用。为了了解这个缺点是什么，请考虑以下情况：你希望能够在灰度图像中找到数字。为简单起见，假设背景是黑色的。如果你使用在MNIST数字上训练如图12-3所示的模型，你会有一个非常擅长识别28×28像素图像中的数字的模型，但是如果输入的图像很大，你不知道数字在图像中的位置，更不知道有多少个数字。那么事情就变得有点有趣了。图12-3的模型希望输入的图像是28×28像素大小，而且只有这个大小。在第13章中，我们将作为一个实验详细研究这个问题，但现在，让我们讨论一下全卷积层，这是可能解决在CNN中使用全连接层的这个缺点的办法。

12.7　全卷积层

在上一节中，我说过，图12-3的模型期望输入的图像是28×28像素，而且只有这个尺寸。让我们来看看为什么。

在这个模型中，有许多种层。有些，如ReLU和丢弃层，对流经网络的数据的维度没有影响。卷积层、池化层和全连接层的情况就不一样了。让我们逐一看一下这些层，看看它们是如何与输入图像的维度联系起来的。

卷积层实现了卷积操作。根据定义，卷积包括在某个输入图像上移动一个固定尺寸的内核（这里考虑的是纯粹的二维）。该操作中没有任何东西指定了输入图像的尺寸。图12-3中第一个卷积层的输出是26×26×32。32来自架构所选择的滤波器的数量。

26×26来自在28×28的输入上使用3×3的卷积核，没有填充。如果输入图像是64×64像素，这一层的输出将是62×62×32，我们不需要做任何事情来改变网络的结构。CNN的卷积层对其输入的空间尺寸是不可知的。

图12-3中的池化层接受24×24×64的输入，产生12×12×64的输出。正如我们之前看到的，池化操作很像卷积操作：它在输入上滑动一个固定大小的窗口，在空间上产生一个输出，在这种情况下，输出是输入维度的一半，而深度保持不变。同样，在这个操作中没有任何东西固定了输入堆栈的空间尺寸。如果输入堆栈是32×32×64，这个最大池化操作的输出将是16×16×64，而不需要改变架构。

最后，我们有一个全连接层，将12×12×64=9216的池化输出映射到一个128元素的全连接（密集）层。正如我们在第8章中所看到的，全连接神经网络在其实现过程中使用了层间权重矩阵。池化层的输出有9216个元素，密集层有固定的128个元素，所以我们需要一个9216×128元素的矩阵。这个大小是固定的。如果我们用更大的，比如说32×32的输入图像来使用网络，当我们通过池化层时，输出大小将是14×14×64=12544，这就需要一个现有的12544×128权重矩阵来映射到全连接层。当然，这是不可能的。我们训练了一个使用9216×128矩阵的网络。CNN的全连接层固定了CNN的输入大小。如果我们能绕过这一点，假设内存允许的话，我们可以将任何大小的输入应用到CNN上。

我们可以天真地在较大的输入图像上滑动一个28×28的窗口，通过我们训练的模型运行每个28×28像素的图像，并输出一个较大的地图，其中每个像素现在有一个该数字出现的概率。有10个数字，所以我们会有10张输出图。这种滑动窗口方法当然有效，但它的计算成本很高，就像许多简单化的算法实现一样。

幸运的是，我们可以做得更好，将全连接层转换为一个等价的卷积层，使模型成为一个全卷积网络。在全卷积网络中，没有全连接层，我们也不限制使用固定的输入大小。当网络是完全卷积时，输入大小和输出之间的关系我们将在第13章中看到，但基本的操作是看最后一个标准卷积层或池化层的大小，用一个使用相同大小核的卷积层替换后面的全连接层。

在图12-3中，池化层的输出是12×12×64。因此，代替我们看到的固定输入大小的128元素全连接层，我们可以通过将全连接层改为12×12×128的卷积层，在数学上得到相同的计算结果。在12×12的输入上卷积一个12×12的核，会产生一个单一的数字。因此，12×12×128卷积层的输出将是一个1×1×128的数组，这与我们最初使用的全连接层的128个输出在功能上是一样的。此外，12×12的核和12×12的输入之间的卷积操作是简单地将核值逐元素乘以输入值，然后求和。这就是全连接层对其每个节点的操作。

这样使用卷积层时，我们在参数数量上没有任何节省。我们可以从图12-3看出这一点。池化层输出的9216个元素乘以全连接层的128个节点，意味着我们有9216×128=1179648个权重+128个偏置项，全连接层和全卷积层都需要。当转移到12×12×128卷积层时，我们有12×12×64×128=1179648个权重需要学习，与之前相同。然而，现在我们也可以自由地改变输入大小，因为12×12×128卷积层会自动对任何更大的输入进行卷积，给我们的输出表示网络对输入的28×28区域的应用，其跨度由网络的具体结构决定。

全卷积网络源于Long、Shelhamer和Darrell在2014年发表的论文《用于语义分割的全卷积网络》（*Fully Convolutional Networks for Semantic Segmentation*），截至本文写作时，该论文已被引用超过19000次。语义分割这一短语指的是为输入图像的每个像素分配一个类别标签。目前，语义分割的首选架构是U-Net［见Ronneberger、Fischer和Brox于2015年所著"U-Net: Convolutional Networks for Biomedical Image Segmentation"（U-Net:卷积网络用于生物医学图像分割）］，它已经获得了广泛的成功，尤其是在医学领域。

我们已经讨论了主要的CNN层，即图12-3中的那些。我们还可以讨论更多的层，但是它们通常超出了我们想要在这个层面上介绍的内容，只有一个例外，即批处理规范化，我们将在第15章进行实验。为了响应活跃的研究项目，新的层类型一直在增加。然而，最终，核心包括我们在本章中讨论过的层。现在让我们继续前进，看看一个经过训练的CNN是如何处理未知输入的。

12.8　运行情况分析

在前面的章节中，我们讨论了我们的示例CNN的结构和层，如图12-3。在本节中，我们将说明网络的运行情况，看看它是如何对两个新的输入（一个是"4"，另一个是"6"）做出反应的。我们假设网络已经完全训练好了，我们将在第13章中对其进行真实训练。

输入的图像被逐层传递到模型中

$$input \rightarrow conv_0 \rightarrow conv_1 \rightarrow pool \rightarrow dense \rightarrow softmax$$

使用训练好的权重和偏置来计算每一层的输出。我们将这些称为激活。第一个卷积层的输出是32个26×26图像的堆栈，是输入图像对32个核的响应。然后，这个堆栈被传递到第二个卷积层以产生64个24×24的输出。注意，在两个卷积层之间有一个ReLU操作，该操作将输出剪辑，使任何本来是负数的东西现在变成0。如果没有这个非线性，两个卷积层的净效果就像一个单一的卷积层。有了ReLU施加的非线性，我们就可以让两个卷积层学习到关于数据的不同东西。

第二个ReLU操作使64个24×24的输出堆叠为0或正。接下来，一个2×2的最大池化操作将64个输出减少到12×12的大小。在这之后，一个标准的全连接层从12×12的激活堆中的9216个值中产生128个输出值作为一个向量。由此，通过softmax计算出一组10个输出，每个数字一个。这些是网络的输出值，代表了网络对输入图像应该被分配到哪个类别标签的置信度。

我们可以通过显示输出图像来说明激活情况：第一卷积层为26×26，第二卷积层为24×24，或池化层为12×12。为了显示全连接层的激活，我们可以制作一个128条的图像，其中，每条的强度代表向量值。图12-8显示了我们两个样本数字的激活情况。

请注意，图像是倒置的，所以颜色越深对应的激活值越强。我们没有显示softmax的输出。这些值是

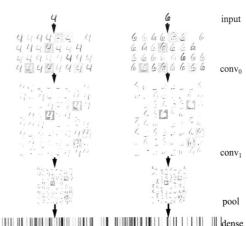

图12-8　每层的模型激活（输出是倒置的：更深的颜色意味着更强的激活）

	0	1	2	3	4	5	6	7	8	9
4	0.00	0.00	0.00	0.00	0.99	0.00	0.00	0.00	0.00	0.00
6	0.00	0.00	0.00	0.00	0.00	0.00	0.99	0.00	0.00	0.00

表明在这两种情况下，模型对应该分配的类别标签非常有信心，而且事实上它也是正确的。

回顾图12-8，我们看到第一个卷积层的输出只是单一输入图像（灰度）和该层的核的响应。这让人想起了图12-2，在那里我们看到卷积可以被用来突出输入图像的各个方面。在ReLU操作之后，第二个卷积层的64个滤波器的响应，每个都是32个核的堆叠，似乎是在挑选出输入图像中的不同部分或笔画。这些可以被认为是一组较小的组件，输入是由这些组件构成的。第二次ReLU和池化操作保留了第二卷积层输出的大部分结构，但将其大小减少到以前的四分之一。最后，全连接层的输出显示了从输入图像中得出的模式，我们期望这个新的表示方法比原始图像输入更容易分类。

图12-8的密集层输出彼此不同。这就提出了一个问题：对于四位数和六位数的几个实例，这些输出是什么样子的？即使在这些数值中，我们是否可以看到一些共同点？我们可能期望有，因为我们知道这个网络已经被训练过，并且在测试集上取得了超过99%的高精确度。让我们看看通过网络运行测试集中的10张"4"和10张"6"图像，并比较密集层的激活情况。

这就得到了图12-9。

图12-9   4和6的10个实例的密集层激活（输出是倒置的：颜色越深意味着激活越强）

在左边，我们看到模型的实际输入。右边是全连接层中128个输出的表示，也就是进入softmax的那个。每个数字都有一个特定的模式，这是每个数字的共同点。然而，也有变化。中间的"4"有一个很短的茎，我们看到它在完全连接层的表示也与其他所有的例子不同。不过，这个数字还是被模型成功地称为"4"，其确定度为0.999936。

图12-9提供了证据，证明该模型在输入表示方面学会了我们希望它学会的东西。softmax层将密集层的128个元素映射到10个，即计算softmax概率的输出节点。这实际上是一个简单的传统神经网络，没有隐含层。这个较简单的模型成功地对图像进行了正确的标记，因为输入的新表示法在分离类别方面做得更好，所以即使是一个简单的模型也能做出可靠的预测。它的成功还因为训练过程同时优化了这个顶层模型的权重和产生模型输入的低层的权重，所以它们相互促进。有时你会在文献中看到这被称为端到端训练。

我们可以通过查看MNIST测试数据的密集层激活图来证明特征被更好地分离这一说法。当然，我们不能看实际的图，因为我不知道如何将128维的图可视化，但一切都没有失去。机器学习社区创造了一个强大的可视化工具，叫做t-SNE，对我们来说，幸运的是，它是sklearn的一部分。这个算法智能地将高维空间映射到低维空间，包括二维空间。如果我们通过模型运行1000个随机选择的MNIST测试图像，然后通过t-SNE运行产生的128维密集层激活，我们可以产生一个二维图，其中类别之间的分离反映了128维空间中的实际分离。图12-10就是这个结果。

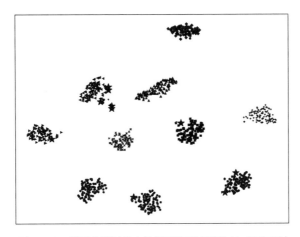

图12-10 模型将测试样本按类别分开的程度（t-SNE图）

在这个图中，每个类别使用不同的图符。如果模型没有对样本进行正确分类，则显示为一个较大的星星。在这种情况下，只有少数样本被错误分类。按类别类型的分离是非常明显的，模型已经学会了一种表示方法，使它在大多数情况下直接决定正确的类别标签。在t-SNE图中，我们可以轻易地数出10个不同的斑点。

小结

在本章中，我们介绍了卷积神经网络的主要组成部分。这些是现代深度学习的主力网络，特别是对于视觉任务，因为它们有能力从空间关系中学习。我们通过一个模型来对MNIST数字进行分类，并详细介绍了新的处理层，包括卷积层和池化层。然后我们了解到，CNN的全连接层是我们在前面几章中了解到的传统神经网络的类似物。

接下来，我们看到如何修改全连接层以实现对更大输入的操作。最后，我们看到当样本图像通过网络时产生的激活，并看到卷积层和池化层是如何一起工作以产生输入的新表征的，这种表征有助于在特征空间中分离类别，从而实现高精确度。

在下一章中，我们将继续研究CNN，但不是理论，而是用实际的例子来研究网络的各种参数和训练时使用的超参数如何影响模型的性能。这将帮助我们建立关于未来如何使用CNN的直觉。

第13章

基于 Keras 和 MNIST 的实验

在上一章中，我们介绍了 CNN 的基本组件和功能。在本章中，我们将使用第 12 章中的测试模型。我们将首先学习如何在 Keras 中实现和训练它。之后，我们将进行一系列的实验，以建立我们对不同架构和学习参数选择如何影响模型的直觉。

从那时起，我们将超越对简单输入图像的分类，并通过将其转换为能够处理任意输入并在输入中出现的任何地方定位数字的全卷积模型来扩展该网络。

在全卷积网络之后，我们将在深度学习的海洋里遨游得更深一些，并实现第 7 章中的承诺：我们将探索 CNN 在加干扰的 MNIST 数字实验中的表现。我们在第 10 章中看到，加了扰动的数字的像素使我们几乎无法看到数字是什么，但对传统神经网络解释数字的能力几乎没有影响。CNN 也是如此吗？我们会找到答案的。

13.1 在 Keras 中构建 CNN

图 12-3 中的模型在 Python 中使用 keras 库就可以直接实现。我们将首先列出代码，对其进行解释，然后运行它，看看它产生什么样的输出。这段代码自然分为三个部分：第一部分是加载 MNIST 数据并进行 Keras 配置；第二部分是建立模型；第三部分是训练模型并将其应用于测试数据。

13.1.1 加载 MNIST 数据

清单 13-1 是我们代码的第一部分。

```
import keras
from keras.datasets import mnist
from keras.models import Sequential
from keras.layers import Dense, Dropout, Flatten
from keras.layers import Conv2D, MaxPooling2D
from keras import backend as K

batch_size = 128
num_classes = 10
epochs = 12
img_rows, img_cols = 28, 28

❶ (x_train, y_train), (x_test, y_test) = mnist.load_data()

❷ if K.image_data_format() == 'channels_first':
```

```
        x_train = x_train.reshape(x_train.shape[0], 1, img_rows, img_cols)
        x_test = x_test.reshape(x_test.shape[0], 1, img_rows, img_cols)
        input_shape = (1, img_rows, img_cols)
    else:
        x_train = x_train.reshape(x_train.shape[0], img_rows, img_cols, 1)
        x_test = x_test.reshape(x_test.shape[0], img_rows, img_cols, 1)
        input_shape = (img_rows, img_cols, 1)

❸ x_train = x_train.astype('float32')
   x_test = x_test.astype('float32')
   x_train /= 255
   x_test /= 255

❹ y_train = keras.utils.to_categorical(y_train, num_classes)
   y_test = keras.utils.to_categorical(y_test, num_classes)
```

清单13-1 加载和数据预处理

Keras是一个相当大的工具包，由许多模块组成。我们首先导入库，然后从中导入特定的函数。MNIST模块让我们可以从Keras中访问MNIST数据，序列模型类型是用来实现CNN的。我们的CNN将需要一些特定的层，就是我们在图12-3中看到的那些层。Dense、Dropout、Flatten、Conv2D和Max-Pool2D，所有这些都是我们导入的。Keras支持大量的其他层。我鼓励你花些时间看看他们的文档页面。

接下来，我们设置学习参数，包括历时数（epochs）、类别（class）和小批次大小（minibatch）。有10个类，图像是28×28像素的灰度。和sklearn一样，在Keras中，你指定了历时的数量（训练集的全部通过），而不是应该处理的小批次的数量。Keras会在每个历时中自动处理整个训练集，以小批次的大小为一组，这里是一次128个样本。回顾一下，MNIST的训练集由60000个样本组成，所以使用整数除法，每个历时至少有60000/128=468个小批次。如果Keras使用余数，即没有建立一个完整的小批次的样本，则会有469个。请记住，每个小批次过程都会产生一个梯度下降步骤：网络参数的更新。

在加载了MNIST训练和测试数据后❶，出现了几行代码，这些代码一开始可能有些神秘❷。Keras是一个更高级的工具包，它使用潜在的不同的低级别后端。在我们的例子中，后端是TensorFlow，我们在第1章中安装了它。不同的后端期望以不同的形式输入模型。image_data_format函数返回一个字符串，表明底层工具包希望在哪里看到卷积层的通道或滤波器的数量。TensorFlow后端返回channel_last，意味着它期望图像被表示为$H×W×C$的三维数组，其中H是图像高度，W是图像宽度，C是通道数量。对于像MNIST这样的灰度图像，通道数为1。代码对输入的图像进行了重新格式化❷，以符合Keras期望看到的结果。

接下来的代码块将字节图像值转换为范围为[0,1]的浮点数❸。这是对输入数据所做的唯一的缩放，这种类型的缩放是处理图像的CNN的典型做法。

最后，to_categorical函数被用来将y_test中的类标签映射为单热向量表示❹，这也是Keras希望看到的标签方式。正如我们将看到的，这个模型有10个输出，所以映射为一个有10个元素的向量：每个元素都是0，除了索引与y_test中的标签对应的元素。这个元素被设置为1。例如，y_test[333]属于类6（一个"6"数字）。在调用to_categorical之后，y_test[333]变成了

```
array([0.,0.,0.,0.,0.,0.,1.,0.,0.,0.], dtype=float32)
```

其中所有条目都是0，只有索引6是1。

13.1.2　建立我们的模型

有了数据集的预处理，我们可以建立模型。清单13-2中的代码建立的正是我们在图12-3中用图片定义的模型。

```
model = Sequential()
model.add(Conv2D(32, kernel_size=(3, 3),
                 activation='relu',
                 input_shape=input_shape))
model.add(Conv2D(64, (3, 3), activation='relu'))
model.add(MaxPooling2D(pool_size=(2, 2)))
model.add(Dropout(0.25))
model.add(Flatten())
model.add(Dense(128, activation='relu'))
model.add(Dropout(0.5))
model.add(Dense(num_classes, activation='softmax'))

model.compile(loss=keras.losses.categorical_crossentropy,
              optimizer=keras.optimizers.Adadelta(),
              metrics=['accuracy'])

print("Model parameters = %d" % model.count_params())
print(model.summary())
```

清单13-2　建立MNIST模型

Keras将模型定义为序列（Sequential）类的一个实例。该模型是通过向该实例添加层来建立的，因此所有调用使用了add方法。添加的参数是新的层。层是从输入端向输出端添加的，所以我们需要添加的第一个层是二维卷积层，在输入图像上使用3×3核。注意，我们没有指定图像的数量，也没有指定小批次的大小，Keras会在模型组装和训练时为我们处理这些。现在，我们正在定义架构。

使用图12-3中定义的架构，第一层是一个Conv2D层。第一个参数是滤波器的数量，这里是32。核的大小是一个元组（3,3）。核不需要是方形的，因此核的宽度和高度也是方形的。有可能你的输入部分的空间关系用一个非正方形的核来检测会更好。如果是这样，Keras可以让你使用一个。也就是说，几乎所有实际使用的内核都是方形的。在核之后，我们定义一个激活函数，应用于卷积层的输出，这里使用ReLU作为激活函数。这个层的输入形状是通过input_shape明确定义的，我们在前面看到我们的MNIST模型使用TensorFlow后端，形状是一个元组（28,28,1）。

接下来，我们添加第二个卷积层。这个卷积层有64个滤波器，也是使用3×3的核，并在输出上使用ReLU激活。注意，我们不需要在这里指定形状。Keras知道输入的形状，因为它知道前一个卷积层输出的形状。

接下来是最大池化。我们明确指出池子的大小是2×2，隐含的跨度是2。如果我们想在这里使用平均池化，我们会用AveragePooling2D替换MaxPooling2D。

池化之后是我们的第一个丢弃层，它使用25%的概率来丢弃一个输出，这里是最大池化层的输出。我们之前讨论过Keras是如何将全连接层的操作分离成扁平层和密集层的。这允许更精细的架构的控制。我们添加了一个扁平层，将池化输出映射成一个向量，然后将这个向量传递给密集层，实现经典的全连接层。密集层有128个节点，使用ReLU作为激活函数。如果我们想在密集层的输出上进行丢弃，我们需要明确地添加它，所以我们以50%的概率添加一个。

最后的密集层有10个节点，每个可能的类标签都有一个节点。激活被设置为softmax，以便在该层的输入上获得softmax输出。由于这是我们定义的最后一层，该层的输出，即10个类别中每个类别的softmax概率，是整个模型的输出。

为了配置模型进行训练，我们需要调用编译方法。这将设置训练时使用的损失函数（loss）和要使用的具体优化器（optimizer）。度量（metrics）关键字用于定义训练期间要报告的度量指标。在我们的例子中，我们使用的是分类交叉熵损失，它是二元交叉熵损失的多类版本。我们在第9章中描述了这个损失函数，它是许多CNN的首选损失函数。

我们需要更深入地讨论优化器的关键词。在第9章中，我们介绍了梯度下降和更常见的版本——随机梯度下降。正如你所期望的那样，机器学习界并不满足于简单地使用这种算法，已经做了很多研究，看看它是否可以在训练神经网络方面得到改进。这导致了梯度下降的多种变化的发展，其中Keras支持许多改进版本。

如果我们愿意，我们可以在这里使用经典的随机梯度下降法。然而，这个例子使用的是一个叫作Adadelta的变体。这本身就是Adagrad算法的一个变种，它试图在训练中智能地改变学习率（步长）。出于实际目的，我们应该把Adadelta看作是随机梯度下降的改进版。Keras还支持其他优化方法，我们不打算在这里介绍，但你可以在Keras文档中阅读，特别是Adam和RMSprop。

在调用编译后，我们的模型被定义了。方便的方法count_params和summary生成了描述模型本身特征的输出。当我们运行代码时，我们会看到它们生成的输出类型。

13.1.3 训练和评价模型

最后，在定义了数据和模型后，我们可以在测试数据上训练并评价模型。这方面的代码在清单13-3中。

```
history = model.fit(x_train, y_train,
            batch_size=batch_size,
            epochs=epochs,
            verbose=1,
            validation_data=(x_test, y_test))
score = model.evaluate(x_test, y_test, verbose=0)
print('Test loss:', score[0])
print('Test accuracy:', score[1])
model.save("mnist_cnn_model.h5")
```

清单13-3 训练和测试MNIST模型

拟合方法使用提供的训练样本（x_train）和相关类别标签的独热（one-hot）向量版本（y_test）来训练网络。我们还传入了历时的数量和小批次的大小。将verbose设置为1将产生清单13-4中的输出。最后，我们有验证_data。在这个例子中，我们有点马虎，传入了所有的测试数据，而不是保留一些用于最终测试（这毕竟只是一个简单的例子）。通常情况下，我们会保留一些测试数据，在最终模型训练完成后使用。这可以确保在这些被保留的测试数据上的结果代表我们在野外使用模型时可能遇到的情况。

请注意，fit方法会返回一些东西。这是一个history对象，它的history属性持有训练和验证损失和准确率值的每个历时的总结。如果我们愿意的话，可以用这些来制作总结图。

一旦模型训练完成，我们可以通过调用evaluate方法和传入测试数据得到一个分数，类似于sklearn的分数。该方法返回一个列表，其中包括模型在所提供的数据上的损失和准确率，我们只需将其打印出来。

我们可以使用save方法将模型本身写到磁盘上供将来使用。注意文件的扩展名。Keras在HDF5文件中转储了模型。HDF5是一种在科学界广泛使用的通用分层数据格式。在这种情况下，该文件包含模型的所有权重和偏置以及层结构。

运行这段代码会产生清单13-4中所示的输出。

```
Using TensorFlow backend.
Model parameters = 1199882


Layer (type)                    Output Shape               Param #
=================================================================
conv2d_1 (Conv2D)               (None, 26, 26, 32)         320
conv2d_2 (Conv2D)               (None, 24, 24, 64)         18496
max_pooling2d_1 (MaxPooling2    (None, 12, 12, 64)         0
dropout_1 (Dropout)             (None, 12, 12, 64)         0
flatten_1 (Flatten)             (None, 9216)               0
dense_1 (Dense)                 (None, 128)                1179776
dropout_2 (Dropout)             (None, 128)                0
dense_2 (Dense)                 (None, 10)                 1290
=================================================================
Total params: 1,199,882
Trainable params: 1,199,882
Non-trainable params: 0


Train on 60000 samples, validate on 10000 samples
Epoch 1/12-loss:0.2800 acc:0.9147 val_loss:0.0624 val_acc:0.9794
Epoch 2/12-loss:0.1003 acc:0.9695 val_loss:0.0422 val_acc:0.9854
Epoch 3/12-loss:0.0697 acc:0.9789 val_loss:0.0356 val_acc:0.9880
Epoch 4/12-loss:0.0573 acc:0.9827 val_loss:0.0282 val_acc:0.9910
Epoch 5/12-loss:0.0478 acc:0.9854 val_loss:0.0311 val_acc:0.9901
Epoch 6/12-loss:0.0419 acc:0.9871 val_loss:0.0279 val_acc:0.9908
Epoch 7/12-loss:0.0397 acc:0.9883 val_loss:0.0250 val_acc:0.9914
Epoch 8/12-loss:0.0344 acc:0.9891 val_loss:0.0288 val_acc:0.9910
Epoch 9/12-loss:0.0329 acc:0.9895 val_loss:0.0273 val_acc:0.9916
Epoch 10/12-loss:0.0305 acc:0.9909 val_loss:0.0296 val_acc:0.9904
Epoch 11/12-loss:0.0291 acc:0.9911 val_loss:0.0275 val_acc:0.9920
Epoch 12/12-loss:0.0274 acc:0.9916 val_loss:0.0245 val_acc:0.9916
Test loss: 0.02452171179684301
Test accuracy: 0.9916
```

清单13-4　MNIST训练输出

我们排除了低级别的TensorFlow工具包的一些信息和警告信息，并浓缩了输出，使其在文本中更容易理解。

在运行开始时，Keras通知我们TensorFlow是我们的后端。它还向我们显示了训练数据的形状，即现在熟悉的60000个样本，形状为28×28×1（×1，因为图像是灰度的）。我们也有通常的10000个测试样本。

接下来是一份关于模型的报告。这个报告显示了层的类型、层的输出形状以及层中的参数数量。例如，第一个卷积层使用了32个滤波器和3×3的核，所以输入为28×28的输出将是26×26×32。所列出的"None"（无）是在通常情况下小批次中的元素数所在的地方。打印结果只显示了各层之间的关系。因为架构中没有任何东西改变了小批次中的元素数量，所以没有必要明确提及小批次元素（因此是"无"）。滤波器的参数是3×3×32，加上额外的32个偏置项，列出了320个参数。

正如第12章中提到的，模型中的大部分参数都在扁平层和密集层之间。名为dense_2的层是softmax层，将密集层的128个元素映射到softmax的10个元素：128×10+10=1290，其中额外的10个是偏置项。请注意，丢弃层和池化层没有参数，因为在这些层中没有什么可以学习。

在关于模型结构的报告之后，我们得到了拟合训练调用的粗略输出。我们要求使用128个样本的小批次进行12次历时——12次完整的训练数据。输出中列出了每一次的统计资料。我们看到损失随着我们的训练而下降，如果模型正在学习，这是预期的，而且训练数据的准确率（acc）也在上升。在训练过程中，验证数据被用来测试模型，但这些数据并不被用来更新模型的权重和偏置。验证数据上的损失也随着每个历时的推移而下降，但速度更慢。我们不希望看到的是验证损失上升，尽管它会有一些跳跃，特别是在验证集不是很大的情况下。我们看到验证准确率（val_acc）有一个相反的效果。它在每个训练历时都在上升。如果模型开始过拟合，我们会看到这个准确率在某个时间点后下降。这就是验证数据的价值：告诉我们何时停止训练。

最后两行输出是模型在传递给评估方法的测试样本上的损失和准确率。因为在这个例子中，验证集和测试集是一样的，所以这两行与epoch 12的输出一致。这个模型的最终准确率是99.16%——肯定是一个非常好的准确率。

13.1.4　绘制误差

我们可以使用保存的历史记录来绘制损失或误差（1-准确率）作为训练历时的函数。这些图的形状相似，所以我们在图13-1中只显示误差图。

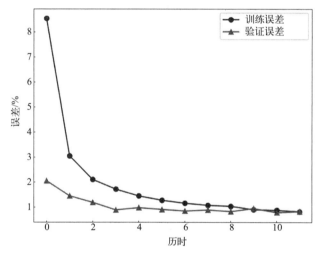

图13-1　MNIST训练和验证误差与历时的关系

训练数据的误差迅速下降，正如我们之前所看到的，随着训练的继续，误差会趋于0。在这种情况下，验证误差略微下降，然后在一个与训练误差相似的值上趋于平稳。在本书的这一点上，当你看到图13-1时，你的脑子里可能会响起警钟。最初的训练误差大于最初的验证误差！这是为什么？

情况的全部原因很难说清，但其中一个组成部分是在网络中使用了丢弃（dropout）。dropout只适用于训练期间，由于层中节点的下降，dropout实际上是一次训练许多模型，最初，在模型"稳定下来"之前，会造成很大的误差，而且每一个历时（epoch）的误差会下降。我们可以看到这里的情况可能是这样的，因为如果我们简单地注释清单13-4中的丢弃层并重新训练，我们会得到一个新的错误图，见图13-2。

在图13-2中，我们看到验证误差很快就变得比训练误差大，正如我们所期望的那样。此外，我们看到最终的验证误差比图13-1的最终验证误差大得多，大约是10%对1%。这也是我们所期望的，如果丢弃真的是一个合理的东西，而它确实是。还要注意的是，到了第12个历时，无论

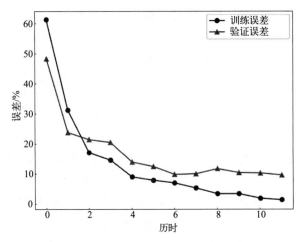

图13-2   在没有丢弃层的情况下，MNIST 的训练和验证误差与历时的关系

是否存在丢弃层，训练集的误差都是大致相同的。

最后，我们在图13-1和图13-2中看到的一些情况是由于Keras报告训练和验证准确率的方式造成的。在一个历时结束时报告的训练准确率（和损失）是整个历时的平均值，但是，当然，随着模型的学习，这是在变化的，并趋于增加。然而，报告的验证准确率是模型在历时结束时的情况，所以有时训练准确率有可能被报告为低于验证准确率。

现在我们已经看到了如何建立一个简单的CNN并在数据集上运行它，我们可以开始尝试使用CNN了。当然，我们可以进行无限多的实验，但是我们需要把自己限制在一些基本的探索上。希望这些能激励你自己去探索更多。

13.2   基础实验

当我们删除丢弃层时，已经做了一些实验。我们所有的实验都遵循相同的一般模式：制作一个稍有不同的模型版本，对其进行训练，然后针对测试集进行评估。我们将尝试三种不同类型的实验。第一种类型是修改模型的结构，去除丢弃层就属于这种类型。第二种类型是探索训练集大小、最小批次大小和历时数之间的相互作用。最后一种类型改变了训练中使用的优化器。

在这三种情况下，为了避免过多的代码列表，我们将简单地评论上一节中代码的变化，并理解其余的代码在实验中是相同的。我们将对实验进行编号，你可以将结果与编号相匹配，找到实验的实际Python源代码。

在上一节中，我们用整个训练集60000个样本进行训练，用整个测试集10000个样本进行验证并作为最终测试集。在这里，我们将限制自己使用前1000或1024个训练样本作为整个训练集。此外，我们将使用测试集的前1000个样本作为验证集，并将最后的9000个样本保留给我们在训练完成后使用的最终测试集。我们将报告这9000张在训练期间未见过的图像的准确性。结果将包括基线模型的准确率和参数数量，以便进行比较。

请记住，除非另有说明，我们提出的准确率代表每个实验的单一训练会话（session）。如果你自己运行这些实验，你应该得到稍微不同的结果，但这些轻微的差异不应该超过改变模型和/或训练过程所带来的更大的准确率差异。

最后，本节中的模型是多类的，所以我们可以检查混淆矩阵，看看模型是如何犯错的。然而，为每个实验做这件事将是极其乏味的。相反，我们将使用总体准确率作为我们的衡量标准，在这种情况下相信它是一个充分的衡量标准。

13.2.1 架构实验

架构的修改意味着删除或增加新的层或改变一个层的参数。我们做了一些结构上的修改，并将所得到的准确率编入表13-1。

表13-1 修改模型架构的结果

Exp实验编号	修改	测试准确率	参数
0	基线方法	92.70%	1199882
1	池化操作前增加conv$_3$（3×3×64）	94.30%	2076554
2	复制conv$_2$和下面的池化层	94.11%	261962
3	将conv$_1$ 3×3×32改为5×5×32	93.56%	1011978
4	密集层节点数改为1024	92.76%	9467274
5	conv$_1$、conv$_2$中的滤波器数量减半	92.38%	596042
6	第二个密集层含有128节点	91.90%	1216394
7	密集层节点数改为32	91.43%	314090
8	去掉池化层	90.68%	4738826
9	卷积层之后不使用ReLU	90.48%	1199882
10	去掉conv$_2$	89.39%	693962

在表13-1中，首先给出了基线结果和模型大小，然后是各种实验，从最准确到最不准确。让我们看看这个表并解释一下结果。

首先，我们看到在第二个卷积层之后增加第三个卷积层（实验1）提高了模型的性能，但也增加了876672个参数。增加网络的深度似乎可以提高模型的性能，但代价是增加参数的数量。

然而，在实验2中，我们也通过重复第二个卷积层和下面的池化层来增加网络的深度，但由于第二个池化层的存在，网络中的参数总数下降了937920。对于几乎相同的性能来说，这节省了很多。这表明深度是好的，但明智地使用池化层以保持较少的参数数量也是好的。对于这个数据集，实验2是一个坚实的架构，可以使用。

接下来，我们看到实验3是调整第一个卷积层的核大小，导致了相对于基线的改进。第一卷积层有更多的参数（832对320），但由于使用精确卷积时的边缘效应，当我们到达扁平层的输出时，只有7744个值，而基线模型有9216个。这意味着扁平层和密集层之间的大矩阵从1179776个参数下降到991360个参数，其结果是模型的整体参数减少了187904个。

这很好：性能更好，需要学习的参数更少。实验3的变化有什么坏处吗？其实没有。相反，人们可能会认为，调整第一个卷积层的核大小使模型更适合数字图像中的空间信息，从而使卷积层和池化层学到的新表征在分离类别方面更好。一般来说，第一个卷积层，即处理模型输入的那一层，似乎有一个最佳的核大小。该核的大小与输入的空间结构有关：一些核的大小能更好地检测出输入的特征，而这些特征能更好地分离类别。这个一般规则似乎对更高的卷积层不适用，在那里，普遍的智慧是对大多数卷积层使用3×3核，除了第一个。

我们可以把实验3和实验2结合起来吗？当然可以。我们只需让实验2的第一个卷积层使用5×5核而不是3×3核。如果这样做，我们会得到一个整体准确率为94.23%的模型，只需要188746个参数。通过这个微不足道的改变，我们只用了9%的参数就达到了实验10的性能。

你可能很想简单地增加密集层的大小，这个层可以被认为是使用它下面的卷积层和池化层发现的新特征表示。然而，这样做（实验4）的结果是，总体准确率没有真正提高，但参数数量却大幅增加。我们知道原因：扁平层和密集层之间的9216×128权重矩阵现在是9216×1024矩阵。显然，对于CNN来说，我们希望创建最好的特征表示，以便可以使用更简单的顶层。

实验5可以使模型明显变小，减少603840个参数，同时还可以通过简单地将每个卷积层中学习的滤波器数量减半来达到相同的总体精度。$conv_1$中的滤波器从32减为16，$conv_2$中的滤波器从64减为32。这也是一个很好的优化，只要准确率上的微小差异（也许在这种情况下毫无意义）是可以接受的。如果我们再看一下图12-8，可以看到，特别是对于有64个滤波器的第二个卷积层来说，许多滤波器的响应都非常相似。这意味着有一些多余的滤波器并没有为提交给密集层的新特征表示增加多少。尽管学习的滤波器数量减少了一半，但仍有一些滤波器学会了捕捉输入数据的重要方面，用来区分类别。

实验7关注的是密集层节点，实验6增加了第二个密集层。两者都没有提供真正的好处。对于实验7，由于9216×128的矩阵权重变成了9216×32的矩阵，模型参数的数量变化很大。然而，32个节点似乎并不是利用新特征表示的理想数字。实验6的第二个密集层在增加学习的参数数量方面并不是太可怕，但也没有给我们带来什么好处。如果我们使用一个更大的训练集，可能会得到一些改善。但我们会把这个问题留给读者来解决。

在上一章中，我们读到了对池化层的批评意见。如果我们完全去掉池化层（实验8）会怎样？首先，我们看到，相对于基线模型，准确率下降了。更糟糕的是，我们看到网络的规模急剧增加，从1199882个参数增加到4738826个，增加了近4倍。这是由于扁平层输出的元素数量增加，从9216个增加到36864个，导致权重矩阵为36864×128+128=4718720个元素。这个例子说明了为什么我们要使用池化层，即使它们带来的代价是失去了关于物体部分相对位置的信息。

基线模型中的每个卷积层都在其输出上使用ReLU。实验9是去除这些ReLU操作导致测试集上的准确率下降2%。很明显，ReLU在一定程度上起了作用。它可能在做什么？当与卷积层的输出一起使用时，ReLU将更多强烈激活的反应保留给滤波器，即积极的反应，而抑制消极的反应。这似乎有助于学习输入的新表征的整个过程。

最后，实验10完全删除了$conv_2$。这对整体准确性的影响最大，因为此时传递给密集层的特征完全是基于第一个卷积层滤波器的输出。模型没有机会从这些输出中学习，并根据第二个卷积层看到的更大的有效感受野来探索滤波器的反应。

然而，鉴于我们在实验3的结果中所看到的，增加了第一卷积层所使用的核大小，我们可能会想，这种从3×3到5×5核的变化是否可以在一定程度上补偿第二卷积层的损失。幸运的是，这是很容易测试的。我们只需将$conv_1$的3×3核参数改为5×5并再次训练。这样做验证了我们的直觉：结果整体准确率增加到92.39%，几乎与基线模型相同。另外，这个5×5模型只有592074个参数，就模型参数的数量而言，这种改变是很廉价的。

从所有这些结果中看，我们是否有一个赢家，一个精简而高效的架构？我们有——这就是实验2，第一个卷积层的核为5×5。在Keras中，为了构建这个架构，我们需要清单13-5中的代码。

```
model = Sequential()
model.add(Conv2D(32, kernel_size=(5, 5),
                activation='relu',
                input_shape=input_shape))
model.add(Conv2D(64, (3, 3), activation='relu'))
model.add(MaxPooling2D(pool_size=(2, 2)))
```

```
    model.add(Dropout(0.25))

    model.add(Conv2D(64, (3, 3), activation='relu'))
    model.add(MaxPooling2D(pool_size=(2, 2)))
    model.add(Dropout(0.25))

    model.add(Flatten())
    model.add(Dense(128, activation='relu'))
    model.add(Dropout(0.5))
    model.add(Dense(num_classes, activation='softmax'))
```

清单13-5 构建实验2的架构

我们简单地重复了Conv2D、MaxPooling2D和Dropout层，并使用（5,5）作为第一层的核的大小。

如果我们使用MNIST训练集的60000个样本来训练这个模型，得到的最终测试集的准确率为99.51%，误差为0.49%。这是使用10000个样本。根据benchmarks.ai（一个追踪当前不同机器学习数据集上的最好成绩的网站），最先进的MNIST误差是0.21%，所以我们不是最先进的，但我们比清单13-4中默认架构的99.16%的准确率要好。

13.2.2 训练集尺寸、小批次和历时

这些实验考察了训练集大小、小批次大小和历时数量之间的相互作用。我们的模型将是之前使用的默认模型，即实验0，但这次我们将使用1024个样本作为训练集。我们将使用2的幂作为最小批次大小，这是一个方便的大小，因为我们所有的小批次大小都是均分的。

回顾一下，Keras和sklearn一样，通过一定数量的历时运行，或者说通过训练集的全部次数。此外，小批次大小（batch_size）指定了每个迭代中使用的样本数量，之后，平均误差［交叉熵损失（the cross-entropy loss）］被用来更新参数。因此，每处理一个小批次就会导致一个梯度下降步骤，训练集的大小除以小批次大小就是每个历时采取的梯度下降步长的数量。

在我们的实验中，将使用以下小批次大小。

```
    1, 2, 4, 8, 16, 32, 64, 128, 256, 512, 1024
```

对于1024个样本的训练集（每个数字大约100个），每个历时的梯度下降的步数是这个列表的反向。小批次大小为1的情况下步数为1024，小批次大小为1024的情况下步数为1。

让我们生成两张图。第一幅图将绘制两种情况下的最终测试集准确率：不管小批次数量大小的固定梯度下降步数，也不管小批次大小的固定历时数。第二张图将显示每种情况下训练模型的时间。获得这些图的代码在实验26～31（固定梯度下降步数）和实验32～42（固定的历时数量）中。

图13-3中，测试集准确率作为小批次大小的函数，是五次运行的平均值，误差条给出了平均值的标准误差。让我们来看看无论小批次大小如何，梯度下降步数的固定数量（三角形）。在一些工具箱中，这被称为使用固定的迭代次数，其中迭代是指导致梯度下降步骤的一次更新。

梯度下降的步数被固定为1024。这意味着我们需要改变历时的数量，这取决于训练集里有多少小批次。对于每次更新使用一个样本的情况（batch_size=1），我们在一个历时中得到所需的1024步，所以我们将历时数设置为1。对于2个小批次大小，我们在每个历时中得到512步，所以我们在代码中把历时数设置为2，以得到总体的1024步。这种模式继续下去：为了得到每个小批次大小的1024个梯度下降步数，我们需要将历时数设置为小批次的大小。

　　我们看到，除了最小的小批次大小，当固定梯度下降步骤的数量时，我们得到非常一致的整体精度。在小批次大小为16个之后，情况没有太大变化。CNN的一般规则是使用较小的小批次大小。这似乎有助于对不像MNIST那样简单的数据集进行模型泛化，而且，正如我们很快就会看到的那样，大大减少了训练时间。

　　图13-3的第二条曲线显示了固定历时数量（圆圈）的准确性。如果我们改变小批次的大小，但不增加训练历时的数量，使梯度下降步数保持不变，我们将使用更大更好的梯度估计。但我们也将采取更少的步骤。我们看到，这样做很快就会导致准确性大幅下降。我们不应该感到惊讶。在小批次大小为1的情况下，训练了12个历时数，我们的模型花了12×1024=12288个梯度下降步数。当然，在这种情况下，梯度估计是特别嘈杂的，因为我们只用一个训练样本来估计它，但通过大量的步数，我们还是得到了一个表现良好的模型。当我们到达1024个样本的小批次时，也就是我们的训练集的大小，只用了12个梯度下降步骤就结束了。难怪结果如此之差。

　　本节的第二个图是图13-4。

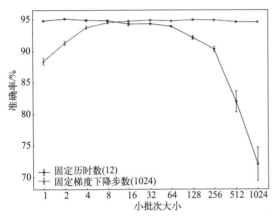

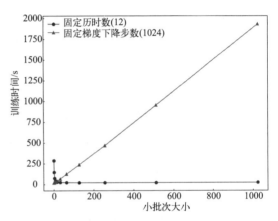

图13-3　MNIST测试集的准确率是小批次大小和固定梯　　　　图13-4　模型训练时间是小批次大小和固定梯度下
　　　　度下降步数或固定历时数的函数　　　　　　　　　　　　　　降步数或固定历时数的函数

　　和以前一样，让我们从固定的梯度下降步数（三角形）开始。我们立即看到，训练时间与小批次大小成线性比例。这是合理的，因为我们刚刚看到，我们需要增加历时的数量来保持梯度下降步数不变，同时增加小批次大小。因此，通过网络的数据量按比例增加，所以前向和后向训练所需的时间也会按比例增加。由此我们可以看出，大的小批次大小会花费时间。

　　对于一个固定的历时数，我们看到了一个不同的故事。对于极小的小批次大小，训练时间会由于前向和后向的次数而增加。就一个小批次的情况而言，需要12288个这样的传递，正如我们刚刚看到的。然而，当我们到了甚至一次32个样本的小批次时，每个历时只需要传递1024/32=32次，整个训练过程中共有384次。这比最小的小批次尺寸要少得多，所以我们可能期望这个目前尺寸或更大尺寸下的小批次的训练时间大致上是恒定的，正如我们在图13-4中看到的那样。

　　从这两张图中我们可以得出什么结论？如下：为了平衡运行时间和准确性，我们希望使用的小批次大小足以给我们一个合理的梯度估计，但又希望足够小，对于固定数量的模型更新（梯度下降步数），我们可以快速训练。这表明，一般来说，小批次的大小在16～128之间。事实上，对深度学习文献的回顾表明，大多数应用的小批次几乎都在这个范围内。在这个例子中，根据图13-3（三角形），超过16的小批次大小的模型在精度上基本相同，但是根据图13-4

（三角形）使用16的小批次大小的模型的训练时间与1024大小的模型相比，是几秒，而不是大约30min。

13.2.3　优化器

到目前为止，我们所有的实验都使用了相同的梯度下降算法或优化器Adadelta。让我们来看看，如果改变优化器，但不改变其他一切，我们的MNIST模型会怎样。我们的模型是实验0，也就是本章中我们一直在使用的模型。我们将继续使用1000个测试样本进行验证，并使用9000个样本来确定我们的最终准确性。但是，我们不使用前1000个或1024个训练样本，而是增加到前16384个样本。和以前一样，我们将小批次的大小固定为128，历时的数量固定为12。我们将以五次运行的平均值和标准误差来报告结果。

Keras目前支持以下优化器：随机梯度下降（SGD）、RMSprop、Adagrad、Adadelta和Adam。我们将依次使用其中的每一个进行训练。对于Adagrad、Adadelta和Adam，我们按照Keras文档中的建议，将参数保持在默认设置。对于RMSprop，Keras文档建议调整的唯一参数是学习率（lr），我们将其设置为0.01，这是一个典型值。对于SGD，我们也将学习率设置为0.01，并将标准动量设置为0.9，也是一个非常典型的值。代码见实验43～47。

图13-5显示了每个优化器的测试集准确率（顶部）和训练时间（底部）。

首先，注意到每个优化器产生的结果之间没有太大差别。这是个好消息。然而，通过观察误差条，似乎很明显，Adadelta、Adagrad和Adam的表现都比SGD或RMSprop略好。这在深度学习文献中也得到了证实，尽管每个数据集都应该独立看待。

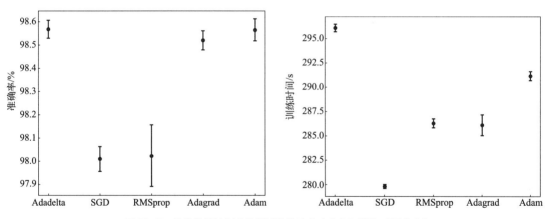

图13-5　按优化算法划分的测试集准确率（上）和训练时间（下）

就训练时间而言，不同的优化器也大致相当，尽管SGD最快，而且一直如此。这种性能差异对于一个非常大的数据集来说可能是很重要的。在基本相同的性能下，Adam也一直比Adadelta快。同样，这些结果在SGD和Adam都被广泛使用的文献中也很明显。

本节对与改变模型结构和训练参数有关的微小细节进行了透彻的阐述。希望它能帮助你形成关于如何配置CNN和如何训练它的直觉。在这个领域很难提出经验法则，但我已经给出了一些一般性的指导。然而，这些规则的例外情况比比皆是，你必须简单地尝试，观察结果，并在遇到新的数据集时进行调整。

现在让我们从对简单的输入进行分类转向回答如何制作一个能在任意图像中定位目标的模型。

13.3　全卷积网络

我们在第 12 章中介绍了全卷积网络。让我们把基本 MNIST CNN 模型转换为全卷积版本，看看如何用它来定位更大图像中的数字。我们的基本方法是像以前一样，使用全连接层来训练模型，然后创建一个全卷积版本，并用全连接模型的权重来更新。然后，我们可以将新模型应用于任意大小的输入，以定位数字（希望如此）。

13.3.1　构建和训练模型

首先，我们在完整的 MNIST 数据集上训练我们的基础模型。我们要做的唯一改变是训练 24 个历时，而不是 12 个。这个过程的输出是一个 HDF5 文件，其中包含训练后的权重和偏置。然后我们需要做的就是通过改变全连接层来创建全卷积版本，并将旧模型的权重和偏置复制到新模型中。

这方面的代码很简单，如清单 13-6 所示。

```
   from keras.models import Sequential, load_model
   from keras.layers import Dense, Dropout, Flatten
   from keras.layers import Conv2D, MaxPooling2D

❶ weights = load_model('mnist_cnn_base_model.h5').get_weights()

   model = Sequential()
   model.add(Conv2D(32, kernel_size=(3, 3),
                    activation='relu',
              ❷ input_shape=(None,None,1)))
   model.add(Conv2D(64, (3, 3), activation='relu'))
   model.add(MaxPooling2D(pool_size=(2, 2)))
   model.add(Dropout(0.25))

❸ model.add(Conv2D(128, (12,12), activation='relu'))
   model.add(Dropout(0.5))

❹ model.add(Conv2D(10, (1,1), activation='softmax'))

❺ model.layers[0].set_weights([weights[0], weights[1]])
   model.layers[1].set_weights([weights[2], weights[3]])
   model.layers[4].set_weights([weights[4].reshape([12,12,64,128]), weights[5]])
   model.layers[6].set_weights([weights[6].reshape([1,1,128,10]), weights[7]])

   model.save('mnist_cnn_fcn_model.h5')
```

清单 13-6　创建经过训练的全连接模型

在导入必要的 Keras 模块后，我们从全连接模型 ❶ 中加载训练好的权重。然后，我们构建完全卷积版本，就像我们为完全连接版本所做的那样。然而，有一些关键的区别。首先是与输入卷积层 ❷ 有关的。在全连接模型中，我们指定了输入图像的大小，即 28×28 像素的一个通道（灰度）。对于全卷积的情况，我们不知道输入的大小，所以用 None 代替宽度和高度。我们知道输入将是一个单通道图像，所以保留 1。

由于密集层要求我们必须使用固定大小的输入，我们用等效的卷积层 ❸ 来代替它们。我们用

```
model.add(Flatten())
model.add(Dense(128, activation='relu'))
```

代替

```
model.add(Conv2D(128, (12,12), activation='relu'))
```

（12,12）是上面的最大池化（max-pooling）层的输出大小，128是要学习的滤波器的数量，代表了之前的128个节点。同样，这里的关键点是这个卷积层的输出是1×1×128，因为将12×12的输入与12×12的核进行卷积会产生一个单一的输出值。不同的是，卷积层不像扁平和密集的组合那样与任何固定的输入大小相联系。

最后的 softmax 层也需要做成完全卷积的❹。有10个输出，每个数字一个，激活也保持不变。这个层的输入是1×1×128，所以覆盖它的核的大小是1×1。同样，如果我们通过数学计算，会发现1×1×128的输入到1×1×10的卷积层与128个节点映射到下一层的10个节点的全连接层相匹配。这里的区别是，如果输入大于1×1，我们仍然可以对其进行卷积。

现在我们已经构建了完全卷积版本的模型，我们需要将训练好的全连接模型的权重复制到它上面❺。我们将训练好的权重加载到权重中。这是一个 NumPy 数组的列表，用于逐层显示权重和偏置。所以，weights[0] 是指第一个 Conv2D 层的权重，weights[1] 是偏置。同样地，weights[2] 和 weights[3] 是第二个卷积层的权重和偏置值。我们通过 set_weights 方法更新适当的层，在新的全卷积模型中设置它们。第0层和第1层是两个卷积层。

第4层是新的 Conv2D 层，取代了原模型中的扁平层和密集层。在这里，当我们设置权重时，我们需要重新塑造它们，以符合卷积层的形式。12×12×64×128，这是对一个12×12的核映射到64个输入，得到128个输出。64是上面池化层的12×12输出的数量。

最后，我们设置输出层的权重。同样，我们需要将它们重塑为1×1×128×10的1×1×128输入和10输出。两个新的 Conv2D 层的偏置在 weights[5] 和 weights[7] 中，所以我们也把它们加进去。

全卷积模型现在已经定义好了，并且完全填充了全连接模型的权重和偏置。图13-6显示了

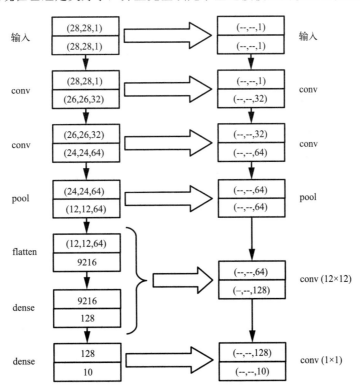

图13-6　将一个全连接模型（左）映射到一个全卷积模型（右）

模型之间的映射，左边是原始架构，右边是完全卷积架构。盒子代表层，最上面的一组数字是输入，最下面的是输出。对于全卷积模型，输入的高度和宽度是任意的，并用"--"标记。

剩下的事情就是把新的全卷积模型写到磁盘上，就可以使用了。让我们来看看怎么做。

13.3.2　制作测试图像

为了测试全卷积模型，我们首先需要有数字的图像。与我们的训练图像不同的是，这些图像很小，中间只有一个数字，我们需要更大的测试图像，在任意的位置包含许多数字。MNIST数据集由黑色背景上的灰色阴影组成，因此，我们的测试图像也应该有一个黑色背景。这将使测试图像与训练图像来自同一"领域"，正如我们之前所强调的，这一点至关重要。使模型适应不同的数据域是一个活跃的研究领域。

通过使用Python和MNIST测试集的数字来制作测试图像是很简单的。我们没有使用测试集的图像进行训练，所以用它们来制作我们更大的测试图像并不是作弊。代码显示在清单13-7中。

```
import os
import sys
import numpy as np
import random
from PIL import Image

os.system("rm -rf images; mkdir images")

if (len(sys.argv) > 1):
    N = int(sys.argv[1])
else:
    N = 10

x_test = np.load("data/mnist/mnist_test_images.npy")

for i in range(N):
  ❶ r,c = random.randint(6,12), random.randint(6,12)
    g = np.zeros(r*c)
  ❷ for j in range(r*c):
        if (random.random() < 0.15):
            g[j] = 1
    g = g.reshape((r,c))
    g[:,0] = g[0,:] = g[:,-1] = g[-1,:] = 0

  ❸ img = np.zeros((28*r,28*c), dtype="uint8")
    for x in range(r):
        for y in range(c):
            if (g[x,y] == 1):
              ❹ n = random.randint(0, x_test.shape[0])
                im = x_test[n]
                img[28*x:(28*x+28), 28*y:(28*y+28)] = im

    Image.fromarray(img).save("images/image_%04d.png" % i)
```

清单13-7　建立大型MNIST测试集图像

我们正在利用我们在第5章中创建的MNIST测试集文件。我们也可以通过Keras快速加载测试图像，就像我们之前为基本CNN实验所做的那样。代码本身创建了一个输出目录images，并从命令行中获取要构建的图像数量（如果有的话）。

这些图像的大小是随机的❶。这里，r和c是大图像中的行数和列数，即28×28的MNIST数字的数量。为了决定在哪里放置我们的数字以便它们不会重叠，我们创建了一个网格g，在每个可能的数字位置（其中的r*c）都有一个0或一个1❷。然后我们将网格重塑为一个实际的二维阵列，并将网格的边界位置设置为0，以确保没有数字出现在图像的边缘。

然后，实际的输出图像被定义为，行和列的数量乘以28❸，即MNIST数字的宽度和高度。我们循环检查每个数字位置（x和y），如果该行和该列的网格值是1，那么我们就随机选择一个数字，并将其复制到输出图像（img）的当前行和列的数字位置❹。当每个网格位置都被检查过后，图像被写入磁盘，这样我们就可以用我们的全卷积网络来使用它。

13.3.3 测试模型

让我们来测试一下这个模型——首先在单个MNIST数字上，然后在随机生成的大数字图像上。全卷积模型对单个MNIST数字的工作效果应该和完全连接模型一样好。验证这一论断的代码在清单13-8中。

```
import numpy as np
from keras.models import load_model

x_test = np.load("data/mnist/mnist_test_images.npy")/255.0
y_test = np.load("data/mnist/mnist_test_labels.npy")
model = load_model("mnist_cnn_fcn_model.h5")

N = y_test.shape[0]
nc = nw = 0.0
for i in range(N):
❶  p = model.predict(x_test[i][np.newaxis,:,:,np.newaxis])
   c = np.argmax(p)
   if (c == y_test[i]):
       nc += 1
   else:
       nw += 1
print("Single MNIST digits, n=%d, accuracy = %0.2f%%" % (N, 100*nc/N))
```

清单13-8 验证全卷积模型对单个MNIST数字的作用

我们加载MNIST测试图像和标签，以及全卷积模型，然后在每个测试图像上循环，要求模型做出预测❶。注意，图像是二维的，但我们必须向预测方法传递一个4D数组，因此使用np.newaxis来创建缺失的轴。对数字的预测作为每类概率的一个向量存储在p中。与这些概率最大的标签相关的是模型c分配给输入数字的标签。如果c与实际测试标签相匹配，我们就增加正确预测的数量（nc）；否则，我们就增加错误预测的数量（nw）。一旦10000张测试图像都被处理完毕，就可以输出总体准确率。我训练的全卷积模型的准确率是99.25%。

好吧，全卷积模型的准确率很高，但那又怎样？我们把个位数的图像作为输入传给它，得到一个单一的输出值。我们之前用全连接模型就有这种能力。为了展示全卷积模型的效用，现在把MNIST的大量数字图像作为输入。代码如清单13-9所示。

```
import os
import numpy as np
from keras.models import load_model
from PIL import Image
```

```
model = load_model("mnist_cnn_fcn_model.h5")

os.system("rm -rf results; mkdir results")
n = len(os.listdir("images"))

for i in range(n):
    f = "images/image_%04d.png" % i
❶   im = np.array(Image.open(f))/255.0
    p = model.predict(im[np.newaxis,:,:,np.newaxis])
    np.save("results/results_%04d.npy" % i, p[0,:,:,:])
```

清单 13-9   在大型测试图像集上运行全卷积模型

我们导入必要的模块，然后加载全卷积模型。然后创建一个新的输出目录和结果，并找到大数位图像的数量（n）。接下来，我们在每个大数位图像上进行循环。

在从磁盘加载图像后，注意将其做成 NumPy 数组，并将其缩放为 255，因为训练数据也被缩放为 255❶，我们进行预测，并将模型输出存储在 p 中。注意，我们做了一个 4D 输入来预测，就像我们之前对个位数所做的那样，但这次，im 大于 28×28，包含多个数字。因为模型是全卷积的，这不是一个问题，我们不会得到一个错误。相反，p 是一个 4D 数组，第一维为 1，即输入图像的数量，最后一维为 10，即数字的数量。p 的中间两个维度是传递给预测方法的输入大小的函数。由于输入大于 28×28 像素，整个模型对输入图像进行卷积，就像模型是一个具有 28×28 核的卷积层。具体来说，这个卷积的输出的高度和宽度为

$$h = \frac{H-28}{2}+1, w = \frac{W-28}{2}+1$$

其中 H、W 是输入图像的高度和宽度，h、w 是预测输出阵列的高度和宽度。公式中的 28 是我们最初训练的输入的大小，28×28 个数字图像。分母中神秘的 2 是怎么来的？这就是 28×28 的核在输入图像上的跨度。之所以是 2，是因为 2 是当输入图像进入全卷积输出层时被改变的因子。输入是 28×28，但是，在两个卷积层和池化层之后，输入被映射为 12×12，[28/12] =2。

我们说过 p 中的阵列是 4D 的。现在我们知道我们得到了一个特定大小的输出，基于对输入图像的 28×28 区域的卷积，使用 2 的跨度。我们在 h、w 的每个输出阵列位置得到什么？4D 输出的最后一个元素大小为 10，这些是每类预测的具体 h、w 输出位置，对应于 28×28 的核。

让我们把这个抽象的描述变得更加具体。图 13-7 的左上角显示了其中一张大的输入图像，我们将其倒置，使其成为白底黑字，并添加了一个边框，这样就可以看到图像的完整尺寸。

图 13-7 左上角的图像宽 336 像素，高 308 像素，这意味着将此图像传给模型的输出将是一个 1×141×155×10 的数组，这正是我们从清单 13-9 的输出数组尺寸公式中所期望的。输出数组表示

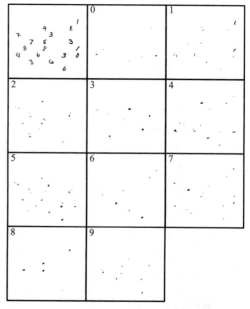

图 13-7   左上角输入图像的全卷积模型的每个数字热图（heatmap）输出（该模型是在标准的 MNIST 数据集上训练的）

模型在输入图像的28×28区域的预测，当使用2的跨度时，每个数字都有一个预测值。例如，如果p是图13-7左边图像的预测方法的4D输出，那么p[0,77,88,:]将返回一个10元素的向量，代表图像中28×28的输入区域的每个数字类的概率，映射为77×88。在这种情况下，我们得到以下结果。

```
array([0.10930195, 0.12363277, 0.131005  , 0.10506018, 0.05257199,
       0.07958104, 0.0947836 , 0.11399861, 0.08733559, 0.10272926],
      dtype=float32)
```

这告诉我们，根据该模型，任何特定的数字在这个位置出现的可能性都不大。我们知道这一点，因为所有的输出概率都远远低于0.5的最小分界线。predict的输出可以被认为是一个概率图，通常称为热图（heatmap），给我们提供该位置有一个数字的概率。该模型的输出可以看作是10个热图，每个数字都有一个。

图13-7的其余图片显示了10个数字中每个数字的热图，同样是倒置的，所以概率越高，颜色越深。热图的阈值为0.98，这意味着任何小于0.98的概率值都被设置为0。这就消除了像我们刚才看到的那些弱的输出。我们只对每个数字的模型的最强反应感兴趣。为了制作热图，我们将模型输出的大小增加一倍，并将输出图像的位置设置为偏移，以考虑卷积输出的位置。这与我们在图12-1中看到的情况类似，在没有使用零填充的情况下，卷积操作返回的输出比输入小。具体来说，产生数字热图的代码在清单13-10中。

```
   import os
   import sys
   import numpy as np
   from PIL import Image

❶ threshold = float(sys.argv[1])
   iname = sys.argv[2]
   rname = sys.argv[3]
   outdir= sys.argv[4]
   os.system("rm -rf %s; mkdir %s" % (outdir, outdir))

❷ img = Image.open(iname)
   c,r = img.size
   hmap = np.zeros((r,c,10))

   res = np.load(rname)
   x,y,_ = res.shape
   xoff = (r - 2*x) // 2
   yoff = (c - 2*y) // 2

❸ for j in range(10):
       h = np.array(Image.fromarray(res[:,:,j]).resize((2*y,2*x)))
       hmap[xoff:(xoff+x*2), yoff:(yoff+y*2),j] = h
   np.save("%s/graymaps.npy" % outdir, hmap)
❹ hmap[np.where(hmap < threshold)] = 0.0
   for j in range(10):
       img = np.zeros((r,c), dtype="uint8")
       for x in range(r):
           for y in range(c):
               ❺ img[x,y] = int(255.0*hmap[x,y,j])
       img = 255-img
       Image.fromarray(img).save("%s/graymap_digit_%d.png" % (outdir, j))
```

清单13-10 构建热图图像

这里我们称输出图像为灰图，因为它们是灰度图像，代表模型对输入图像中不同位置的响应。我们首先传入阈值、源图像名称、模型对该源图像的响应，以及灰度图将被写入的输出目录❶。这个目录每次都会被改写。接下来，源图像被加载以获得其维度❷。这些用于创建输出热图（hmap）。我们还加载相关的模型响应（res），并计算出偏移量。请注意，hmap 的大小与图像相同。然后用调整后的模型响应❸ 填充 hmap 的每个数字灰度图，并将全套灰度图存储在输出目录中。

为了使输出的灰度图像如图 13-7 所示，首先对热图进行阈值处理，将任何小于所提供的截止值的数值设置为 0❹。然后，对于每个数字，创建一个输出图像，并将剩余的热图值简单地缩放 255，因为它们是 [0,1) 范围内的概率❺。然后，在将图像写入磁盘之前，通过从 255 减去来进行反转。这使得较强的激活点变暗，较弱的激活点变亮。由于应用了强阈值（0.98），我们的输出灰度图实际上是二进制的，这就是我们想要表明模型最确定的数字的位置。

让我们回头看看图 13-7，看看是否可以解释这些反应。源图像的右下方有一个 0。如果我们看一下 0 号数字的灰度图，会发现在那个位置有一个暗色的圆点。这意味着模型已经表示出强烈的反应，即在该位置有一个 0 的数字。到目前为止，情况不错。然而，我们也看到模型在输入图像左侧的 4 附近做出了另一个强烈的反应。该模型犯了一个错误。输入中有两个 4。如果我们看一下 4 号数字的灰度图，会看到与这些数字相对应的两个暗斑，但我们也看到在其他不是 4 号的数字附近还有许多小的强激活区域。我们训练的模型在单个 MNIST 测试数字上的准确率超过 99%，那么为什么全卷积模型的反应会如此嘈杂？只要看看当输入不包含任何 2 时，2 的所有微小的强反应。有时，该模型做得很好，比如对于 8，灰度图显示输入中所有 8 的强响应，但对于其他数字，如 7，它做得很差。还有，根本就没有 5，模型却返回了很多。

这里是我们拓展思维和直觉的一个机会。我们在标准的 MNIST 数字数据集上训练该模型。这个数据集中的所有数字在图像中都很居中。然而，当模型在大的输入图像上进行卷积时，会有很多时候，输入到模型中的不是一个中心良好的数字，而只是一个数字的一部分。该模型从未见过部分数字，而且由于它必须给出一个答案，它有时会提供毫无意义的答案——例如，它看到的数字的一部分可能是 6 的一部分，但该模型"认为"它是 5。

一个可能的解决方案是让模型了解 MNIST 的部分数字。我们可以通过在标准的 MNIST 数据集上增加移位的数字来实现这一目的。想象一下，一个 4 被移到了右下方，只有部分数字是可见的。它仍然会被标记为 4，所以模型将有机会学习移位后的 4 数字的样子。制作这个移位数据集的代码在文件 make_shifted_mnist_dataset.py 中，但我们在这里只展示制作输入 MNIST 数字移位副本的函数。这个函数对每个训练和测试图像都要调用四次（以创建一个移位的测试数据集）。我们保留原始的居中数字和四个随机移位的副本，以制作一个 5 倍于原始数字的数据集。随机移位函数是：

```
def shifted(im):
    r,c = im.shape
    x = random.randint(-r//4, r//4)
    y = random.randint(-c//4, c//4)
    img = np.zeros((2*r,2*c), dtype="uint8")
    xoff = r//2 + x
    yoff = c//2 + y
    img[xoff:(xoff+r), yoff:(yoff+c)] = im
    img = img[r//2:(r//2+r),c//2:(c//2+c)]
    return img
```

im 是以 NumPy 数组形式提供的输入图像。根据输入的大小，我们随机挑选 x 和 y 的移动，可以是正的，也可以是负的，最多为图像大小的四分之一。改变这个限制，比如说三分之一或二分之一，将是值得尝试的。一个新的图像被创建（img），它的大小是原始图像的2倍。然后，原始图像以基于移位的偏移量被放入大图像中，大图像的中心部分，与输入图像的尺寸相匹配，被返回作为输入的偏移量版本。

为了使用增强的数据集，首先需要重新训练全连接的MNIST模型，然后使用新的权重和偏置重建全卷积模型，最后，像以前一样通过模型运行大型测试图像。做完这些，就可以得到新的灰度图（图13-8）。

我们看到了巨大的改进，所以我们有令人印象深刻的证据表明我们的直觉是正确的：最初的模型无法有效地处理部分数字，但当我们在训练时将部分数字包括在内，在实际数字上所产生的

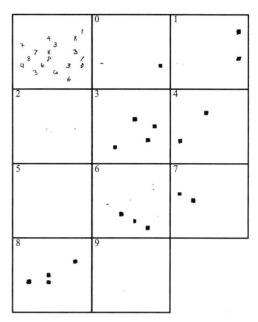

图13-8 左上方输入图像的全卷积模型的每个数字热图输出，该模型是在MNIST数据集上训练的，并通过移动数字来增强

反应是鲁棒的，而对其他数字则非常弱甚至不存在。对于这些结果，我们真的不应该感到惊讶。我们的第一个模型并不代表该模型在现场使用时将看到的输入空间。它对MNIST的部分数字一无所知。第二个模型是在一个能更好地代表可能的输入空间的数据集上训练的，所以它的表现明显更好。

近年来，以这种方式使用全卷积网络已经被其他更先进的技术所取代，我们在本书中没有空间或计算能力来处理这些技术。许多在图像中定位物体的模型输出的不是热图，而是一个覆盖图像的边界框。例如，YOLO模型能够实时检测图像中的物体，它在物体周围使用带有标签的边界框。在第12章中，我们提到语义分割和U-Nets是目前最先进的模型，它们为输入的每个像素分配一个类别标签。这两种方法都很有用，从某种意义上说，它们都是我们刚才在这里展示的全卷积模型方法的扩展。

13.4 加扰动的MNIST数字

在第10章中，我们展示了加扰动MNIST数字（图7-3）中像素的顺序，只要像素的重新映射是确定地应用于每个图像，就不会对传统的神经网络造成问题。它仍然能够很好地进行训练，并像对未加扰动的数字一样有效地分配类别标签，见图10-9。

让我们看看这一点在CNN中是否仍然成立。我们在第5章中制作了加扰动的MNIST数字数据集。我们在这里所要做的就是用它来代替我们的基线CNN模型中的标准MNIST数据集，也就是我们在本章开始时使用的那个。如果我们用加扰动数据训练这个模型，并反复进行训练以获得一些误差条，我们就会得到图13-9。

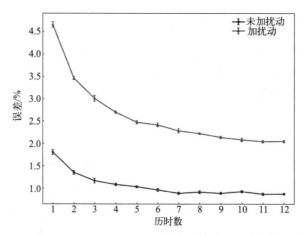

图13-9   在未加扰动和加扰动的MNIST数字上训练的模型的每个历时的测试集误差（六次训练中的平均值和*SE*）

在这里我们看到，与传统的神经网络不同，CNN确实有一些问题：加扰动的测试误差比未加扰动的要高。为什么呢？回顾一下，CNN使用卷积并学习核，帮助创建一个新的输入表示，一个简单的模型，即顶层，可以很容易地用来区分类别。

卷积产生的反应具有空间上的依赖性。在加扰动的情况下，这种空间依赖性大部分被消除了，只有像传统的神经网络一样，将数字图像作为一个整体来考虑，才能做出类别判断。这意味着CNN的下层几乎没有什么可供学习的。当然，CNN仍在学习，最后在处理加扰动时比传统模型做得更好，大约2%的误差对4.4%，但加扰动和未加扰动之间的区别更明显。

小结

在本章中，通过与MNIST数据集的合作，我们建立了对CNN的直觉。我们探索了基本架构变化的效果，了解了训练集大小、小批次大小和训练历时数之间的相互作用，并探索了优化算法的效果。

我们看到了如何将一个使用全连接层的模型转换成一个全卷积模型。然后我们学习了如何应用该模型在任意大小的输入图像中搜索数字。我们还了解到，我们需要增加数据集的表现力，以便更好地代表模型使用时看到的输入分布。

最后，我们通过对加扰动的MNIST数字的实验看到，CNN的优势——它们在数据中学习空间关系的能力——在空间关系很弱或不存在的情况下有时会没有什么帮助。

在下一章中，我们将继续用一个新的数据集来探索基本的CNN，一个实际的图像：CIFAR-10。

第 14 章

基于 CIFAR-10 的实验

在本章中，我们将对第5章中建立的CIFAR-10数据集进行一系列的实验。首先，我们将看到两个模型在整个数据集中的表现，一个是浅层的，另一个是深层的。之后，我们将对整个数据集的分组子集进行处理，看看我们是否能分辨出动物和车辆的区别。接下来，我们将回答对于CIFAR-10数据集来说，是单一的多类模型更好还是一组二元模型（每类一个）更好。

在本章的最后，我们将介绍迁移学习和微调。这些都是重要的概念，经常被混淆，在机器学习界被广泛使用，所以我们应该对它们的工作原理有一个直观的感受。

14.1 CIFAR-10的复习

在我们深入研究实验之前，让我们重新熟悉一下我们正在使用的数据集。CIFAR-10是加拿大高等研究所（Canadian Institute for Advanced Research，CIFAR）的一个10类数据集。我们在第5章中建立了这个数据集，但将其推迟到现在使用。CIFAR-10由32×32像素的动物（六类）和车辆（四类）的RGB图像组成。请看图5-4中的一些样本图像。训练集有50000张图像，每类有5000张，所以它是一个平衡的数据集。测试集由10000张图像组成，每类1000张。CIFAR-10可能是机器学习中继MNIST之后第二大最广泛使用的标准数据集。还有一个100级的版本，即CIFAR-100，我们在本书中不会使用，但你会看到它经常出现在文献中。

截至目前，在未增强的CIFAR-10上表现最好的模型在测试集（benchmarks.ai）上达到了1%的误差。做到这一点的模型有5.57亿个参数。我们的模型将明显更小，测试误差也更大。然而，这是一个真实的图像数据集，不像MNIST，它非常干净，每个数字都有统一的黑色背景。由于自然图像的变化，特别是其背景的变化，我们可能期望模型在学习CIFAR-10类的时候比MNIST更难。

为了在本章中参考，这里是CIFAR-10的类。

标签	类	标签	类
0	飞机	5	dog
1	汽车	6	frog
2	鸟	7	horse
3	猫	8	ship
4	鹿	9	truck

14.2　使用全部CIFAR-10数据集

让我们在整个CIFAR-10数据集上训练两个不同的模型。第一个模型与我们在第13章中用于MNIST数据集的模型相同。我们把这个模型称为浅层模型，因为它只有两个卷积层。我们需要针对32×32的RGB输入对它进行一些调整，但这是很简单的事情。第二个模型，我们称之为深度模型，在池化层和全连接层之前使用多个卷积层。

此外，我们将尝试使用随机梯度下降（SGD）和Adadelta作为优化器。我们将固定小批次大小为64，训练60个历时数，总共46875个梯度下降步骤。对于随机梯度下降，我们将使用0.01的学习率和0.9的动量。回顾一下，Adadelta是自适应的，可以在运行中改变学习率。我们可以随着训练的进行降低随机梯度下降的学习率，但是0.01相对较小，而且我们有大量的梯度下降步数，所以我们就把它保持为常数。

浅层模型有1626442个参数，而深层模型只有1139338个。深层模型之所以深，是因为它有更多的层，但是因为每个卷积层都是使用精确卷积，所以输出每次都会减少两个（对于3×3的核）。因此，池化层之后的扁平层只有7744个值，而浅层模型则有12544个。扁平层和128个节点的密集层之间的权重矩阵包含绝大部分的参数，7744×128=991232，而12544×128=1605632。因此，深入研究会发现实际上减少了需要学习的参数数量。这个略显反常的结果让我们想起了全连接层所产生的巨大花销以及创建CNN的一些最初动机。

14.2.1　构建模型

你可以在cifar10_cnn.py（Adadelta）和cifar10_cnn_SGD.py（SGD）中找到浅层模型的代码。我们将分块完成这些代码。浅层模型的启动方式与MNIST数据集的启动方式基本相同，如清单14-1所示。

```python
import keras
from keras.models import Sequential
from keras.layers import Dense, Dropout, Flatten
from keras.layers import Conv2D, MaxPooling2D
from keras import backend as K
import numpy as np

batch_size = 64
num_classes = 10
epochs = 60
img_rows, img_cols = 32, 32

x_train = np.load("cifar10_train_images.npy")
y_train = np.load("cifar10_train_labels.npy")
x_test = np.load("cifar10_test_images.npy")
y_test = np.load("cifar10_test_labels.npy")

if K.image_data_format() == 'channels_first':
    x_train = x_train.reshape(x_train.shape[0], 3, img_rows, img_cols)
    x_test = x_test.reshape(x_test.shape[0], 3, img_rows, img_cols)
    input_shape = (3, img_rows, img_cols)
else:
    x_train = x_train.reshape(x_train.shape[0], img_rows, img_cols, 3)
    x_test = x_test.reshape(x_test.shape[0], img_rows, img_cols, 3)
    input_shape = (img_rows, img_cols, 3)
```

```
x_train = x_train.astype('float32')
x_test = x_test.astype('float32')

x_train /= 255
x_test /= 255

y_train = keras.utils.to_categorical(y_train, num_classes)
y_test = keras.utils.to_categorical(y_test, num_classes)
```

清单14-1 准备CIFAR-10数据集

我们导入必要的模块并从第5章创建的NumPy文件中加载CIFAR-10数据集。注意，现在的图像尺寸是32×32，而不是28×28，通道数是3（RGB）而不是1（灰度）。和以前一样，我们将输入按255比例缩放，将图像映射到[0,1]，并使用to_categorical将标签数字转换为独热（one-hot）向量。

接下来，我们定义模型结构（清单14-2）。

```
model = Sequential()
model.add(Conv2D(32, kernel_size=(3, 3),
                 activation='relu',
                 input_shape=input_shape))
model.add(Conv2D(64, (3, 3), activation='relu'))
model.add(MaxPooling2D(pool_size=(2, 2)))
model.add(Dropout(0.25))
model.add(Flatten())
model.add(Dense(128, activation='relu'))
model.add(Dropout(0.5))
model.add(Dense(num_classes, activation='softmax'))

model.compile(loss=keras.losses.categorical_crossentropy,
              optimizer=keras.optimizers.Adadelta(),
              metrics=['accuracy'])
```

清单14-2 建立浅层CIFAR-10模型

这一步骤与MNIST版本的浅层模型相同（见清单13-1）。对于深层模型，我们添加更多的卷积层，如清单14-3所示。

```
model = Sequential()
model.add(Conv2D(32, kernel_size=(3, 3),
                 activation='relu',
                 input_shape=input_shape))

model.add(Conv2D(64, (3,3), activation='relu'))
model.add(Conv2D(64, (3,3), activation='relu'))
model.add(Conv2D(64, (3,3), activation='relu'))
model.add(Conv2D(64, (3,3), activation='relu'))

model.add(MaxPooling2D(pool_size=(2,2)))
model.add(Dropout(0.25))

model.add(Flatten())
model.add(Dense(128, activation='relu'))
model.add(Dropout(0.5))
model.add(Dense(128, activation='relu'))
model.add(Dropout(0.5))
```

```
model.add(Dense(num_classes, activation='softmax'))

model.compile(loss=keras.losses.categorical_crossentropy,
              optimizer=keras.optimizers.Adadelta(),
              metrics=['accuracy'])
```

清单14-3　建立深度CIFAR-10模型

额外的卷积层使模型有机会学习输入数据的更好表示，对于CIFAR-10来说，它比简单的MNIST图像更复杂。表征可能更好，因为更深的网络可以学习更抽象的表征，包括输入中更大的结构。

清单14-2和清单14-3中的代码片段使用Adadelta作为优化算法来编译模型。我们也希望有一个使用SGD的版本。如果我们把编译方法中对Adadelta()的引用替换为以下内容

```
optimizer=keras.optimizers.SGD(lr=0.01, momentum=0.9)
```

我们就可以使用前面指出的随机梯度下降的学习率和动量值。为了完整起见，浅层和深层模型的其余代码都显示在清单14-4中。

```
print("Model parameters = %d" % model.count_params())
print(model.summary())

history = model.fit(x_train, y_train,
          batch_size=batch_size,
          epochs=epochs,
          verbose=1,
          validation_data=(x_test[:1000], y_test[:1000]))

score = model.evaluate(x_test[1000:], y_test[1000:], verbose=0)
print('Test loss:', score[0])
print('Test accuracy:', score[1])

model.save("cifar10_cnn_model.h5")
```

清单14-4　训练和测试CIFAR-10模型

这段代码总结了模型的结构和参数的数量，通过调用fit方法进行训练，使用前1000个测试样本进行验证，然后通过调用evaluate方法对剩余的9000个测试样本进行训练后的模型评估。我们报告测试损失和准确率。然后，将模型写入磁盘（保存），并存储显示训练期间每个历时的损失和准确率的历史文件。我们将使用历史文件来生成显示损失和错误（1-准确率）的图，作为训练历时的函数。

清单14-4给了我们四个文件：浅层模型+Adadelta，浅层模型+SGD，深层模型+Adadelta，以及深层模型+SGD。让我们分别运行这些文件，看看最终的测试精度，然后看看训练过程的图，看看我们能学到什么。

运行代码可以训练和评估模型。这个过程在我们只用CPU的系统上需要一些时间，总共大约8h。Keras使用的随机初始化意味着，当你自己运行代码时，你应该看到略有不同的答案。当我运行这段代码时，得到了表14-1。

表14-1　按模型大小和优化器划分的测试集准确率

项目	浅层模型	深层模型
Adadelta	71.9%	74.8%
SGD	70.0%	72.8%

该表告诉我们，与SGD相比，使用Adadelta为浅层和深层模型提供了更准确的模型。我们还看到，无论哪种优化器，深层模型的表现都优于浅层模型。由于这个原因，像Adadelta和Adam（也在Keras中）这样的自适应优化器通常比普通的SGD更受欢迎。然而，我看到有人声称，一旦学习率设置正确，并随着训练的进行而减少，SGD最终也同样好，甚至更好。当然，没有什么能阻止我们从自适应优化器开始，然后在一定数量的历时数之后切换到SGD。这里的想法是，自适应优化器"接近"损失函数的最小值，而SGD在这一点上对过程进行微调。

14.2.2 分析模型

我们来看看训练过程中的损失是如何变化的。图14-1显示了使用Adadelta（上部）和SGD（下部）的浅层和深层模型的每个历时的损失。

从Adadelta的损失图开始，我们看到与SGD相比，损失没有那么低。我们还看到，对于浅层模型来说，每一个历时的损失都在轻微增加。这是一个违反直觉的结果，似乎与传统智慧相矛盾，即训练损失应该只减少。有报告说，另一个自适应优化器Adam也出现了这种情况，所以这可能是自适应算法的一个假象。无论如何，正如我们在表14-1中看到的，Adadelta导致了浅层和深层模型的更高准确率。

在图14-1的下部，我们看到SGD导致浅层模型的损失比深层模型要小。这通常被解释为潜在的过拟合。模型伴随着损失趋向于0，可以学习训练集的细节。根据表14-1，使用SGD的浅层模型是性能最差的模型。使用SGD的深层模型没有这么小的损失，至少在60个训练历时内没有。

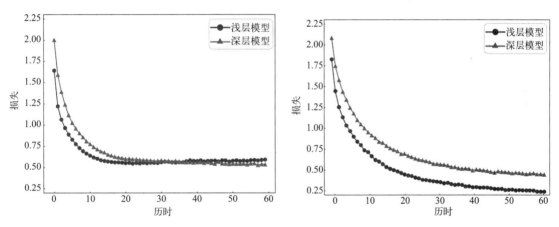

图14-1 使用Adadelta（上部）和SGD（下部）的浅层和深层模型的训练损失

训练期间验证集的准确性如何？图14-2是按历时绘制的误差。误差在视觉上更容易理解，随着准确性的提高，它应该趋向于0。同样，Adadelta模型在上部，SGD模型在下部。

正如预期的那样，不管是哪种优化器，更深的模型表现得更好，在训练中的验证集误差更低。请注意，验证集误差不是最终的、保持不变的测试集误差，此实验中是在训练期间使用的测试集的前1000个样本。

图14-2下部的SGD曲线符合我们的直觉：随着模型的训练，它变得更好，导致更小的误差。深层模型很快就超过了浅层模型——这也是一个直观的结果。而且，随着模型变得越来越好，曲线也相对平滑。

图14-2上部的Adadelta误差图讲了一个不同的故事。在最初的几个历时中，误差明显下降。然而，在那之后，验证集的误差有些混乱地跳动，尽管仍然遵循我们的直觉，即深层模型应该

有一个误差比浅层模型小。这种混乱的结果是由于Adadelta算法的自适应性质，它在运行中调整学习率以寻找更好的最小值。从表14-1的结果可以看出，Adadelta正在寻找性能更好的模型。

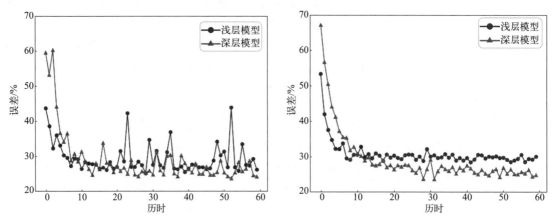

图14-2　使用Adadelta（上部）和SGD（下部）的浅层和深层模型的验证集误差

这些实验告诉我们，自适应优化算法和更深的网络（在一定程度上）倾向于表现更好的模型。虽然认识到试图在这一领域提供建议的内在危险性，但似乎可以说，人们应该从适应性优化开始，使用足够大的模型。为了弄清楚什么是足够大的模型，我建议从一个适度的模型开始，在训练之后，让它变得更深，看看这是否会改善情况。最终，模型对于训练集来说会太大，所以会有一个截止点，增加模型的大小不再有帮助。在这种情况下，如果可能的话，获得更多的训练数据。

现在让我们把注意力转移到处理CIFAR-10的子集上。

14.3　动物还是车辆？

CIFAR-10中的十个类中有四个是车辆，其余六个是动物。让我们建立一个模型，将两者分开，看看我们能从中学到什么。我们已经有了图像，需要做的就是重新编码标签，使所有的车辆被标记为0类，所有的动物被标记为1类。做到这一点很简单，如清单14-5所示。

```python
import numpy as np
y_train = np.load("cifar10_train_labels.npy")
y_test = np.load("cifar10_test_labels.npy")
for i in range(len(y_train)):
    if (y_train[i] in [0,1,8,9]):
        y_train[i] = 0
    else:
        y_train[i] = 1
for i in range(len(y_test)):
    if (y_test[i] in [0,1,8,9]):
        y_test[i] = 0
    else:
        y_test[i] = 1
np.save("cifar10_train_animal_vehicle_labels.npy", y_train)
np.save("cifar10_test_animal_vehicle_labels.npy", y_test)
```

清单14-5　将CIFAR-10的标签调整为车辆（0类）和动物（1类）

我们加载现有的训练和测试标签文件，已经按顺序与训练和测试图像文件相匹配，并建立新的标签向量，将车辆类——0、1、8、9类映射为0，其他类映射为1。

除了模型结构的定义和我们为训练和测试标签加载的特定文件外，上一节中用于建立和训练模型的代码保持不变。类的数量（num_classes）被设置为2，小批次（minibatch）大小设置为128，我们将训练12个历时（epochs）。训练集并不完全平衡——有20000辆汽车和30000只动物，但不平衡并不严重，所以我们应该处于良好状态。请记住，当一个类别很稀缺时，模型就很难很好地学习它。我们将坚持使用Adadelta作为优化器，并使用前1000个测试样本进行验证，其余9000个样本进行最终测试。我们将使用上一节中使用的浅层架构。

在带有重新编码的标签的CIFAR-10图像上训练这个模型，使我们的最终测试精度达到93.6%。让我们迂回一点，计算一下第11章中的所有性能指标。要做到这一点，我们要更新该章中定义的tally_predictions函数（清单11-1），以便与Keras模型一起工作。我们还将使用第11章中的basic_metrics（清单11-2）和advanced_metrics（清单11-3）。tally_predictions的更新代码显示在清单14-6中。

```
def tally_predictions(model, x, y):
    pp = model.predict(x)
    p = np.zeros(pp.shape[0], dtype="uint8")
❶   for i in range(pp.shape[0]):
        p[i] = 0 if (pp[i,0] > pp[i,1]) else 1
    tp = tn = fp = fn = 0
    for i in range(len(y)):
        if (p[i] == 0) and (y[i] == 0):
            tn += 1
        elif (p[i] == 0) and (y[i] == 1):
            fn += 1
        elif (p[i] == 1) and (y[i] == 0):
            fp += 1
        else:
            tp += 1
    score = float(tp+tn) / float(tp+tn+fp+fn)
    return [tp, tn, fp, fn, score]
```

清单14-6 计算Keras模型的基本度量指标

我们将测试样本（x）和测试标签（y）传入模型。与sklearn版本的tally_predictions不同，这里我们首先使用模型来预测每类概率（pp）。这将返回一个二维数组，x中的每个样本都有一行，其中的列是每个类别的概率。这里有两列，因为只有两个类别：车辆或动物。

在我们统计真阳性、真阴性、假阳性（车辆被归类为动物）和假阴性（动物被归类为车辆）之前，我们需要给每个测试样本分配一个类标签。我们要做的是逐行循环预测，并询问类0的概率是否大于类1❶。一旦我们分配了一个预测的类标签（p），我们就可以计算统计表，并将其与总得分（准确率）一起返回。我们将tally_predictions返回的列表传递给basic_metrics，然后将这两个函数的输出传递给advanced_metrics，如第11章所述。

全套的二元分类器度量指标给我们提供了以下内容。

度量指标	结果
TP	5841
FP	480
TN	3520
FN	159
TPR（灵敏度，召回率）	0.9735
TNR（特异性）	0.8800

续表

度量指标	结果
PPV(精确度)	0.9241
NPV	0.9568
FPR	0.1200
FNR	0.0265
F1	0.9481
MCC	0.8671
κ	0.8651
知情度	0.8535
标记度	0.8808
准确率	0.9361

我们看到，这是一个表现良好的模型，尽管88%的特异性有点偏低。正如第11章所论证的，马修斯相关系数（Matthews correlation coefficient, MCC）可能是描述二元分类器的最好的一个数字。在这里，我们的MCC为0.8671（满分1.0），表明了这是一个好的模型。

回顾一下，灵敏度是指动物被这个模型称为"动物"的概率，而特异性是指车辆被称为"车辆"的概率。精确度是指当该模型分配"动物"标签时，它是正确的概率，而NPV（负预测值）是指该模型分配"车辆"标签时，它是正确的概率。还要注意，假阳性率（FPR）是1-特异性，假阴性率（FNR）是1-灵敏度。

多写一点代码就能计算出ROC曲线和它的面积。

```
from sklearn.metrics import roc_auc_score, roc_curve
def roc_curve_area(model, x, y):
    pp = model.predict(x)
    p = np.zeros(pp.shape[0], dtype="uint8")
    for i in range(pp.shape[0]):
        p[i] = 0 if (pp[i,0] > pp[i,1]) else 1
    auc = roc_auc_score(y,p)
    roc = roc_curve(y,pp[:,1])
    return [auc, roc]
```

同样，我们将测试样本（x）和动物或车辆标签（y）传入训练好的模型。我们还将输出概率转换为类别预测，正如我们在清单14-6中所做的。AUC是0.9267，图14-3显示了ROC曲线（注意

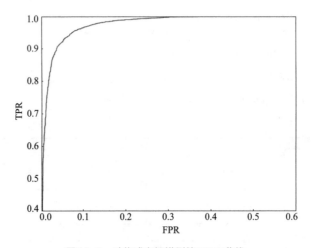

图14-3　动物或车辆模型的ROC曲线

放大的轴）。这条曲线很陡峭，而且接近图中的左上角——这都是一个表现良好的模型的好迹象。

我们将动物和车辆分组，并要求一个单一的模型来学习一些关于它们之间的区别。很明显，一些特征区分了这两个类别，而且模型已经成功地学会了使用这些特征。然而，与大多数二元分类器不同，我们知道测试数据的更精细的标签分配。例如，我们知道哪些动物是鸟、鹿或青蛙。同样地，我们知道哪些样本是飞机、轮船或卡车。

当模型犯错时，这个错误要么是假阳性（将车辆称为动物），要么是假阴性（将动物称为车辆）。我们选择动物为第一类，所以假阳性是指车辆被称为动物的情况。反之，假阴性的情况也是如此。我们可以使用完整的类标签来告诉我们有多少假阳性是由哪些车辆类代表的，我们也可以对假阴性做同样的处理来告诉我们哪些动物类被分配到车辆类。清单14-7中的几行代码给了我们想要的东西。

```
import numpy as np
from keras.models import load_model
x_test = np.load("cifar10_test_images.npy")/255.0
y_label= np.load("cifar10_test_labels.npy")
y_test = np.load("cifar10_test_animal_vehicle_labels.npy")
model = load_model("cifar10_cnn_animal_vehicle_model.h5")
pp = model.predict(x_test)
p = np.zeros(pp.shape[0], dtype="uint8")
for i in range(pp.shape[0]):
    p[i] = 0 if (pp[i,0] > pp[i,1]) else 1

hp = []; hn = []
❶ for i in range(len(y_test)):
    if (p[i] == 0) and (y_test[i] == 1):
        hn.append(y_label[i])
    elif (p[i] == 1) and (y_test[i] == 0):
            hp.append(y_label[i])
hp = np.array(hp)
hn = np.array(hn)
a = np.histogram(hp, bins=10, range=[0,9])[0]
b = np.histogram(hn, bins=10, range=[0,9])[0]
print("vehicles as animals: %s" % np.array2string(a))
print("animals as vehicles: %s" % np.array2string(b))
```

清单14-7 使用精细的类标签来确定哪些类是假阳性和假阴性

首先，我们加载测试集图像、实际标签（y_label）和动物或车辆标签（y_test）。然后，像以前一样，我们加载模型并得到模型预测值（p）。我们要跟踪每个假阳性和假阴性的实际类别标签，即分类器所犯的错误。我们通过循环预测并将其与动物或车辆标签❶进行比较来做到这一点。当出现错误时，我们保留样本的实际标签，无论是FN（hn）还是FP（hp）。请注意，这样做是因为当我们定义动物或车辆标签时，我们小心翼翼地保持了与原始标签集相同的顺序。

一旦有了所有FP和FN案例的实际标签，就用直方图来为我们做统计。有10个实际的类标签，所以我们告诉直方图，我们要使用10个仓。我们还需要为这些仓指定范围（range=[0,9]）。我们只想要计数本身，所以只需要保留histogram返回的第一个数组，因此调用了最后的[0]。最后，我们打印这些数组，得到

```
vehicles as animals: [189 69 0 0 0 0 0 105 117]
animals as vehicles: [ 0 0 64 34 23 11 12 15 0 0]
```

这意味着，在该模型称为"动物"的车辆中，有189辆属于类0，即飞机。最不可能被识别为动物的车辆类别是类1，汽车。船舶和卡车也同样有可能被误认为是动物。反过来说，我们看到类2，鸟类，最可能被误认为是车辆，另外的类5，狗，最不可能被错误分类，尽管青蛙紧随其后。

如何看待这个问题呢？最常被错误分类的车辆是飞机，而最常被错误分类的动物是鸟。这是有道理的：飞机的照片和鸟类飞行的照片确实看起来很相似。

14.4　二元还是多分类?

机器学习的传统智慧是，一个多分类模型通常会优于多个二元模型。虽然这对于大型数据集、大型模型和有许多类的情况来说几乎肯定是正确的，比如ImageNet数据集的1000个类，但对于像我们在本章中使用的小型模型来说，它是如何实现的呢？让我们来看看。

在CIFAR-10数据集中，每个类有5000个实例，有10个类。这意味着我们可以训练10个二元模型，其中目标类（类1）是10个类中的一个，而另一个类是其他的一切。这被称为"一对多（one-vs-rest）"的方法。为了对一个未知的样本进行分类，我们通过10个分类器中的每一个来运行它，并给返回最自信的答案的模型分配标签。这些数据集都是不平衡的，5000个类1实例对45000个类0实例，但是，正如我们将看到的，仍然有足够的数据来学习类之间的差异。

我们需要一些代码来训练10个一对多模型。我们将使用之前使用过的浅层架构，小批次大小设置为128，我们将训练12个历时数。然而，在我们训练之前，我们需要重新分配训练集和测试集的类标签，以便所有目标类的实例都是1，其他都是0。

```
   import sys
   import numpy as np
❶ class1 = eval("["+sys.argv[1]+"]")
   y_train = np.load("cifar10_train_labels.npy")
   y_test = np.load("cifar10_test_labels.npy")
   for i in range(len(y_train)):
       if (y_train[i] in class1):
           y_train[i] = 1

       else:
           y_train[i] = 0
   for i in range(len(y_test)):
       if (y_test[i] in class1):
           y_test[i] = 1
       else:
           y_test[i] = 0
   np.save(sys.argv[2], y_train)
   np.save(sys.argv[3], y_test)
```

清单14-8　建立每类标签

这段代码使用了命令行。要调用它，请使用类似

```
$ python3 make_label_files.py 1 train_1.npy test_1.npy
```

第一个参数是所需的目标类标签，这里是汽车的1，接下来的两个参数是存储新的目标类标签的名称。代码本身在实际的训练和测试标签上循环，如果标签是目标类，相应的输出标签就是1；否则就是0。

这段代码比映射一个单一的类更加灵活。通过使用eval❶，我们可以传入一个逗号分隔的字符串，其中包含所有我们想作为目标类的CIFAR-10标签。例如，如果要用这段代码为上一节中的动物与车辆的例子制作标签，我们就把第一个参数定为2,3,4,5,6,7。

一旦我们有了10个类中每个类的新标签，我们就可以用它们来训练10个模型。我们需要做的是将num_classes改为2，并为y_train和y_test分别加载各自重新分配的标签文件。在文件的底部，我们需要改变对model.save的调用，以存储每类模型。我们将假设这些模型在名为cifar10_cnn_<X>_model.h5的文件中。其中<X>是一个数字，0～9，代表一个CIFAR-10类标签。我们的多类模型是在完整的CIFAR-10数据集上训练了12个历时的浅层架构（cifar10_cnn_model.h5）。为了训练二元模型，使用train_single_models脚本。这个脚本调用cifar10_cnn_arbitrary.py，使用指定的二元数据集训练模型。

为了测试这些模型，我们需要首先从磁盘上加载所有的模型和测试集数据。然后，我们需要通过多类模型运行所有的数据，每个单类模型保持预测结果。根据预测结果，我们可以分配类标签并建立混淆矩阵，以了解每种方法的效果。首先，让我们加载测试集和模型。

```
x_test = np.load("cifar10_test_images.npy")/255.0
y_test = np.load("cifar10_test_labels.npy")
mm = load_model("cifar10_cnn_model.h5")
m = []
for i in range(10):
    m.append(load_model("cifar10_cnn_%d_model.h5" % i))
```

注意，我们将测试集按255的比例缩放，正如我们对训练数据所做的那样。我们将多类模型保留在mm中，并将10个单类模型加载到列表m中。

接下来，我们将这些模型应用于每个测试集样本。

```
mp = np.argmax(mm.predict(x_test), axis=1)
p = np.zeros((10,10000), dtype="float32")
for i in range(10):
    p[i,:] = m[i].predict(x_test)[:,1]
bp = np.argmax(p, axis=0)
```

针对10000个测试样本调用predict，对于多类模型，返回10000×10的矩阵，对于单个模型，返回10000×2。每一行对应一个测试样本，每一列是模型对每个类别的输出。对于多分类的情况，我们将mp设置为各列的最大值（轴=1），得到一个10000个值的向量，每一个都是预测的类标签。

我们在各个模型上循环并调用predict，只保留类1的概率。这些被放入p中，其中行是该类标签的单个模型输出，列是10000个测试样本中每个样本的特定类1预测概率。如果我们通过使用argmax和axis=0返回各行的最大值，将得到每个测试样本预测概率最高的模型的类标签。这就是bp中的内容。

有了我们的预测，可以生成混淆矩阵。

```
cm = np.zeros((10,10), dtype="uint16")
cb = np.zeros((10,10), dtype="uint16")

for i in range(10000):
    cm[y_test[i],mp[i]] += 1
    cb[y_test[i],bp[i]] += 1

np.save("cifar10_multiclass_conf_mat.npy", cm)
np.save("cifar10_binary_conf_mat.npy", cb)
```

这里的行代表真实的类标签，列代表模型的预测标签。我们还存储了混淆矩阵供将来使用。

我们可以用清单14-9中的代码显示混淆矩阵。

```
print("One-vs-rest confusion matrix (rows true, cols predicted):")
print("%s" % np.array2string(100*(cb/1000.0), precision=1))
print()
print("Multiclass confusion matrix:")
print("%s" % np.array2string(100*(cm/1000.0), precision=1))
```

清单14-9　显示混淆矩阵（参见cifar10_one_vs_many.py）

我们把cb和cm中的计数除以1000，因为每个类在测试集中都有这么多的样本。这就把混淆矩阵的条目转换为分数，然后乘以100，就成了百分比。

那么，我们是怎么做的？多个一对多分类器产生了

类	0	1	2	3	4	5	6	7	8	9
0	**75.0**	2.8	3.4	2.1	1.7	0.4	2.3	0.2	4.1	8.0
1	0.8	**84.0**	0.2	0.9	0.3	0.3	1.1	0.0	1.2	11.2
2	6.5	1.6	**54.0**	6.3	9.5	5.3	9.1	2.3	0.8	4.6
3	1.6	3.6	3.8	**52.1**	7.1	12.9	10.6	2.2	0.9	5.2
4	1.8	0.8	3.6	6.5	**67.6**	2.3	8.6	5.3	1.3	2.2
5	1.4	1.4	3.5	16.9	4.7	**61.8**	4.0	2.6	0.5	3.2
6	0.8	0.7	1.4	3.4	2.8	1.0	**86.4**	0.2	0.3	3.0
7	1.5	1.3	1.7	4.9	5.2	5.2	1.5	**71.5**	0.1	7.1
8	5.3	4.4	0.1	1.1	0.5	0.6	1.1	0.5	**79.1**	7.3
9	1.7	4.0	0.2	0.8	0.1	0.4	0.5	0.3	0.8	**91.2**

多类分类器得出的结果是

类	0	1	2	3	4	5	6	7	8	9
0	**70.2**	1.6	6.0	2.6	3.3	0.5	1.8	0.9	9.8	3.3
1	2.0	**79.4**	1.0	1.3	0.5	0.5	1.3	0.4	2.8	10.8
2	5.2	0.6	**56.2**	6.6	13.5	6.1	7.3	2.6	1.4	0.5
3	1.2	1.1	7.2	**57.7**	10.2	11.5	7.3	1.7	1.2	0.9
4	1.9	0.2	5.2	4.6	**77.4**	1.6	4.8	2.7	1.5	0.1
5	1.0	0.2	6.4	20.7	7.7	**56.8**	2.7	3.5	0.8	0.2
6	0.3	0.1	4.5	5.2	5.7	1.5	**82.4**	0.0	0.0	0.3
7	1.4	0.2	4.0	6.3	10.1	4.1	0.9	**71.7**	0.1	1.2
8	4.7	3.0	0.8	2.0	1.3	0.6	1.0	0.6	**82.6**	3.4
9	2.4	6.1	0.7	2.6	1.2	0.7	1.2	1.6	3.2	**80.3**

对角线是正确的类型分配。理想情况下，该矩阵只有对角线元素。所有其他元素都是错误，即模型或模型选择错误标签的情况。由于每个类别在测试集中的代表性相同，我们可以通过使用非加权平均数来计算两个模型的总体准确率。如果我们这样做，我们会得到以下结果。

一对多：72.3%

多类：71.5%

在这种情况下，"一对多"的分类器有轻微的优势，尽管差别不到1%。当然，我们需要做10倍的工作才能得到一对多的混淆矩阵——使用了10个分类器而不是只有一个。多类模型在类4（鹿）上比一对多模型好10%，但在类9（卡车）上差了约11%。这是每一类在准确性方面最显著的两个差异。多类模型比一对多模型更经常地将卡车与类8（船只）（3.2%）和类1（汽车）混淆。我们可以看到这种情况是如何发生的。卡车和汽车都有轮子，而卡车和船舶（尤其是在CIFAR-10的低分辨率下）都是盒子状的。

我们是否得出了一个关于一对多或多类模型的明确答案？没有，一般情况下我们也不能。然而，客观地说，我们确实通过使用多类模型获得了稍好的性能。

除了必要的额外计算外，反对使用多类模型的一个论点是，对多类使用一个模型，使模型有机会看到与某类相似但不是该类实例的样本。这些"硬否定"的作用是通过迫使模型（间接地）关注那些在类之间不相似的特征，而不是那些可能与某个类密切相关但也存在于其他类中的特征来使模型正规化。我们在第4章中第一次遇到了硬性否定的情况。

然而，在这种情况下，很难说这个论点成立。对于多类模型，类9（卡车）比一对多模型（4.0%）更容易与类1（汽车）混淆。一个可能的解释是，多分类模型被迫在有限的训练数据中，试图学习卡车、汽车和其他车辆之间的区别，而一对多模型，只试图学习卡车和其他车辆之间的区别。

14.5 迁移学习

我们将使用迁移学习这个术语来指代一个预先训练好的深度网络，用它来为另一个机器学习模型产生新特征。我们的迁移学习实例将是一个玩具模型，旨在展示这个过程，但许多模型都是使用大型预训练网络产生的特征建立的，这些网络使用了巨大的数据集。特别是，许多模型都是使用AlexNet和各种ResNet架构产生的特征建立的，这些架构是在ImageNet数据集上预训练的。

我们将使用预训练的模型将输入图像变成输出特征向量，然后用它来训练经典的机器学习模型。当一个模型被用来将输入转化为另一个特征表示，通常是一个新的特征向量时，输出通常被称为嵌入：我们正在使用预训练的网络将我们想要分类的输入嵌入到另一个空间——我们希望这将让我们建立一个有用的模型。当我们想要开发的模型的训练样本太少，无法单独形成一个好的模型时，我们可以使用迁移学习。

当使用迁移学习时，知道或相信两个模型都是用类似的数据训练出来的，这很有帮助。如果你阅读文献，你会发现许多典型的迁移学习例子都是如此。输入是某种类别的自然图像，而嵌入模型是在自然图像上训练的。我所说的自然图像，是指世界上某物的照片，而不是X射线或其他医学图像。显然，CIFAR-10图像和MNIST图像之间有很大的不同，所以我们不应该希望通过迁移学习取得太大的成功。我们正在使用我们手头的东西来演示这一技术。

我们将使用一个浅层的CIFAR-10模型，就像我们刚才看到的那些模型，来生成嵌入向量。这个模型在完整的CIFAR-10数据集上训练了12个历时。我们将通过把MNIST数字图像传递给预训练的模型来嵌入MNIST数据集，保留密集层的输出，即用于生成10类softmax预测的128个节点向量。

在进行嵌入之前，我们需要考虑几件事。第一，CIFAR-10模型是在32×32RGB图像上训练的。因此，我们需要使MNIST的数字图像符合这一输入期望。第二，尽管CIFAR-10和MNIST都有10个类，但这只是一个巧合。在实践中，两个数据集的类的数量并不需要匹配。

我们应该如何将28×28的MNIST图像输入一个期望32×32的RGB图像的模型中呢？通常，在处理图像数据和迁移学习时，我们会调整图像的大小以使其适合。在这里，由于MNIST的数字比CIFAR-10的图像小，我们可以将28×28的数字图像放在32×32的输入中间。此外，我们可以通过将每个通道（红、绿、蓝）设置为单一的灰度输入，将灰度图像变成RGB图像。

以下所有的代码都在transfer_learning.py中可以查看。设置嵌入的过程看起来像这样。

```python
import numpy as np
from keras.models import load_model
from keras import backend as K
from keras.datasets import mnist

(x_train, y_train), (x_test, y_test) = mnist.load_data()
x_train = x_train/255.0
x_test = x_test/255.0
model = load_model("cifar10_cnn_model.h5")
```

我们首先从Keras中加载需要的模块。然后加载Keras模型文件cifar10_cnn_model.h5，其中包含本章第一节中的浅层模型，在完整的CIFAR-10数据集上训练了12个历时。

一旦我们加载了数据并进行了缩放，就可以通过Keras模型传递每张MNIST训练和测试图像，并从密集层提取128个节点的向量。将每个MNIST图像变成一个128元素的向量，见清单14-10。

```python
train = np.zeros((60000,128))
k = 0
for i in range(600):
    t = np.zeros((100,32,32,3))
❶  t[:,2:30,2:30,0] = x_train[k:(k+100)]
    t[:,2:30,2:30,1] = x_train[k:(k+100)]
    t[:,2:30,2:30,2] = x_train[k:(k+100)]
    _ = model.predict(t)
❷  out = [model.layers[5].output]
    func = K.function([model.input, K.learning_phase()], out)

    train[k:(k+100),:] = func([t, 1.])[0]
    k += 100
np.save("mnist_train_embedded.npy", train)

test = np.zeros((10000,128))
k = 0
for i in range(100):
    t = np.zeros((100,32,32,3))
    t[:,2:30,2:30,0] = x_test[k:(k+100)]
    t[:,2:30,2:30,1] = x_test[k:(k+100)]
    t[:,2:30,2:30,2] = x_test[k:(k+100)]
    _ = model.predict(t)
    out = [model.layers[5].output]
    func = K.function([model.input, K.learning_phase()], out)
    test[k:(k+100),:] = func([t, 1.])[0]
    k += 100
np.save("mnist_test_embedded.npy", test)
```

清单14-10　通过预训练的CIFAR-10模型运行MNIST图像

这里有60000张MNIST训练图像。我们将每张图片以100块为单位通过Keras模型，以提高处理每张图片的效率。这意味着我们需要处理600组100张图片。我们对测试图像做同样的处理，其中有10000张，所以我们处理100组100张。我们将输出向量存储在train和test中。

对训练和测试图像的循环处理首先创建一个临时数组t，以保存当前的100张图像集。为了使用Keras模型预测方法，我们需要一个四维的输入：图像的数量、高度、宽度和通道数。我们通过复制当前的100张训练或测试图像集（以k为索引）来加载t。我们这样做了三次，每个通道一次❶。在加载t后，我们调用模型的预测方法。我们把输出丢掉，因为我们要的是Keras模型的密集层所输出的值。这就是浅层架构❷的第5层。func的输出是密集层的100个输出向量，我们在将输入通过网络后得到。我们把这些分配给训练中当前的100个块，然后转到下一组100个块。当我们处理完整个MNIST数据集后，我们将嵌入的向量保存在一个NumPy文件中。然后，重复处理训练集的每一个步骤，用于测试集。

在这一点上，我们有了我们的嵌入向量，所以很自然地要问，嵌入是否有助于区分类别。我们可以通过使用按类别标签划分的向量的t-SNE图（图14-4）来看看这是不是真的。

将此图与图12-10进行比较，后者显示了在MNIST数字上明确训练的模型的分离情况。该模型显示了明确的、毫不含糊的类别分离，但图14-4就不那么清楚了。然而，尽管有重叠，但在图的不同部分有集中的类别，所以我们有理由希望模型能够学会如何使用这些向量对数字进行分类。

让我们使用嵌入式向量来训练一些模型。为此，我们将回到经典机器学习的世界中去。我们将通过使用MNIST数字图像的向量形式来训练我们在第7章中训练的一些模型。

训练和测试模型的代码是很简单的。如清单14-11所示，我们将训练一个最近质心、3-最近邻（3-NN）、有50棵树的随机森林和一个$C=0.1$的线性SVM。

```
from sklearn.neighbors import KNeighborsClassifier
from sklearn.ensemble import RandomForestClassifier
from sklearn.neighbors import NearestCentroid
from sklearn.svm import LinearSVC


clf0 = NearestCentroid()
clf0.fit(train, y_train)
nscore = clf0.score(test, y_test)


clf1 = KNeighborsClassifier(n_neighbors=3)
clf1.fit(train, y_train)
kscore = clf1.score(test, y_test)


clf2 = RandomForestClassifier(n_estimators=50)
clf2.fit(train, y_train)
rscore = clf2.score(test, y_test)


clf3 = LinearSVC(C=0.1)
clf3.fit(train, y_train)
sscore = clf3.score(test, y_test)

print("Nearest Centroid  : %0.2f" % nscore)
print("3-NN              : %0.2f" % kscore)
print("Random Forest     : %0.2f" % rscore)
print("SVM               : %0.2f" % sscore)
```

清单14-11 使用MNIST的嵌入式向量训练经典模型

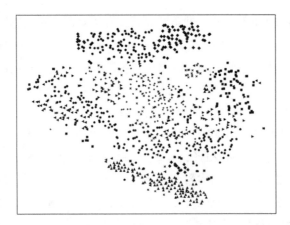

图14-4　t-SNE图显示了嵌入的MNIST数字向量按类别的分离

我们加载相关的sklearn模块，创建特定的模型实例，然后调用fit，传入128元素的训练向量和相关的类标签。score方法返回现在训练好的模型在测试集上的总体准确率。

运行这段代码，我们得到的分数是

模型	得分
最近质心	0.6799
3-N N	0.9010
随机森林 (50)	0.8837
SVM (*C*=0.1)	0.8983

我们可以将其与表7-10中相同模型的比例得分进行比较。

模型	得分
最近质心	0.8203
3-N N	0.9705
随机森林 (50)	0.9661
SVM (*C*=0.1)	0.9181

显然，在这种情况下，我们的嵌入并没有给我们带来比原始数据更多的领先优势。对此我们不应感到惊讶：我们知道两个数据集是相当不同的，而t-SNE图显示，预训练的CIFAR-10模型并不适合在嵌入空间中分离MNIST图像。图14-4中的类别分离不佳，说明最近质心模型的性能不佳。当对数字图像本身进行训练时，准确率为68%，而对数字图像的训练准确率为82%。此外，就其性质而言，数字图像已经彼此不同，特别是在统一的背景上，因为人类总是期望通过视觉来轻松区分数字。

通过一点代码，我们可以得到这些模型中任何一个的混淆矩阵。

```python
def conf_mat(clf,x,y):
    p = clf.predict(x)
    c = np.zeros((10,10))
    for i in range(p.shape[0]):
        c[y[i],p[i]] += 1
    return c
cs = conf_mat(clf, test, y_test)
cs = 100.0*cs / cs.sum(axis=1)
np.set_printoptions(suppress=True)
print(np.array2string(cs, precision=1, floatmode="fixed"))
```

这里clf是任何一个模型，test是嵌入式测试集，y_test是标签。我们返回每个元素都有计数的混淆矩阵，所以我们除以行的总和，因为行代表真实的标签，然后乘以100得到百分数。然后，我们使用NumPy命令打印数组，得到一个数字的准确率，并且没有科学符号。我们已经知道为什么最近质心的结果这么差。那么，随机森林和SVM呢？随机森林模型的混淆矩阵显示在这里。

类	0	1	2	3	4	5	6	7	8	9
0	**96.7**	0.0	0.5	0.5	0.4	0.2	0.9	0.0	0.4	0.3
1	0.0	**98.6**	0.5	0.0	0.4	0.1	0.4	0.0	0.1	0.1
2	1.8	0.2	**87.0**	2.5	1.0	1.0	1.7	0.8	4.1	0.6
3	1.1	0.1	2.5	**80.8**	0.2	6.7	0.9	1.1	6.0	1.6
4	0.3	0.4	1.3	0.0	**88.3**	0.1	1.9	1.7	0.6	5.2
5	0.6	0.8	0.7	9.8	1.6	**78.8**	1.8	1.1	1.6	0.8
6	3.0	0.4	0.6	0.0	0.7	1.0	**93.5**	0.2	0.4	0.0
7	0.2	1.0	2.9	0.1	2.7	0.4	0.0	**87.7**	0.7	4.4
8	1.4	0.1	2.7	5.0	1.5	1.6	0.6	0.8	**84.0**	2.0
9	2.2	0.2	1.3	1.6	2.9	0.6	0.3	3.4	1.5	**86.2**

我们强调了表现最差的两个类别：3和5，以及它们最常被混淆的两个数字。我们看到，模型将3与5和8混淆。SVM的混淆矩阵也显示了同样的效果。如果我们把图14-4拿出来，只显示3、5和8类，那么我们就会得到图14-5。可以清楚地看到类之间有相当大的混淆。

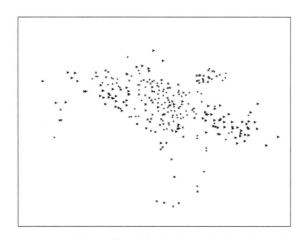

图14-5　t-SNE图显示了第3类（＋）、第5类（×）和第8类（右三角）

本节的目的是通过一个数据集的例子来介绍迁移学习的概念。正如你所看到的，这个实验并不成功。我们使用的数据集彼此之间非常不同，虽然我们可能已经预料到了这种情况，但为自己验证一下还是很有用的。在下一节中，我们将看到如何超越迁移学习一小步。

14.6　微调模型

在上一节中，我们将迁移学习定义为使用在一个数据集上训练产生的模型的权重与另一个（希望是非常相似的）数据集的数据。我们使用权重将输入映射到一个新的空间，并在映射后的数据上训练模型。在这一节中，我们将做一些类似的事情，但我们不是让权重保持不变，而是让权重变化，同时用一个新的、较小的数据集继续训练模型。我们把这称为微调。

在微调中，我们正在训练一个神经网络，但不是将权重初始化为根据智能初始化方案选择的随机值，而是从一个在类似但不同的数据集上训练的模型的权重开始。当我们没有大量的训练数据，但我们相信的数据来自一个与我们有大量数据或训练过的模型非常相似的分布时，我们可能会使用微调技术。例如，我们可能有机会获得一个用大型数据集训练的大型模型的权重，比如我们之前提到的ImageNet数据集。下载这样一个预训练过的模型是很简单的。此外，我们可能有一个小型的图像数据集，用于不在ImageNet中的类别，比如说，孔雀鱼（guppies）、神仙鱼（angelfish）和灯鱼（tetras）的照片。这些都是ImageNet中没有的流行的淡水鱼类。我们可以从一个在ImageNet上预训练的较大的模型开始，然后用较小的鱼类数据集进行微调。这样，我们就可以利用模型已经很适应这种输入的事实，并希望能用一个小的数据集得到一个好的模型。

我们的实验将使用CIFAR-10数据集，目标是使用本章第一节中的深度架构训练一个模型来区分狗和猫的图像。然而，我们的数据集很小，每一类大约有500张图像可以使用。我们还有一个更大的数据集，即CIFAR-10的所有车辆。

因此，我们将用这些数据训练以下模型。

① 使用小狗和小猫数据集的浅层架构。

② 使用小狗和小猫数据集的深度架构。

③ 在车辆数据上预训练的深度架构，在小狗和小猫的数据集上进行微调。

对于最后一种情况，我们将使用不同的冻结权重组合来训练几种变化。

14.6.1　建立数据集

在进行微调之前，需要建立数据集。我们将使用未增强的CIFAR-10来构建小狗和小猫的数据集。我们将使用增强的CIFAR-10来构建车辆数据集。我们在第5章中对CIFAR-10进行了增强。

如清单14-12所示，构建小狗和小猫的数据集是很简单的。

```python
x_train = np.load("cifar10_train_images.npy")[:,2:30,2:30,:]
y_train = np.load("cifar10_train_labels.npy")
x_test = np.load("cifar10_test_images.npy")[:,2:30,2:30,:]
y_test = np.load("cifar10_test_labels.npy")
xtrn = []; ytrn = []
xtst = []; ytst = []

for i in range(y_train.shape[0]):
    if (y_train[i]==3):
        xtrn.append(x_train[i])
        ytrn.append(0)
    if (y_train[i]==5):
        xtrn.append(x_train[i])
        ytrn.append(1)
for i in range(y_test.shape[0]):
    if (y_test[i]==3):
        xtst.append(x_test[i])
        ytst.append(0)
    if (y_test[i]==5):
        xtst.append(x_test[i])
```

```
        ytst.append(1)

    np.save("cifar10_train_cat_dog_small_images.npy", np.array(xtrn)[:1000])
    np.save("cifar10_train_cat_dog_small_labels.npy", np.array(ytrn)[:1000])
    np.save("cifar10_test_cat_dog_small_images.npy", np.array(xtst)[:1000])
    np.save("cifar10_test_cat_dog_small_labels.npy", np.array(ytst)[:1000])
```

清单14-12 建立小狗和小猫的数据集

加载完整的CIFAR-10数据，进行训练和测试，然后循环处理每个样本。如果类别是（3，猫），或类别是（5，狗），我们就把图像和标签添加到我们的列表中，确保对类别标签进行重新编码，使0代表猫，1代表狗。当所有的样本都被添加后，我们保留前1000个样本并将其写入磁盘，作为我们的小狗和小猫训练集和测试集。保留前1000个样本给了我们一个接近五五开的类的数据集。

请注意，在加载CIFAR-10图像后，我们立即用[:,2:30,2:30,:]对它们进行下标。回顾一下，数据集的增强版包括图像的小幅偏移，所以当我们在第5章建立它时，我们把尺寸从32×32减少到28×8。因此，当我们建立车辆数据集时，将使用28×28像素的图像。下标提取的是每张图像的中心28×28区域。第一个维度是训练集或测试集中的图像数量。最后一个维度是通道的数量——3，因为这些是RGB图像。

建立车辆数据集同样简单明了，见清单14-13。

```
x_train = np.load("cifar10_aug_train_images.npy")
y_train = np.load("cifar10_aug_train_labels.npy")
x_test = np.load("cifar10_aug_test_images.npy")
y_test = np.load("cifar10_test_labels.npy")
vehicles= [0,1,8,9]
xv_train = []; xv_test = []
yv_train = []; yv_test = []

for i in range(y_train.shape[0]):
    if (y_train[i] in vehicles):
        xv_train.append(x_train[i])
        yv_train.append(vehicles.index(y_train[i]))
for i in range(y_test.shape[0]):
    if (y_test[i] in vehicles):
        xv_test.append(x_test[i])
        yv_test.append(vehicles.index(y_test[i]))

np.save("cifar10_train_vehicles_images.npy", np.array(xv_train))
np.save("cifar10_train_vehicles_labels.npy", np.array(yv_train))
np.save("cifar10_test_vehicles_images.npy", np.array(xv_test))
np.save("cifar10_test_vehicles_labels.npy", np.array(yv_test))
```

清单14-13 建立车辆数据集

这里我们使用增强的版本。增强后的测试集是每张图片28×28像素，使用原始测试集的中心区域。另外，当我们在训练集和测试集中循环寻找属于某个车辆类别的样本时，可以通过询问与当前样本的类别标签相匹配的元素在车辆列表中的索引来进行类别标签的重新编码，因此使用车辆索引。车辆数据集的训练集有200000个样本，四个类别中的每一个有50000个样本。

然后，我们需要做：①在车辆数据集上训练深度模型；②将模型适应于狗和猫的数据集；③用车辆模型的权重初始化训练深度模型。我们还将从头开始训练浅层和深层模型，使用狗和猫的数据集进行比较。

我们在本章的开始给出了深度模型的代码，所以这里就不重复了。请看清单 14-3。代码本身在文件 cifar10_cnn_vehicles.py 中。这里显示了车辆模型的相关修改。

```
batch_size = 64
num_classes = 4
epochs = 12
img_rows, img_cols = 28,28

x_train = np.load("cifar10_train_vehicles_images.npy")
y_train = np.load("cifar10_train_vehicles_labels.npy")
x_test = np.load("cifar10_test_vehicles_images.npy")
y_test = np.load("cifar10_test_vehicles_labels.npy")
```

我们使用的是 64 个小批次大小的规模。有 4 个类（飞机、汽车、船舶、卡车），我们将训练 12 个历时。当完成训练后，我们将把模型存储在 cifar10_cnn_vehicles_model.h5 中，这样就可以使用它的权重和偏差来微调狗和猫的模型。在我们的 CPU 系统上训练这个模型需要几个小时。最终的测试准确率是 88.2%，所以它的表现相对于我们的目的来说是足够好的。

14.6.2　微调以适应模型

现在需要为狗和猫的数据集调整车辆模型，并进行微调。具体来说，需要将期望有四个类别的顶部 softmax 层替换为期望有两个类别的层。我们还需要决定哪些层的权重将被冻结，哪些层将在训练中更新。这一步至关重要，我们将看到我们的选择如何影响微调的结果。

在微调时，标准的做法是冻结较低层的权重，它们在训练时完全不被更新。这里的想法是，如果我们的新数据与预训练步骤中使用的数据相似，那么模型的低层已经适应了，我们不应该改变它们。我们允许因为这些层需要学习新数据的表现。我们冻结哪些层，允许哪些层进行训练，取决于模型的大小和数据本身。需要进行实验。注意，上一节的迁移学习可以被认为是在冻结所有权重的情况下进行的微调。

注意，如果我们使用 SGD 的微调，通常会把学习率降低一个系数，比如说 10。其理由与冻结低级权重的理由相同：模型已经“接近”误差函数的理想最小值，所以我们不需要大的步骤来找到它。我们的实验将使用 Adadelta，它将为我们调整学习率的步骤大小。

这个深度模型有多个卷积层。我们将实验冻结前两个，这些是最低的，而且很可能已经调整到了 CIFAR-10 数据集的低层次特征，至少是车辆。当然，由于我们的狗和猫的图像也来自 CIFAR-10，知道它们与车辆图像来自同一个父分布或域。我们还将试验一个冻结所有卷积层的模型，只允许密集层在训练期间进行调整。这样做让人联想到迁移学习，尽管我们将允许密集层更新它们的权重。

让我们通过使用之前训练的车辆模型（清单 14-14）来创建微调的代码。

```
import keras
from keras.models import load_model
from keras.layers import Dense
from keras import backend as K
import numpy as np

batch_size = 64
num_classes = 2
epochs = 36
img_rows, img_cols = 28,28
```

```
x_train = np.load("cifar10_train_cat_dog_small_images.npy")

y_train = np.load("cifar10_train_cat_dog_small_labels.npy")
x_test = np.load("cifar10_test_cat_dog_small_images.npy")
y_test = np.load("cifar10_test_cat_dog_small_labels.npy")

if K.image_data_format() == 'channels_first':
    x_train = x_train.reshape(x_train.shape[0], 3, img_rows, img_cols)
    x_test = x_test.reshape(x_test.shape[0], 3, img_rows, img_cols)
    input_shape = (3, img_rows, img_cols)
else:
    x_train = x_train.reshape(x_train.shape[0], img_rows, img_cols, 3)
    x_test = x_test.reshape(x_test.shape[0], img_rows, img_cols, 3)
    input_shape = (img_rows, img_cols, 3)

x_train = x_train.astype('float32')
x_test = x_test.astype('float32')
x_train /= 255
x_test /= 255

y_train = keras.utils.to_categorical(y_train, num_classes)
y_test = keras.utils.to_categorical(y_test, num_classes)
```

清单14-14 对车辆模型进行微调（请参见cifar10_cnn_cat_dog_fine_tune_3.py）

这些线条现在应该很熟悉了。首先，我们加载并预处理小狗和小猫的数据集。注意，我们使用的是64的小批次大小，两个类（0=猫，1=狗），36个历时。

接下来，我们需要加载车辆模型，剥离其顶层，并以两类softmax代替（清单14-15）。这也是我们将冻结前两个卷积层的一些组合的地方。

```
    model = load_model("cifar10_cnn_vehicles_model.h5")

❶ model.layers.pop()
❷ model.outputs = [model.layers[-1].output]
   model.layers[-1].outbound_nodes = []
❸ model.add(Dense(num_classes, name="softmax", activation='softmax'))

❹ model.layers[0].trainable = False
   model.layers[1].trainable = False

   model.compile(loss=keras.losses.categorical_crossentropy,
                 optimizer=keras.optimizers.Adadelta(),
                 metrics=['accuracy'])
```

清单14-15 调整狗和猫的车辆模型

在加载模型之后，我们使用Keras来移除顶层❶。我们需要对模型进行修补，使次顶层看起来像顶层，这样可以使添加的方法正确工作❷。然后，我们为两个类添加一个新的softmax层❸。这个例子被设定为冻结前两个卷积层的权重❹。我们将测试涉及前两个卷积层的每个可能组合。最后，我们编译更新的模型并指定Adadelta优化器。

如清单14-16所示，我们通过调用fit方法来训练模型，和以前一样。

```
score = model.evaluate(x_test[100:], y_test[100:], verbose=0)
print('Initial test loss:', score[0])
```

```
print('Initial test accuracy:', score[1])

history = model.fit(x_train, y_train,
         batch_size=batch_size,
         epochs=epochs,
         verbose=0,
         validation_data=(x_test[:100], y_test[:100]))

score = model.evaluate(x_test[100:], y_test[100:], verbose=0)
print('Test loss:', score[0])
print('Test accuracy:', score[1])

model.save("cifar10_cnn_cat_dog_fine_tune_3_model.h5")
```

清单14-16　训练和测试狗和猫的模型

我们在调用fit之前，使用最后90%的测试数据进行评估。这将给我们一个指示，当使用车辆权重时，狗和猫的模型表现如何。然后我们第二次调用fit和evaluate。最后，保存模型和训练历史。这个模型冻结了前两个卷积层。其他模型将冻结或解冻这些层，以应对其余三种可能性。

我们之前提到，也会通过冻结所有的卷积层来训练一个模型。实质上，这是说我们要保留车辆模型学到的任何新表征，并将其直接应用于狗和猫的模型，只允许顶部的全连接层自我调整。这与上一节的迁移学习方法几乎相同。为了冻结所有的卷积层，我们用所有层的循环来代替对特定层的可训练属性的直接赋值。

```
for i in range(5):
    model.layers[i].trainable = False
```

14.6.3　测试我们的模型

让我们来运行微调测试。我们将对每个可能的组合进行六次训练，这样就可以得到平均准确率的统计数据。这说明了初始化过程的随机性。虽然我们用预训练的权重初始化了模型，但我们增加了一个新的顶部softmax层，有两个输出。它下面的密集层的输出有128个节点，所以每个模型需要随机地初始化 $128 \times 2 + 2 = 258$ 个权重和新层的偏置。这就是差异的来源。

在没有训练的情况下，初始模型的准确率徘徊在50%～51%之间，由于我们刚才提到的初始化，每个模型都略有不同。这是一个两类模型，所以这意味着在没有任何训练的情况下，它是在狗和猫之间随机猜测。

在我们训练了所有的模型并统计了每个模型的准确率之后，我们得到了表14-2，在这里我们把准确率表示为平均值 ± 标准差。

表14-2　浅层、深层和微调深层模型的狗和猫测试集准确率

模型	冻结 $conv_0$	冻结 $conv_1$	准确率/%
浅层	—	—	64.375 ± 0.388
深层	—	—	61.142 ± 0.509
微调0	False	False	62.683 ± 3.689
微调1	True	False	69.142 ± 0.934
微调2	False	True	68.842 ± 0.715

续表

模型	冻结 $conv_0$	冻结 $conv_1$	准确率/%
微调3	True	True	70.050 ± 0.297
冻结所有	—	—	57.042 ± 0.518

如何看待这些结果呢？首先，我们看到用小狗和小猫的数据集从头开始训练深度架构并不是特别有效：只有大约61%的准确性。从头开始训练浅层架构的效果更好，准确率约为64%。这些是我们的基线。对在不同数据上训练的模型进行微调会有帮助吗？从微调结果来看，答案是"是的"，但显然，并非所有的微调选项都同样有效：有两个选项甚至比从头开始的最佳结果更差（"微调0"和"冻结所有"）。所以，我们不想冻结所有的卷积层，也不想自由地更新所有的卷积层。

这就剩下微调模型1、2和3需要考虑。"微调3"模型表现最好，尽管这些模型之间的差异在统计学上并不显著。那我们就用冻结前两个卷积层的方法吧。是什么原因使这种方法优于其他模型？通过冻结固定这些低层，防止它们被训练所改变。这些层是在一个更大的车辆数据集上训练的，该数据集包括标准的增强功能，如移位和旋转。而且，正如我们在图12-4中看到的，这些低层所学习的内核是边缘和纹理检测器。它们已经被调教为学习CIFAR-10图像中存在的各种结构，而且，由于我们的狗和猫数据集也来自CIFAR-10，我们有理由相信，同样的内核对这些图像也是有用的。

然而，当我们冻结了深度架构的所有卷积层时，我们看到性能明显下降。这意味着更高级别的卷积层不能很好地适应狗和猫的结构，这也是非常合理的。由于它们的有效感受野，更高级别的层正在学习输入图像中的更大结构，这些也是区分狗和猫的更大结构。如果我们不能修改这些层，就没有机会让它们对我们需要它们学习的东西进行调节。

这个微调的例子显示了该技术在适用时的力量。然而，就像机器学习中的大多数事情一样，对于它的成功原因和时机，只有直觉。最近的工作表明，有时，只要有足够的数据，对一个在与预期数据集不是很接近的数据集上训练的大型模型进行微调，其性能并不比训练一个较浅的模型好。例如，见Maithra Raghu等人撰写的《输血：医学影像的迁移学习》（*Transfusion: Understanding Transfer Learning for Medical Imaging*）。这篇论文使用了预训练的ImageNet模型和医学图像之间的迁移学习/微调，并表明从头开始训练的浅层模型通常也同样出色。

> **小结**
>
> 本章探索了应用于CIFAR-10数据集的卷积神经网络。我们首先在完整的数据集上训练两个架构，一个是浅层的，另一个是深层的。然后，我们问道，是否可以训练一个模型来区分动物和车辆。接下来，我们回答了单一的多分类模型或多个二元模型对CIFAR-10的表现是否更好的问题。在这之后，我们介绍了两种基本技术——迁移学习和微调，并展示了如何在Keras中实现它们。这些技术应该被理解，并装在你的深度学习的技巧袋中继续前进。
>
> 在下一章中，我们将介绍一个我们尚未使用过的数据集的案例研究。我们将扮演数据科学家的角色，负责为这个数据集建立模型，并从最初的数据处理到模型探索和最终的模型构建。

第 **15** 章

实例研究：音频数据分类

让我们把整本书中所学到的东西都集中起来，看一个单一的案例研究。情景是这样的：我们是数据科学家，我们的老板让我们为存储为 .wav 文件的音频样本建立一个分类器。我们将从数据本身开始。我们首先要建立一些关于数据结构的基本直觉。从那里，我们将建立增强的数据集，可以用来训练模型。第一个数据集使用声音样本本身，是一个一维数据集。我们将看到，这种方法并不像我们希望的那样成功。

然后我们将把音频数据变成图像，让我们探索二维的 CNN。这种表示方法的改变将导致模型性能的极大改善。最后，我们将把多个模型组合在一起，看看如何利用单个模型的相对优势和劣势来进一步提高整体性能。

15.1 建立数据集

我们的数据集有 10 个类，总共包括 400 个样本，每个类 40 个样本，每个样本 5s。假设我们无法得到更多的数据，因为记录样本并给它们贴上标签既费时又费力。我们必须用给我们的数据工作，不能再多了。

在本书中，我们一直在宣扬拥有一个好的数据集的必要性。我们将假设我们得到的数据集是完整的，也就是说，我们的系统在数据集中只遇到了声音样本的类型，不会有未知的类。此外，我们还将假设数据集的平衡性是真实的，所有的类确实都是同样的可能性。

我们将使用的音频数据集称为 ESC-10。关于完整的描述，见 Karol J. Piczal（2015）撰写的 "ESC: Dataset for Environmental Sound Classification"（ESC：环境音频分类的数据集）。但它需要从更大的 ESC-50 数据集中提取，而我们没有使用该数据集的许可。仅有使用 ESC-10 子集的许可。

让我们做一些预处理，从较大的 ESC-50 数据集中提取 ESC-10 .wav 文件。下载单一 ZIP 文件版本的数据集，并展开它。这将创建一个名为 ESC-50-master 的目录。然后，使用清单 15-1 中的代码，从中建立 ESC-10 数据集。

```
import sys
import os
import shutil

classes = {
    "rain":0,
    "rooster":1,
    "crying_baby":2,
```

```
        "sea_waves":3,
        "clock_tick":4,
        "sneezing":5,
        "dog":6,
        "crackling_fire":7,
        "helicopter":8,
        "chainsaw":9,
}

with open("ESC-50-master/meta/esc50.csv") as f:
    lines = [i[:-1] for i in f.readlines()]
lines = lines[1:]

os.system("rm -rf ESC-10")
os.system("mkdir ESC-10")
os.system("mkdir ESC-10/audio")

meta = []
for line in lines:
    t = line.split(",")
    if (t[-3] == 'True'):
        meta.append("ESC-10/audio/%s %d" % (t[0],classes[t[3]]))
        src = "ESC-50-master/audio/"+t[0]
        dst = "ESC-10/audio/"+t[0]
        shutil.copy(src,dst)

with open("ESC-10/filelist.txt","w") as f:
    for m in meta:
        f.write(m+"\n")
```

清单15-1 建立ESC-10数据集

该代码使用ESC-50数据来识别属于ESC-10数据集的10个类别的声音样本，然后将它们复制到ESC-10/audio目录中。它还将音频文件的列表写到filelist.txt。运行这段代码后，我们将只使用ESC-10的文件。

如果一切顺利的话，我们现在应该有400个5s的.wav文件，10个类别中的每一类包含40个样本：雨、公鸡、哭泣的婴儿、波浪、时钟滴答声、打喷嚏、狗、噼里啪啦的火、直升机和电锯。我们将礼貌地避免问我们的老板为什么要区分这些特定类别的声音。

15.1.1 增强数据集

我们的第一直觉应该是，数据集太小了。毕竟，我们只有每个声音的40个例子，而且我们知道，其中一些将需要保留用于测试，留下更少的每一类用于训练。我们可以采用 k 折验证法，但在这种情况下，我们将选择数据增强法。那么，我们如何增加音频数据？

回顾一下，数据增强的目标是创建新的数据样本，这些样本可能来自数据集中的各个类别。对于图像，我们可以进行明显的改变，比如移位、左右翻转等。对于连续向量，我们已经看到如何使用PCA来增强数据（见第5章）。为了增强音频文件，我们需要想一些办法，使产生的新文件听起来仍然像原来的类别。我想到了四个想法。

第一，我们可以在时间上移动样本，就像我们可以将图像向左或向右移动几个像素一样。第二，我们可以通过向声音本身添加少量的随机噪声来模拟一个嘈杂的环境。第三，我们可以改变声音的音调，使其升高或降低一些小的数量。毫不奇怪，这就是所谓的音频变调。最后，我们可以拉长或压缩声音的时间。这就是所谓的时间转换。

做这些事听起来很复杂，特别是如果我们以前没有处理过音频数据。应该指出，在实践中，遇到不熟悉的数据是一种非常现实的可能，我们并不是都能选择我们需要的工作内容。

幸运的是，我们是在Python中工作，而Python社区是庞大而有才华的。事实证明，在我们的系统中加入一个库，将使我们能够轻松地进行时间拉伸和音调转换。让我们安装librosa库。这应该能为我们带来好处。

```
$ sudo pip3 install librosa
```

在安装了必要的库之后，我们可以用清单15-2中的代码来增强ESC-10数据集。

```
    import os
    import random
    import numpy as np
    from scipy.io.wavfile import read, write
    import librosa as rosa
    N = 8
    os.system("rm -rf augmented; mkdir augmented")
    os.system("mkdir augmented/train augmented/test")
❶ src_list = [i[:-1] for i in open("ESC-10/filelist.txt")]
    z = [[] for i in range(10)]
    for s in src_list:
        _,c = s.split()
        z[int(c)].append(s)
❷ train = []
    test = []
    for i in range(10):
        p = z[i]
        random.shuffle(p)
        test += p[:8]
        train += p[8:]
    random.shuffle(train)
    random.shuffle(test)
    augment_audio(train, "train")
    augment_audio(test, "test")
```

清单15-2   增强ESC-10数据集（第一部分）

这段代码加载了必要的模块，包括librosa模块，我们称为rosa以及SciPy wavfile模块的两个函数，让我们把NumPy数组读写为.wav文件。

我们设置每类样本的数量，将保留用于测试（*N*=8），并创建输出目录，增强的声音文件将存放在那里。然后，我们读取用清单15-1❶创建的文件列表。接下来，创建一个嵌套列表（z）来保存与10个类中每个类相关的音频文件的名称。

利用每个类的文件列表，我们把它拆开，创建训练和测试文件列表❷。注意，我们随机地将每类的文件列表以及最终的训练和测试列表进行洗牌。这段代码遵循了我们在第4章讨论的惯例，即先分离训练和测试，然后再进行增强。

我们可以通过调用augment_audio来增强训练和测试文件。这个函数在清单15-3中。

```
def augment_audio(src_list, typ):
    flist = []
    for i,s in enumerate(src_list):
        f,c = s.split()
```

```
❶ wav = read(f) # (sample rate, data)
   base = os.path.abspath("augmented/%s/%s" %
                          (typ, os.path.basename(f)[:-4]))
   fname = base+".wav"
❷ write(fname, wav[0], wav[1])
   flist.append("%s %s" % (fname,c))
   for j in range(19):
       d = augment(wav)
       fname = base+("_%04d.wav" % j)
     ❸ write(fname, wav[0], d.astype(wav[1].dtype))
       flist.append("%s %s" % (fname,c))

random.shuffle(flist)
with open("augmented_%s_filelist.txt" % typ,"w") as f:
    for z in flist:
        f.write("%s\n" % z)
```

清单15-3 增强ESC-10数据集（第二部分）

该函数循环处理给定列表（src_list）中的所有文件名，这些文件将是训练或测试文件。文件名与类别标签分开，然后从磁盘读取文件❶。正如注释中所示，wav是一个包含两个元素的列表。第一个是采样率，单位是Hz（每秒循环）。这是模拟波形被数字化以产生.wav文件的频率。对于ESC-10来说，采样率总是44100Hz，这是光盘的标准速率。第二个元素是一个NumPy数组，包含实际数字化的声音样本。这些是我们要增强的值，以产生新的数据文件。

在设置了一些输出路径名后，我们把原始的声音样本写到增强的目录中❷。然后，我们开始一个循环，生成当前声音样本的另外19个增强版本。扩增后的数据集，作为一个整体，将扩大20倍，总共有8000个声音文件。6400个用于训练，1600个用于测试。注意，增强的源文件的声音样本被分配给d。新的声音文件被写入磁盘，使用44100Hz的采样率，增强的数据与源数据类型❸相匹配。

当我们创建增强的声音文件时，我们也会跟踪文件名和类别，并将它们写入一个新的文件列表中。这里typ是一个字符串，表示训练或测试。

这个函数调用另一个函数augment。这个函数通过随机应用前面提到的四种增强策略的一些子集，生成一个单一的声音文件的增强版本：移位、噪声、音调移位或时间移位。这些策略中的一部分或全部可能被用于对增强的任何调用。扩音函数本身显示在清单15-4中。

```
def augment(wav):
    sr = wav[0]
    d = wav[1].astype("float32")
❶ if (random.random() < 0.5):
       s = int(sr/4.0*(np.random.random()-0.5))
       d = np.roll(d,s)
       if (s < 0):
           d[s:] = 0
       else:
           d[:s] = 0
❷ if (random.random() < 0.5):
       d += 0.1*(d.max()-d.min())*np.random.random(d.shape[0])
❸ if (random.random() < 0.5):
       pf = 20.0*(np.random.random()-0.5)
       d = rosa.effects.pitch_shift(d, sr, pf)
❹ if (random.random() < 0.5):
```

```
        rate = 1.0 + (np.random.random()-0.5)
        d = rosa.effects.time_stretch(d,rate)
        if (d.shape[0] > wav[1].shape[0]):
            d = d[:wav[1].shape[0]]
        else:
            w = np.zeros(wav[1].shape[0], dtype="float32")
            w[:d.shape[0]] = d
            d = w.copy()
    return d
```

清单15-4　增强ESC-10数据集（第三部分）

这个函数将样本（d）与采样率（sr）分开，并确保样本是浮点数。对于ESC-10来说，源样本的类型都是int16（有符号的16位整数）。接下来是四个if语句。每个语句都要求一个随机的浮点数，如果这个浮点数小于0.5，我们就执行if语句的主体。这意味着，我们以50%的概率应用每个可能的增强。

第一个if是通过滚动NumPy数组（一个向量），将声音样本在时间上移位❶，这个值最多相当于八分之一秒，sr/4.0。注意，这个移位可以是正的，也可以是负的。sr/4.0这个量是四分之一秒的样本数。然而，随机浮点的范围是[-0.5,+0.5]，所以最终的移位最多是八分之一秒。如果移位是负的，我们需要在数据结束时将样本归零，否则，在开始时将样本归零。

随机噪声是通过字面意思来添加的，即在❷中添加一个最多为音频信号范围的十分之一的随机值。当播放时，这增加了"嘶嘶"声，就像在老式磁带上听到的那样。

接下来是通过使用librosa来转移样本的音高。音高的移动是以音阶或其分数来表示的。我们在[-10,+10]（pf）范围内随机挑选一个浮点数，并将其与数据（d）和采样率（sr）一起传递给librosa pitch_shift效果函数❸。

最后的增强使用librosa函数来拉伸或压缩时间（time_stretch）❹。我们使用一个在[-0.5,+0.5]范围内的时间量（rate）来调整。如果时间被拉伸了，我们需要砍掉多余的样本，以确保样本长度保持不变。如果时间被压缩，我们需要在最后增加零样本。

最后，我们返回新的、增强的样本。

运行清单15-2中的代码，会创建一个新的增强数据目录，其中有train和test两个子目录。这些是我们今后要使用的原始声音文件。我鼓励你听一些，以了解增强的效果。文件名应该可以帮助你快速区分原始文件和增强文件。

15.1.2　数据预处理

我们准备好开始建造模型了吗？还没有。经验告诉我们，数据集太小了，因此我们进行了相应的增强。然而，我们还没有把原始数据变成我们可以传递给模型的东西。

第一个想法是使用原始声音样本。这些已经是代表音频信号的向量，样本之间的时间由44100Hz的采样率设定。但我们并不想使用它们的原样。这些样本的长度都正好是5s。在每秒44100个样本的情况下，这意味着每个样本是一个44100×5=220500个采样点的向量。这对我们来说太长了，无法有效地工作。

再多想一下，也许能说服自己，区分哭泣的婴儿和吠叫的狗可能不需要这么高的采样率。如果我们不保留所有的样本，而只保留每100个样本呢？此外，我们真的需要5s的数据来识别声音吗？如果我们只保留前2s的数据呢？

让我们只保留每个声音文件的前2s，这是88200个采样。让我们只保留每隔100个采样取一个样本，所以每个声音文件现在成为一个含882元素的向量。这几乎不比一个未解开的MNIST数字图像多，我们知道我们可以用这些数字来工作。

清单15-5是建立实际初始版本的数据集的代码，我们将用它来建立模型。

```
import os
import random
import numpy as np
from scipy.io.wavfile import read
sr = 44100 # Hz
N = 2*sr # number of samples to keep
w = 100 # every 100

afiles = [i[:-1] for i in open("augmented_train_filelist.txt")]
trn = np.zeros((len(afiles),N//w,1), dtype="int16")
lbl = np.zeros(len(afiles), dtype="uint8")
for i,t in enumerate(afiles):
❶  f,c = t.split()
   trn[i,:,0] = read(f)[1][:N:w]
   lbl[i] = int(c)
np.save("esc10_raw_train_audio.npy", trn)
np.save("esc10_raw_train_labels.npy", lbl)

afiles = [i[:-1] for i in open("augmented_test_filelist.txt")]
tst = np.zeros((len(afiles),N//w,1), dtype="int16")
lbl = np.zeros(len(afiles), dtype="uint8")
for i,t in enumerate(afiles):
   f,c = t.split()
   tst[i,:,0] = read(f)[1][:N:w]
   lbl[i] = int(c)
np.save("esc10_raw_test_audio.npy", tst)
np.save("esc10_raw_test_labels.npy", lbl)
```

清单15-5 建立缩小的样本数据集

这段代码建立了包含原始数据的训练和测试NumPy文件。这些数据来自我们在清单15-2中建立的增强的声音文件。文件列表中包含文件的位置和类别标签❶。我们加载列表中的每个文件，并将其放入一个数组，即训练或测试数组。

我们有一个一维的特征向量和一些训练或测试文件，所以我们可能需要一个二维数组来存储我们的数据，6400×882的训练集或1600×882的测试集。然而，我们最终将与Keras一起工作，而且我们知道Keras希望有一个通道数的维度，所以我们将数组定义为6400×882×1和1600×882×1。这段代码中最重要的一行是下面这句话。

```
trn[i,:,0] = read(f)[1][:N:w]
```

它读取当前的声音文件，只保留声音样本（[1]），并从声音样本中只保留前2s，保留这里每隔100个采样进行一次取样的价值，[: N: w]。花点时间看一下这段代码。如果你感到困惑，我建议在交互式Python提示下用NumPy做实验，以了解它在做什么。

最后，我们有882个元素向量和相关标签的训练和测试文件。我们将用这些文件建立我们的第一个模型。图15-1显示了一个哭泣的婴儿的结果向量。

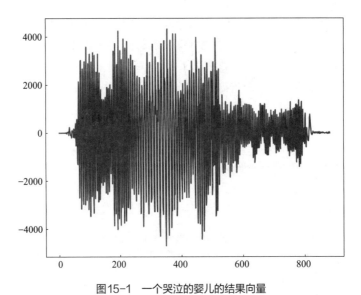

图15-1　一个哭泣的婴儿的结果向量

*x*轴是样本数（考虑"时间"），*y*轴是样本值。

15.2　音频特征分类

我们有训练集和测试集。让我们建立一些模型，看看它们的表现如何。由于我们有特征向量，因此可以快速地从经典模型开始。之后，我们可以建立一些一维卷积网络，看看它们的表现是否更好。

15.2.1　使用经典模型

我们可以用乳腺癌数据集测试在第7章中使用的同一套经典模型。清单15-6中有设置代码。

```
import numpy as np
from sklearn.neighbors import NearestCentroid
from sklearn.neighbors import KNeighborsClassifier
from sklearn.naive_bayes import GaussianNB
from sklearn.ensemble import RandomForestClassifier
from sklearn.svm import LinearSVC

x_train = np.load("esc10_raw_train_audio.npy")[:,:,0]
y_train = np.load("esc10_raw_train_labels.npy")

x_test = np.load("esc10_raw_test_audio.npy")[:,:,0]
y_test = np.load("esc10_raw_test_labels.npy")

❶ x_train = (x_train.astype('float32') + 32768) / 65536
x_test = (x_test.astype('float32') + 32768) / 65536

train(x_train, y_train, x_test, y_test)
```

清单15-6　用经典模型对音频特征进行分类（第一部分）

在这里，我们导入必要的模型类型，加载数据集，缩放它，然后调用我们即将介绍的训练函数。缩放在这里至关重要。考虑图15-1的*y*轴范围。它从大约−4000到4000。我们需要缩放数据，使范围更小，值更接近以0为中心。回想一下，对于MNIST和CIFAR-10数据集，我们可以将数据除以最大值，将其缩放至[0,1]范围。

声音样本是16位有符号的整数。这意味着它们的全部取值范围包括[−32768,+32767]。如果我们把样本做成浮点数，加上32768，然后除以65536（低值的2倍）❶，我们会得到[0,1]范围内的样本，这就是我们想要的。

训练和评估经典模型是很简单的，如清单15-7所示。

```python
def run(x_train, y_train, x_test, y_test, clf):
    clf.fit(x_train, y_train)
    score = 100.0*clf.score(x_test, y_test)
    print("score = %0.2f%%" % score)

def train(x_train, y_train, x_test, y_test):
    print("Nearest Centroid          : ", end='')
    run(x_train, y_train, x_test, y_test, NearestCentroid())
    print("k-NN classifier (k=3)     : ", end='')
    run(x_train, y_train, x_test, y_test, KNeighborsClassifier(n_neighbors=3))
    print("k-NN classifier (k=7)     : ", end='')
    run(x_train, y_train, x_test, y_test, KNeighborsClassifier(n_neighbors=7))
    print("Naive Bayes (Gaussian)    : ", end='')
    run(x_train, y_train, x_test, y_test, GaussianNB())
    print("Random Forest (trees= 5)  : ", end='')
    run(x_train, y_train, x_test, y_test,
        RandomForestClassifier(n_estimators=5))
    print("Random Forest (trees= 50) : ", end='')
    run(x_train, y_train, x_test, y_test,
        RandomForestClassifier(n_estimators=50))
    print("Random Forest (trees=500) : ", end='')
    run(x_train, y_train, x_test, y_test,
        RandomForestClassifier(n_estimators=500))
    print("Random Forest (trees=1000): ", end='')
    run(x_train, y_train, x_test, y_test,
        RandomForestClassifier(n_estimators=1000))
    print("LinearSVM (C=0.01)        : ", end='')
    run(x_train, y_train, x_test, y_test, LinearSVC(C=0.01))
    print("LinearSVM (C=0.1)         : ", end='')
    run(x_train, y_train, x_test, y_test, LinearSVC(C=0.1))
    print("LinearSVM (C=1.0)         : ", end='')
    run(x_train, y_train, x_test, y_test, LinearSVC(C=1.0))
    print("LinearSVM (C=10.0)        : ", end='')
    run(x_train, y_train, x_test, y_test, LinearSVC(C=10.0))
```

清单15-7 用经典模型对音频特征进行分类（第二部分）

train函数创建特定的模型实例，然后调用run。我们在第7章中也看到了这种代码结构。run函数用fit来训练模型，用score在测试集上给模型评分。目前，我们将只根据模型的总体准确率（得分）来评估模型。运行这段代码会产生这样的输出。

```
Nearest Centroid          : score = 11.9%
k-NN classifier (k=3)     : score = 12.1%
k-NN classifier (k=7)     : score = 10.5%
Naive Bayes (Gaussian)    : score = 28.1%
Random Forest (trees= 5)  : score = 22.6%
Random Forest (trees= 50) : score = 30.8%
Random Forest (trees=500) : score = 32.8%
Random Forest (trees=1000): score = 34.4%
```

```
LinearSVM (C=0.01)        : score = 16.5%
LinearSVM (C=0.1)         : score = 17.5%
LinearSVM (C=1.0)         : score = 13.4%
LinearSVM (C=10.0)        : score = 10.2%
```

　　我们可以很快看到，经典模型的表现非常糟糕。有10个类别，所以随机的猜测机会应该有10%左右的准确率。表现最好的经典模型是有1000棵树的随机森林。但即使如此，它的表现也只有34.44%——总体准确率太低，我们在大多数情况下都不愿意使用这个模型。这个数据集并不简单，至少对老派方法来说是如此。有点令人惊讶的是，高斯朴素贝叶斯模型有28%的时间是正确的。回顾一下，高斯朴素贝叶斯希望样本之间是相互独立的。在这里，对于一个特定的测试输入，声音样本之间的独立性假设是无效的。在这种情况下，特征向量代表了一个在时间上演变的信号，而不是一个相互独立的特征集合。

　　失败最多的模型是最近质心、k-NN和线性SVM。我们有一个合理的高维输入，882个元素，但在训练集中只有6400个。这对于最近邻分类器来说可能是样本太少了——特征空间的填充太稀疏了。维数灾难再一次出现了，它表现得如此拙劣。

　　线性SVM失败了，因为这些特征似乎不是线性可分离的。我们没有尝试RBF（高斯核）SVM，但我们将其作为一个练习留给读者。如果你真的尝试了，记住现在有两个超参数需要调整：C 和 γ。

15.2.2　使用传统神经网络

　　我们还没有尝试过一个传统的神经网络。我们可以像之前那样使用sklearn MLPClassifier类，但现在是展示如何在Keras中实现一个传统网络的好时机。清单15-8中有相关代码。

```python
import keras
from keras.models import Sequential
from keras.layers import Dense, Dropout, Flatten
from keras import backend as K
import numpy as np

batch_size = 32
num_classes = 10
epochs = 16
nsamp = (882,1)
x_train = np.load("esc10_raw_train_audio.npy")
y_train = np.load("esc10_raw_train_labels.npy")
x_test = np.load("esc10_raw_test_audio.npy")
y_test = np.load("esc10_raw_test_labels.npy")
x_train = (x_train.astype('float32') + 32768) / 65536
x_test = (x_test.astype('float32') + 32768) / 65536
y_train = keras.utils.to_categorical(y_train, num_classes)
y_test = keras.utils.to_categorical(y_test, num_classes)

model = Sequential()
model.add(Dense(1024, activation='relu', input_shape=nsamp))
model.add(Dropout(0.5))
model.add(Dense(512, activation='relu'))
model.add(Dropout(0.5))
model.add(Flatten())
model.add(Dense(num_classes, activation='softmax'))
```

```
model.compile(loss=keras.losses.categorical_crossentropy,
              optimizer=keras.optimizers.Adam(),
              metrics=['accuracy'])
model.fit(x_train, y_train,
          batch_size=batch_size,
          epochs=epochs,
          verbose=0,
          validation_data=(x_test, y_test))

score = model.evaluate(x_test, y_test, verbose=0)
print('Test accuracy:', score[1])
```

清单15-8　Keras中的一个传统神经网络

在加载必要的模块后，我们加载数据本身，并像对经典模型那样对其进行扩展。接下来，我们建立模型架构。我们只需要密集层和丢弃层。我们确实放了一个扁平层来消除最终softmax输出前的额外维度（注意nsamp的形状）。不幸的是，这个模型并没有为我们改善情况：我们的准确率只有27.6%。

15.2.3　使用卷积神经网络

经典模型和传统的神经网络并不能解决问题。我们不应该太惊讶，但给它们一个尝试是很容易的。让我们继续前进，将一维卷积神经网络应用于这个数据集，看看它的表现是否更好。

我们还没有使用过一维CNN。除了输入数据的结构，唯一的区别是我们用Conv1D和MaxPooling1D的调用代替了对Conv2D和MaxPooling2D的调用。

我们要尝试的第一个模型的代码显示在清单15-9中。

```
import keras
from keras.models import Sequential
from keras.layers import Dense, Dropout, Flatten
from keras.layers import Conv1D, MaxPooling1D
import numpy as np


batch_size = 32
num_classes = 10
epochs = 16
nsamp = (882,1)
x_train = np.load("esc10_raw_train_audio.npy")
y_train = np.load("esc10_raw_train_labels.npy")
x_test = np.load("esc10_raw_test_audio.npy")
y_test = np.load("esc10_raw_test_labels.npy")
x_train = (x_train.astype('float32') + 32768) / 65536
x_test = (x_test.astype('float32') + 32768) / 65536
y_train = keras.utils.to_categorical(y_train, num_classes)
y_test = keras.utils.to_categorical(y_test, num_classes)
model = Sequential()
model.add(Conv1D(32, kernel_size=3, activation='relu',
                 input_shape=nsamp))
model.add(MaxPooling1D(pool_size=3))
model.add(Dropout(0.25))
model.add(Flatten())
model.add(Dense(512, activation='relu'))
model.add(Dropout(0.5))
```

```
model.add(Dense(num_classes, activation='softmax'))
model.compile(loss=keras.losses.categorical_crossentropy,
              optimizer=keras.optimizers.Adam(),
              metrics=['accuracy'])
history = model.fit(x_train, y_train,
          batch_size=batch_size,
          epochs=epochs,
          verbose=1,
          validation_data=(x_test[:160], y_test[:160]))
score = model.evaluate(x_test[160:], y_test[160:], verbose=0)
print('Test accuracy:', score[1])
```

清单15-9　Keras中的一维CNN

这个模型像以前一样加载和预处理数据集。这个架构，我们称之为浅层架构，有一个由32个滤波器组成的单一卷积层，核大小为3。我们将按照我们为MNIST模型尝试不同的二维核大小的方式来改变这个核大小。紧随Conv1D层之后的是一个max-pooling层，其核大小为3。一个softmax层完成了这个架构。

我们将使用32个批处理量来训练16个历时。我们将保留训练历史，这样就可以检查损失和验证性能与历时的关系。有1600个测试样本。我们将使用10%的样本进行训练的验证，其余90%的样本用于整体准确性。最后，我们将改变Conv1D核的大小，从3到33，试图找到一个能与训练数据很好配合的核。

让我们来定义其他四种架构。我们将把它们称为中等（medium）、深0（deep0）、深1（deep1）和深2（deep2）。由于之前没有处理这些数据的经验，尝试多种架构是有意义的。目前，我们没有办法提前知道对于一个新的数据集来说最好的架构是什么。我们所拥有的只是我们以前的经验。

清单15-10列出了具体的架构，用注释分开。

```
# medium
model = Sequential()
model.add(Conv1D(32, kernel_size=3, activation='relu',
                 input_shape=nsamp))
model.add(Conv1D(64, kernel_size=3, activation='relu'))
model.add(Conv1D(64, kernel_size=3, activation='relu'))
model.add(MaxPooling1D(pool_size=3))
model.add(Dropout(0.25))
model.add(Flatten())
model.add(Dense(512, activation='relu'))
model.add(Dropout(0.5))
model.add(Dense(num_classes, activation='softmax'))

# deep0
model = Sequential()
model.add(Conv1D(32, kernel_size=3, activation='relu',
                 input_shape=nsamp))
model.add(Conv1D(64, kernel_size=3, activation='relu'))
model.add(Conv1D(64, kernel_size=3, activation='relu'))
model.add(MaxPooling1D(pool_size=3))
model.add(Dropout(0.25))
model.add(Conv1D(64, kernel_size=3, activation='relu'))
```

```
model.add(Conv1D(64, kernel_size=3, activation='relu'))
model.add(MaxPooling1D(pool_size=3))
model.add(Dropout(0.25))
model.add(Flatten())
model.add(Dense(512, activation='relu'))
model.add(Dropout(0.5))
model.add(Dense(num_classes, activation='softmax'))

# deep1
model = Sequential()
model.add(Conv1D(32, kernel_size=3, activation='relu',
                 input_shape=nsamp))
model.add(Conv1D(64, kernel_size=3, activation='relu'))
model.add(Conv1D(64, kernel_size=3, activation='relu'))
model.add(MaxPooling1D(pool_size=3))
model.add(Dropout(0.25))
model.add(Conv1D(64, kernel_size=3, activation='relu'))
model.add(Conv1D(64, kernel_size=3, activation='relu'))
model.add(MaxPooling1D(pool_size=3))
model.add(Dropout(0.25))
model.add(Conv1D(64, kernel_size=3, activation='relu'))
model.add(Conv1D(64, kernel_size=3, activation='relu'))
model.add(MaxPooling1D(pool_size=3))
model.add(Dropout(0.25))
model.add(Flatten())
model.add(Dense(512, activation='relu'))
model.add(Dropout(0.5))
model.add(Dense(num_classes, activation='softmax'))

# deep2
model = Sequential()
model.add(Conv1D(32, kernel_size=3, activation='relu',
                 input_shape=nsamp))
model.add(Conv1D(64, kernel_size=3, activation='relu'))
model.add(Conv1D(64, kernel_size=3, activation='relu'))
model.add(MaxPooling1D(pool_size=3))
model.add(Dropout(0.25))
model.add(Conv1D(64, kernel_size=3, activation='relu'))
model.add(Conv1D(64, kernel_size=3, activation='relu'))
model.add(MaxPooling1D(pool_size=3))

model.add(Dropout(0.25))
model.add(Conv1D(64, kernel_size=3, activation='relu'))
model.add(Conv1D(64, kernel_size=3, activation='relu'))
model.add(MaxPooling1D(pool_size=3))
model.add(Dropout(0.25))
model.add(Conv1D(64, kernel_size=3, activation='relu'))
model.add(Conv1D(64, kernel_size=3, activation='relu'))
model.add(MaxPooling1D(pool_size=3))
model.add(Dropout(0.25))
model.add(Flatten())
model.add(Dense(512, activation='relu'))
model.add(Dropout(0.5))
model.add(Dense(num_classes, activation='softmax'))
```

清单15-10 不同的一维CNN架构

如果我们训练多个模型，每次都改变第一个Conv1D核的大小，我们会得到表15-1中的结果。我们已经突出了每个架构的最佳表现模型。

表15-1　按卷积核大小和模型结构划分的测试集准确率

核大小	浅层	中等	深0	深1	深2
3	44.51	41.39	48.75	54.03	9.93
5	43.47	41.74	44.72	53.96	48.47
7	38.47	40.97	46.18	52.64	49.31
9	41.46	43.06	46.88	48.96	9.72
11	39.65	40.21	45.21	52.99	10.07
13	42.71	41.67	46.53	50.56	52.57
15	40.00	42.78	46.53	50.14	47.08
33	27.57	42.22	41.39	48.75	9.86

看一下表15-1，随着模型深度的增加，准确率有了普遍的提高。然而，在深2模型上，事情开始崩溃。一些模型未能收敛，显示出相当于随机猜测的准确性。深1模型是所有核大小中表现最好的。当按内核大小看时，宽度为3的内核在五个架构中的三个表现最好。所有这些都意味着一维CNN的最佳组合是使用一个宽度为3的初始核和深1架构。

我们只对这个架构进行了16个历时的训练。如果我们训练更多，情况会改善吗？让我们对深1模型进行60个历时的训练，并绘制训练和验证损失和误差图，看看它们是如何收敛的（或者不收敛）。这样做之后产生了图15-2，我们看到训练和验证的损失（上部）和误差（下部）作为历时的一个函数。

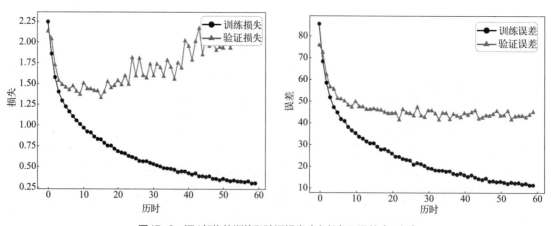

图15-2　深1架构的训练和验证损失（上部）和误差（下部）

我们应该立即注意到验证集的损失的爆炸性增长。训练损失持续减少，直到第18个历时左右；然后验证损失上升，并变得振荡。这是一个明显的过拟合的例子。这种过拟合的原因可能是我们的训练集规模有限，只有6400个样本，即使是在数据增加之后。验证误差在最初下降后，或多或少地保持不变。结论是，对于这个使用一维向量的数据集，我们不能指望做得比54%左右的总体准确率好多少。

幸运的是，我们还有一个预处理的技巧。

15.3 频谱图

让我们回到我们的增强型音频文件集。为了建立数据集，我们采取了声音样本，只保留了2s的价值，而且只保留了每隔100个采样提取一个样本。我们能做到的最好成绩是准确率略高于50%。

然而，如果我们用输入音频文件中的一小部分声音样本，例如价值200ms的样本，我们就可以用样本的向量来计算傅里叶变换。以固定间隔测量的信号的傅里叶变换告诉我们建立该信号的频率。任何信号都可以被认为是许多不同的正弦和余弦波的总和。如果信号只由几个波组成，比如你可能从一个乐器（如陶笛）中得到的声音，那么傅里叶变换基本上会在这些频率上有几个峰值。如果信号是复杂的，如语音或音乐，那么傅里叶变换将有许多不同的频率，导致许多不同的峰值。

傅里叶变换本身是复数的：每个元素都有一个实部和一个虚部。你可以把它写成$a+bi$，其中a和b是实数，$i = \sqrt{-1}$。如果我们使用这些量的绝对值，会得到一个实数，代表一个特定频率的能量。这就是所谓的信号的功率谱。一个简单的音调可能只在几个频率上有能量，而像铙

铗撞击或白噪声的能量会或多或少地平均分布在所有频率上。图15-3显示了两个功率谱。

图中上部是陶笛的频谱，下部是铙钹的撞击频谱。正如预期的那样，陶笛只在几个频率上有能量，而铙钹则使用所有的频率。对我们来说，重要的一点是，从视觉上看，这些频谱是完全不同的（这些频谱是用Audacity制作的，这是一个很好的开源音频处理工具。）

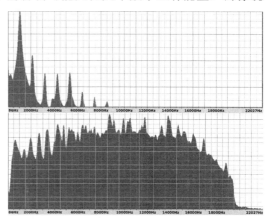

图15-3 陶笛（上部）和铙钹（下部）的功率谱

我们可以用这些功率谱作为特征向量，但它们只代表微小时间片的谱。声音样本的长度为5s。我们将不使用频谱，而是使用频谱图。频谱图是一个由代表单个频谱的列组成的图像。这意味着，x轴代表时间，y轴代表频率。一个像素的颜色与该频率在该时间的能量成正比。

换句话说，如果我们将功率谱垂直定位，并使用颜色代表特定频率的强度，就会得到一个频谱图。用这种方法，我们可以把整个声音样本变成一个图像。例如，图15-4是一个哭泣的婴儿的频谱图。将其与图15-1的特征向量进行比较。

图15-4 一个哭泣的婴儿的频谱图

为了创建增强的音频文件的频谱图，我们需要一个新的工具和一些代码。我们需要的工具叫作sox。它不是一个Python库，而是一个命令行工具。如果你使用我们的Ubuntu Linux发行版，很可能已经安装了它。如果没有，你可以安装它。

```
$ sudo apt-get install sox
```

我们将在Python脚本中使用sox来产生我们想要的频谱图图像。每个声音文件都成为一个新的频谱图图像。

处理训练图像的源代码在清单15-11中。

```
import os
import numpy as np
from PIL import Image


rows = 100
cols = 160
❶ flist = [i[:-1] for i in open("augmented_train_filelist.txt")]
N = len(flist)
img = np.zeros((N,rows,cols,3), dtype="uint8")
lbl = np.zeros(N, dtype="uint8")
p = []

for i,f in enumerate(flist):
    src, c = f.split()
❷    os.system("sox %s -n spectrogram" % src)
    im = np.array(Image.open("spectrogram.png").convert("RGB"))
❸    im = im[42:542,58:858,:]
    im = Image.fromarray(im).resize((cols,rows))
    img[i,:,:,:] = np.array(im)



    lbl[i] = int(c)
    p.append(os.path.abspath(src))

os.system("rm -rf spectrogram.png")
p = np.array(p)
❹ idx = np.argsort(np.random.random(N))
img = img[idx]
lbl = lbl[idx]
p = p[idx]
np.save("esc10_spect_train_images.npy", img)
np.save("esc10_spect_train_labels.npy", lbl)
np.save("esc10_spect_train_paths.npy", p)
```

清单15-11　建立频谱图

我们首先要定义频谱图的大小。这是我们模型的输入，我们不希望它太大，因为我们能处理的输入的尺寸有限。我们将满足于100×160像素。然后我们加载训练文件列表❶，并创建NumPy数组来保存频谱图图像和相关标签。列表p将保存每个频谱图的来源路径名，以备我们在某些时候想回到原始声音文件。一般来说，保留信息是一个好主意，以便回到衍生数据集的源头。

然后我们在文件列表上循环。我们得到文件名和类标签，然后调用sox，传入源声音文件名❷。sox的应用很复杂。这里的语法把给定的声音文件变成了一个名字为spectrogram.png的频谱图。我们立即将输出的频谱图加载到im中，确保它是一个没有透明层的RGB文件［因此要调用convert（"RGB"）］。

sox创建的频谱图有一个带有频率和时间信息的边框。我们只想得到频谱图的图像部分，所以我们对图像进行子集划分❸。我们根据经验确定了我们所使用的指数。有可能，但有点不太可能，新版本的sox会要求调整这些，以避免包括任何边界像素。

接下来，我们调整频谱图的大小，使其适合我们的100×160像素阵列。这的确是降频，但希望有足够的特征信息仍然存在，以使模型能够学习到类别之间的差异。我们保留降频后的频谱图和相关的类标签和声音文件路径。

当我们生成了所有的频谱图后，循环就结束了，我们会删除最后一个不相干的频谱图PNG文件。我们把声音文件的路径列表转换成NumPy数组，这样我们就可以用与图像和标签相同的方式来存储它。最后，我们将图像的顺序随机化，以防止任何隐含的排序可能将类别分组❹。这样一来，按顺序提取的小批次就能代表整个类别的组合。最后，我们将图像、标签和路径名写入磁盘。我们对测试集重复整个过程。

我们是否能够直观地分辨出不同类别的谱图之间的区别？如果我们能轻松做到这一点，那么就有机会让模型也能分辨出区别。图15-5显示了每一行中的10个相同类别的频谱图。

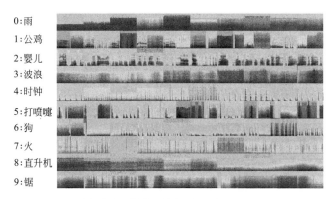

图15-5 ESC-10中每个类别的谱图样本，每一行显示了同一类别的10个例子

从视觉上看，我们通常可以将光谱区分开来，这很令人鼓舞。有了频谱图，我们准备尝试一些二维CNN，看看它们是否比一维CNN做得更好。

15.4 频谱图分类

为了处理频谱数据集，我们需要二维CNN。一个可能的起点是通过将Conv1D改为Conv2D，将MaxPooling1D改为MaxPooling2D，将浅层的1D CNN架构转换为2D。然而，如果我们这样做，所产生的模型有3070万个参数，这比我们想要处理的要多得多。相反，让我们选择一个参数更少的深层架构，然后探索不同的第一卷积层核大小的效果。代码在清单15-12中。

```python
import keras
from keras.models import Sequential
from keras.layers import Dense, Dropout, Flatten
from keras.layers import Conv2D, MaxPooling2D
import numpy as np


batch_size = 16
num_classes = 10
epochs = 16
img_rows, img_cols = 100, 160
input_shape = (img_rows, img_cols, 3)
x_train = np.load("esc10_spect_train_images.npy")
y_train = np.load("esc10_spect_train_labels.npy")
```

```
x_test = np.load("esc10_spect_test_images.npy")
y_test = np.load("esc10_spect_test_labels.npy")
x_train = x_train.astype('float32') / 255
x_test = x_test.astype('float32') / 255
y_train = keras.utils.to_categorical(y_train, num_classes)
y_test = keras.utils.to_categorical(y_test, num_classes)

model = Sequential()
model.add(Conv2D(32, kernel_size=(3,3), activation='relu',
                input_shape=input_shape))
model.add(Conv2D(64, (3, 3), activation='relu'))
model.add(MaxPooling2D(pool_size=(2, 2)))
model.add(Dropout(0.25))
model.add(Conv2D(64, (3, 3), activation='relu'))
model.add(MaxPooling2D(pool_size=(2, 2)))
model.add(Dropout(0.25))
model.add(Flatten())
model.add(Dense(128, activation='relu'))
model.add(Dropout(0.5))
model.add(Dense(num_classes, activation='softmax'))

model.compile(loss=keras.losses.categorical_crossentropy,
            optimizer=keras.optimizers.Adam(),
            metrics=['accuracy'])
history = model.fit(x_train, y_train,
            batch_size=batch_size, epochs=epochs,
            verbose=0, validation_data=(x_test, y_test))

score = model.evaluate(x_test, y_test, verbose=0)
print('Test accuracy:', score[1])
model.save("esc10_cnn_deep_3x3_model.h5")
```

清单15-12   对频谱图进行分类

在这里，我们设置小批次大小为16，并选择Adam优化器训练16个历时。该模型结构有
两个卷积层，一个带丢弃的最大池化层，另一个卷积层，以及第二个带丢弃的最大池化层。在
softmax输出之前有一个128个节点的单一密集层。

我们将测试第一个卷积层的两种核大小，3×3和7×7。3×3的配置在清单15-12中显示。用
（7,7）代替（3,3）来改变大小。所有初始的一维卷积运行都使用了一次模型的训练来进行评估。
我们知道，由于随机初始化，我们会在不同的训练中得到略有不同的结果，即使没有其他变化。
对于二维CNN，让我们对每个模型进行六次训练，并以平均值±平均值的标准差来表示总体准
确率。这样做，我们得到了以下总体准确率。

核大小	得分
3×3	78.78 ± 0.60%
7×7	78.44 ± 0.72%

这表明，使用3×3的初始卷积层核大小或7×7的初始卷积层核大小之间没有任何有意义的
区别。因此，我们将坚持使用3×3来进行。

图15-6显示了在频谱图上训练的二维CNN的一次运行的训练和验证损失（上部）和误差
（下部）。正如我们在一维CNN案例中所看到的那样，仅仅几个历时之后，验证误差就开始增加。

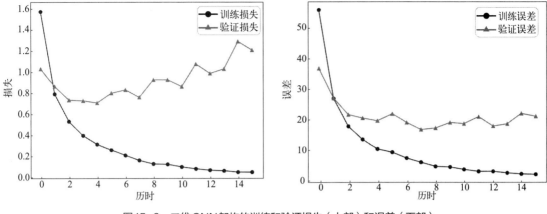

图15-6 二维CNN架构的训练和验证损失（上部）和误差（下部）

二维CNN的表现明显好于一维CNN。79%的准确率，而不是只有54%。这个水平的准确性对于许多应用来说仍然不是特别有用，但对于其他应用来说，可能完全可以接受。尽管如此，如果可以的话，我们还是希望能做得更好。值得注意的是，我们的数据有一些限制，而且，我们的硬件也有一些限制，因为我们把自己限制在只用CPU的方法，这限制了我们愿意等待模型训练的时间。在这里，假设我们的用例允许使用GPU，那么GPU可能带来的25倍的性能提升会对训练很有帮助。例如，如果我们计划在嵌入式系统上运行模型，可能没有GPU可用，所以我们希望坚持使用较小的模型。

15.4.1 初始化、正则化、批次归一化

文献告诉我们，还有其他的东西我们可以尝试。我们已经增强了数据集，这是一种强大的技术，而且我们正在使用的丢弃（dropout），这是另一种强大的技术。我们可以尝试使用一种新的初始化策略——He初始化，这已被证明通常比Glorot初始化（Keras的默认初始化）效果更好。我们还可以尝试应用L2正则化，Keras将其实现为每层的权重衰减。关于这些技术的复习，请参见第10章。

为了设置层初始化算法，我们需要在Conv2D和第一个密集层中添加以下关键字。

```
kernel_initializer="he_normal"
```

为了增加L2正则化，我们在Conv2D和第一个密集层中加入以下关键字。

```
kernel_regularizer=keras.regularizers.l2(0.001)
```

这里$\lambda=0.001$。回顾一下，λ是L2正则化的比例因子。

我们可以一起测试它们，但是我们进行单独测试，看看它们对这个数据集有什么影响（如果有的话）。像以前一样训练六个模型，得到的总体准确率如下。

正则化	得分
He初始化	78.5±0.5%
L2正则化	78.3±0.4%

从统计学上看，这与之前的结果没有什么不同。在这种情况下，这些方法既没有好处也没有坏处。

批次归一化是机器学习界广泛使用的另一种久经考验的常用技术。我们在第12章中简要地提到了批次归一化。批次归一化就像它的名字一样：它对网络的某一层的输入进行归一化，减去每个特征的平均值并除以每个特征的标准差。该层的输出将归一化的输入乘以一个常数并加上一个偏移。获得的效果是输入值通过一个两步过程被映射到新的输出值：将输入归一化，然后应用线性变换来获得输出。线性变换的参数是在反推（backprop）期间学习的。在推理时，从数据集中学习的平均值和标准差被应用于未知的输入。

批次归一化一次又一次地显示出它的有效性，特别是在加速训练方面。机器学习研究人员仍在争论它为什么会这样工作的确切原因。要在Keras中使用它，你只需在网络的卷积层和密集层（以及这些层使用的任何激活函数如ReLU）之后插入批次归一化。众所周知，批次归一化与丢弃合用的效果不好，所以我们也将删除丢弃层。模型代码的相关架构部分显示在清单15-13中。

```python
from keras.layers import BatchNormalization

model = Sequential()
model.add(Conv2D(32, kernel_size=(3, 3),
                 activation='relu', input_shape=input_shape))
model.add(BatchNormalization())

model.add(Conv2D(64, (3, 3), activation='relu'))
model.add(BatchNormalization())
model.add(MaxPooling2D(pool_size=(2, 2)))

model.add(Conv2D(64, (3, 3), activation='relu'))

model.add(BatchNormalization())
model.add(MaxPooling2D(pool_size=(2, 2)))

model.add(Flatten())
model.add(Dense(128, activation='relu'))
model.add(BatchNormalization())
model.add(Dense(num_classes, activation='softmax'))
```

清单15-13　加入批次归一化

如果重复训练过程，我们得到6个模型的平均数和标准差报告的整体准确率

批次归一化　　75.56±0.59%

这明显低于在没有批次归一化但包括丢弃的情况下发现的平均精度。

15.4.2　检查混淆矩阵

在这一节中我们已经看到，我们的数据集是一个艰难的数据集。增强和丢弃是有效的，但是其他的东西，比如ReLU特定的初始化，L2正则化（权重衰减），甚至批次归一化，都没有为我们改善情况。这并不意味着这些技术是无效的，只是它们对这个特定的小数据集没有效果。

让我们快速看一下使用我们选择的架构的一个模型所产生的混淆矩阵。我们之前已经看到了如何计算这个矩阵，我们将在这里展示它，以便讨论与我们在下一节要做的混淆矩阵进行比较。表15-2显示了这个矩阵，和以往一样，行是真正的类标签，列是模型分配的标签。

表15-2　频谱图模型的混淆矩阵

类	0	1	2	3	4	5	6	7	8	9
0	**85.6**	0.0	0.0	5.6	0.0	0.0	0.0	5.0	0.6	3.1
1	0.0	**97.5**	1.2	0.0	0.6	0.6	0.0	0.0	0.0	0.0
2	0.0	13.8	**72.5**	0.6	0.6	3.8	6.2	0.0	0.6	1.9
3	25.0	0.0	0.0	**68.1**	0.0	2.5	0.6	0.0	2.5	1.2
4	0.6	0.0	0.0	0.0	**84.4**	6.2	5.0	3.8	0.0	0.0
5	0.0	0.0	0.6	0.0	0.0	**94.4**	4.4	0.6	0.0	0.0
6	0.0	0.0	1.2	0.0	0.0	10.6	**88.1**	0.0	0.0	0.0
7	9.4	0.0	0.6	0.0	15.6	1.9	0.0	**63.8**	7.5	1.2
8	18.1	1.9	0.0	5.6	0	1.2	2.5	6.9	**55.6**	8.1
9	7.5	0.0	8.1	0.6	0	0.6	0.0	1.9	10.0	**71.2**

　　表现最差的三个类别是直升机（8）、火（7）和波浪（3）。波浪和直升机都表现为最经常与雨（0）混淆，而火最常与时钟（4）和雨混淆。表现最好的类别是公鸡打鸣（1）和打喷嚏（5）。这些结果是有意义的。公鸡打鸣和人打喷嚏是截然不同的声音，没有什么声音真正像它们。然而，我们很容易看到波浪和直升机与雨混淆，或者火的"噼啪"声与时钟的嘀嗒声混淆。

　　这是否意味着我们停留在78.8%的准确率上？不，我们还有一招可以尝试。我们一直在训练和评估单个模型的性能。没有什么能阻止我们训练多个模型并结合它们的结果。这就是集成（ensembling）。我们在第6章和第9章中讨论丢弃问题时，简要地介绍了集成。现在，让我们直接使用这个想法，看看我们是否可以改进我们的声音样本分类器。

15.5　集成

　　集成的核心思想是将在相同或极其相似的数据集上训练的多个模型的输出结合起来。它体现了"群众的智慧"的概念：一个模型可能在某些类别或某类输入方面比另一个更好，因此，如果他们一起工作，他们可能得出的最终结果比任何一个单独的结果都好。

　　在这里，我们将使用上一节中使用的机器学习架构。使用频谱图作为输入时，我们的不同模型将在这个架构单独训练。这是一种较弱的集成形式。通常情况下，集成中的模型是非常不同的，要么是不同的神经网络架构，要么是完全不同的模型类型，如随机森林和k-最近邻。这里的模型之间的差异是网络的随机初始化和网络在训练停止时发现自己所处的损失的不同部分造成的。

　　我们的方法是这样的。

① 使用频谱数据集训练多个模型（n=6）。

② 以某种方式将这些模型在测试集上的softmax输出结合起来。

③ 使用组合的结果输出来预测分配的类标签。

　　我们希望结合单个模型输出后分配的类标签集优于单独使用的模型结构分配的类标签集。直观地说，我们觉得这种方法应该为我们获得一些东西。这是有道理的。

　　然而，一个问题立即出现了：我们如何才能最好地结合各个网络的输出？对于这个问题的答案，我们有完全的自由。我们要找的是一个$f()$，它能使

$$y_{predict} = f(y_0, y_1, y_2, \ldots, y_n)$$

其中y_i，$i=0,1,\cdots,n$是关于n的整体输出，$f(\ )$是某种函数、操作或算法，它能将它们最好地组合成一个新的预测结果，即y_{predict}。

我们很容易想到一些组合方法：可以对输出进行平均，然后选择最大的输出；在整个组合中每类保持最大的输出，然后选择其中最大的输出；使用投票来决定应该分配哪一类标签。我们将尝试所有这三种方法。

让我们从前三种方法开始。我们已经有了六个集合模型，它们是我们在上一节中训练的模型，为我们提供了测试集上的平均准确率。这个模型架构使用了丢弃，但是没有使用交替初始化、L2正则化或批次归一化。

通过上一节训练的每个模型来运行测试集是非常简单的（清单15-14）。

```python
import sys
import numpy as np
from keras.models import load_model

model = load_model(sys.argv[1])
x_test = np.load("esc10_spect_test_images.npy")/255.0
y_test = np.load("esc10_spect_test_labels.npy")
❶ prob = model.predict(x_test)
❷ p = np.argmax(prob, axis=1)

cc = np.zeros((10,10))
for i in range(len(y_test)):

    cc[y_test[i],p[i]] += 1

❸ print(np.array2string(cc.astype("uint32")))
cp = 100.0 * cc / cc.sum(axis=1)


❹ print(np.array2string(cp, precision=1))
print("Overall accuracy = %0.2f%%" % (100.0*np.diag(cc).sum()/cc.sum(),))
np.save(sys.argv[2], prob)
```

清单15-14　将多个模型应用于测试集

这段代码希望把训练好的模型文件的名称作为第一个参数，把存储模型预测结果的输出文件的名称作为第二个参数。然后，它加载模型和频谱测试数据，将模型应用于测试数据❶，并通过选择最高输出值来预测类标签❷。

该代码还计算混淆矩阵并显示两次，第一次是实际计数❸，第二次是实际类别的百分比❹。最后，它显示总体准确率，并将概率写到磁盘上。通过这段代码，我们可以存储六个模型中每个模型的预测结果。

现在我们有了预测结果，让我们用前面提到的三种方法中的第一种来组合它们。为了计算模型预测的平均值，首先加载每个模型的预测值，然后平均并选择每个样本的最大值，如清单15-15所示。

```python
p0 = np.load("prob_run0.npy")
p1 = np.load("prob_run1.npy")
p2 = np.load("prob_run2.npy")
p3 = np.load("prob_run3.npy")
p4 = np.load("prob_run4.npy")
p5 = np.load("prob_run5.npy")
```

```
y_test = np.load("esc10_spect_test_labels.npy")
prob = (p0+p1+p2+p3+p4+p5)/6.0
p = np.argmax(prob, axis=1)
```

清单15-15 测试集结果的平均化

得到的混淆矩阵百分比为

类	0	1	2	3	4	5	6	7	8	9
0	**83.8**	0.0	0.0	7.5	0.0	0.0	0.0	4.4	0.0	4.4
1	0.0	**97.5**	1.9	0.0	0.0	0.6	0.0	0.0	0.0	0.0
2	0.0	10.0	**78.1**	0.0	0.0	3.1	6.2	0.0	0.0	2.5
3	9.4	0.0	0.0	**86.2**	0.0	3.1	0.6	0.0	0.0	0.6
4	0.6	0.0	0.0	0.0	**83.1**	5.6	5.0	5.6	0.0	0.0
5	0.0	0.0	0.0	0.0	0.6	**93.8**	5.6	0.0	0.0	0.0
6	0.0	0.0	0.6	0.0	0.0	8.8	**90.6**	0.0	0.0	0.0
7	8.1	0.0	0.0	0.0	17.5	1.9	0.0	**64.4**	7.5	0.6
8	6.2	0.0	0.0	7.5	0.0	1.9	4.4	8.8	**66.2**	5.0
9	5.0	0.0	5.0	1.2	0.0	0.6	0.0	1.9	10.6	**75.6**

总体准确率为82.0%。

这种方法很有帮助：总体准确率从79%上升到82%。最明显的改进是在第3类（波浪）和第8类（直升机）。

我们的下一个方法，如清单15-16所示，保持每个类别的六个模型的最大概率，然后选择最大的一个来分配类别标签。

```
p = np.zeros(len(y_test), dtype="uint8")
for i in range(len(y_test)):
    t = np.array([p0[i],p1[i],p2[i],p3[i],p4[i],p5[i]])
    p[i] = np.argmax(t.reshape(60)) % 10
```

清单15-16 保持测试集的最大值

这段代码定义了一个与实际标签矢量y_test相同长度的矢量p。然后，对于每个测试样本，我们形成t，即所有六个模型对每个类别的预测值的连接。我们重塑t，使其成为一个有60个元素的单维向量。为什么是60？ 10个类的预测值乘以6个模型。这个向量的最大数就是我们想要的最大值，它的索引由argmax返回。我们真的不想要这个索引，相反，我们想要这个索引所对应的类标签。因此，如果我们把这个指数取为10的模数，我们就会得到适当的类标签，我们把它分配给p。使用p和y_test可以计算出混淆矩阵。

类	0	1	2	3	4	5	6	7	8	9
0	**82.5**	0.0	0.0	9.4	0.0	0.0	0.0	4.4	0.6	3.1
1	0.0	**95.0**	4.4	0.0	0.0	0.0	0.0	0.6	0.0	0.0
2	0.0	10.0	**78.8**	0.0	0.0	3.1	5.6	0.0	0.0	2.5
3	5.0	0.0	0.0	**90.6**	0.0	2.5	0.6	0.0	0.6	0.6
4	1.2	0.0	0.0	0.0	**81.2**	6.2	5.0	6.2	0.0	0.0
5	0.0	0.0	0.0	0.0	0.6	**93.8**	5.6	0.0	0.0	0.0

类	0	1	2	3	4	5	6	7	8	9
6	0.0	0.0	0.6	0.0	0.6	8.8	**90.0**	0.0	0.0	0.0
7	8.8	0.0	0.0	0.0	16.2	2.5	0.0	**65.0**	6.9	0.6
8	8.1	0.0	0.0	6.2	0.0	1.9	4.4	9.4	**63.1**	6.9
9	3.8	0.0	4.4	3.1	0.0	0.0	0.0	1.9	10.6	**76.2**

这使我们的总体准确率达到了81.6%。

投票是用于结合几个模型输出的典型方法。在这种情况下，为了实现投票，我们将使用清单15-17。

```
    t = np.zeros((6,len(y_test)), dtype="uint32")
❶  t[0,:] = np.argmax(p0, axis=1)
    t[1,:] = np.argmax(p1, axis=1)
    t[2,:] = np.argmax(p2, axis=1)
    t[3,:] = np.argmax(p3, axis=1)
    t[4,:] = np.argmax(p4, axis=1)
    t[5,:] = np.argmax(p5, axis=1)

    p = np.zeros(len(y_test), dtype="uint8")
    for i in range(len(y_test)):
        q = np.bincount(t[:,i])
        p[i] = np.argmax(q)
```

清单15-17　投票选择最佳类别标签

首先在六个模型的预测中应用argmax，得到相关的标签❶，并将它们存储在一个组合矩阵 t 中。我们在每个测试样本上循环，使用一个新的 NumPy 函数 bincount 来给出每个类标签在当前测试样本上出现的次数。这种最大的计数是最常被选择的标签，所以我们再次使用 argmax 来给 p 分配适当的输出标签。注意，这段代码之所以有效，是因为我们的类标签是连续从 0 到 9 的整数。仅仅这一点就足以说明使用这种简单而有序的类标签的理由。

下面是这个投票程序产生的混淆矩阵。

类	0	1	2	3	4	5	6	7	8	9
0	**86.2**	0.0	0.0	8.8	0.0	0.0	0.0	3.8	0.0	1.2
1	0.0	**98.1**	1.2	0.0	0.0	0.6	0.0	0.0	0.0	0.0
2	0.0	10.6	**78.1**	0.0	0.0	3.1	5.6	0.0	0.0	2.5
3	14.4	0.0	0.0	**81.2**	0.0	3.1	0.6	0.0	0.0	0.6
4	0.6	0.0	0.0	0.0	**83.8**	5.6	5.0	5.0	0.0	0.0
5	0.0	0.0	0.0	0.0	0.6	**94.4**	5.0	0.0	0.0	0.0
6	0.0	0.0	1.2	0.0	0.6	9.4	**88.8**	0.0	0.0	0.0
7	8.8	0.0	0.0	0.0	18.1	1.9	0.0	**65.6**	5.0	0.6
8	7.5	0.0	0.0	6.9	0.0	3.1	3.8	8.8	**67.5**	2.5
9	5.6	0.0	6.2	1.2	0.0	0.6	0.0	1.9	11.2	**73.1**

这使我们的总体准确率达到了81.7%。

这三种组合方法中的每一种都改善了我们的结果，几乎相同。模型输出的简单组合基本上使准确率比单独的基础模型提高了3%，从而证明了集成技术的效用。

小结

本章介绍了一个案例研究，一个新的数据集，以及建立一个有用的模型我们所需要采取的步骤。我们开始使用原始的声音样本作为数据集，我们能够成功地增强它。我们注意到，我们有一个特征向量，并试图使用经典模型。从那里，我们转到一维卷积神经网络。这两种方法都不是特别成功。

幸运的是，我们的数据集允许使用一种新的表示方法，它能更有效地说明数据的组成，而且，对我们来说特别重要的是，它引入了空间元素，这样我们就能使用二维卷积网络。有了这些网络，我们在最佳一维结果的基础上提高了不少，但仍然没有达到一个可能有用的水平。

在用尽我们的CNN训练技巧后，我们转向了分类器的组合。有了这些，我们发现通过使用简单的方法来组合基础模型的输出（例如，平均），可以得到适度的改善。

我们可以显示模型的进展和它们的整体准确率，以了解我们的案例研究是如何发展的。

模型	数据源	准确率
高斯朴素贝叶斯	1D 声音样本	28.1%
随机森林（1000棵树）	1D 声音样本	34.4%
1D CNN	1D 声音样本	54.0%
2D CNN	频谱图	78.8%
集成（平均值）	频谱图	82.0%

这张表显示了现代深度学习的威力，以及将其与经过充分证明的经典方法（如集成）相结合的效用。

本章总结了我们对机器学习的探索。我们从头开始，从数据和数据集开始。我们转向了经典的机器学习模型，然后深入研究了传统的神经网络，这样我们就有了一个坚实的基础来理解现代卷积神经网络。我们详细地探讨了CNN，最后用一个案例研究来说明如何接近一个新的数据集以建立一个成功的模型。在这一过程中，我们了解了如何评估模型。我们熟悉了社区所使用的指标，这样我们就可以理解人们在他们的论文中所谈论和展示的内容。

当然，整本书都是一个介绍，我们几乎没有触及机器学习这个不断扩大的世界的表面。我们的最后一章将作为一个跳板——指导你接下来可能想去的地方，以扩展你的机器学习知识，超越我们在这里为自己设定的严格界限。

第 **16** 章
走向未来

现在你已经有了我觉得很好的现代机器学习的介绍。我们已经涵盖了构建数据集、经典模型、模型评估和入门的深度学习，从传统神经网络到卷积神经网络。这一小章旨在帮助你更进一步。

我们将探讨短期的"下一步是什么"的问题，以及你可能希望探索的长期道路。我们还将介绍在线资源，在那里你可以找到最新和最伟大的东西（始终有一种观点认为任何在线的东西都是短暂的）。之后是一份你可能希望参加的会议清单。我们将以感谢和告别来结束本章和本书。

16.1　携手卷积神经网络走向未来

即使在学习了前四章的内容之后，我们也仅仅是触及了卷积神经网络能做什么的表面。在某种程度上，我们限制了自己，以便你能掌握基本原理。而且，部分原因是我们有意识地决定不要求使用GPU。一般来说，用GPU训练复杂的模型要比用CPU快20 ~ 25倍。如果你的系统中有一个GPU，最好是为深度学习应用设计的，那么可能性就会大大增加。

我们开发的模型很小，让人想起LeCun在20世纪90年代开发的原始LeNet模型。它们能达到目的，但在许多情况下，它们不会走得太远。现代CNN有各种不同的风格，现在也有"标准"架构。有了GPU，你可以探索这些更大的架构。

这些架构应该是你下一步要看的清单上的内容。

- ResNet；
- U-Net；
- VGG；
- DenseNet；
- Inception；
- AlexNet；
- YOLO。

幸运的是，我们介绍的Keras工具箱（但也几乎没有探索过）支持所有这些架构。在我看来特别有用的两个是ResNet和U-Net。后者用于对输入进行语义分割，并且已经取得了广泛的成功，尤其是在医学成像方面。要想在你的计算机电源或硬盘出现故障之前成功地训练这些架构中的任何一个，更不用说你的心脏了，你确实需要一个GPU。中高端的游戏GPU［例如英伟达（NVIDIA）公司的］将支持足够新的CUDA版本，你可以用不到500美元的显卡开始工作。真正的诀窍是确保你的电脑能够支持该卡。对电源的要求很高，通常需要600W以上的电源，以及一个支持双宽PCIe卡的插槽。追求内存而不是性能：GPU的内存越多，它越能支持更大的模型。

即使你不用GPU来升级你的系统，也值得你花时间研究上述架构，看看它们的特殊之处，并了解附加层的工作原理。请查看Keras文档以了解更多细节。

16.2　强化学习与无监督学习

本书专门论述了监督学习。在机器学习的三个主要分支中，监督学习可能是应用最广泛的一个。回顾马尔克斯（Marx）兄弟，监督学习就像格劳乔（Groucho），是每个人都记得的那个。这并不是对哈波（Harpo）和奇科（Chico）的记忆的侮辱，也不是对机器学习的其他两个分支（强化学习和无监督学习）的侮辱。

强化学习是以目标为导向的：它鼓励模型学习如何给出行为和行动以最大化奖励。强化学习不是像监督学习那样学习如何接受一个输入并将其映射到一个特定的输出类别，而是学习如何在当前情况下采取行动以最大化一个整体目标，如赢得一场比赛。许多与机器学习有关的令人印象深刻的新闻故事都涉及强化学习。其中包括第一个能够击败最好的人类的雅达利（Atari）2600游戏系统，以及世界围棋冠军落入AlphaGo之手，还有AlphaGo Zero更令人印象深刻的成就，它从零开始掌握了围棋，而没有从人类的数百万场游戏中学习。任何自动驾驶汽车系统都可能极其复杂，但可以肯定的是，强化学习是该系统的一个关键部分。

无监督学习指的是在那些从未标记的输入数据中自行学习的系统。从历史上看，这意味着聚类，像K均值聚类（K-means）这样的算法，采取未标记的特征向量，并试图通过某种相似性指标将它们分组。目前，人们可能会说，鉴于监督学习和强化学习方面的工作数量惊人，无监督学习被视为有点不重要。这只对了一半，很多监督学习都在尝试使用无标签的数据（搜索领域适应性）。我们自己的学习中有多少是无监督的？如果一个自主系统在一个陌生的世界上被释放，并能学到它的创造者不知道它需要知道的东西，那么它可能会更成功。这表明无监督学习的重要性。

16.3　生成对抗式网络

生成对抗式网络（generative adversarial networks，GANs）在2014年突然出现，是深度学习研究者Ian Goodfellow的创意。GANs很快被誉为20年来机器学习领域最重要的进步（Yann LeCun，在巴塞罗那NIPS 2016上发言）。

最近关于可以生成无限数量的照片质量的人脸模型的新闻使用了GANs。创建模拟场景和将一种风格（例如绘画）的图像转换成另一种风格（如照片）的模型也是如此。GANs将一个生成输出的网络（通常基于其输入的一些随机设置）与一个试图学习如何区分真实输入和来自生成部分的输入的辨别性网络结合起来。这两个网络一起训练，使得生成网络越来越善于欺骗判别网络。相比之下，判别网络在学习如何区分差异方面变得越来越好。其结果是生成网络在输出你想要的东西方面相当出色。

对生成网络的正确研究需要一本书，它们非常值得一看，也值得你花一些时间，至少可以培养出对所发生的事情的直观感觉。一个好的起点是特别流行的GAN架构——CycleGAN，它反过来又催生了一小群类似的模型。

16.4　循环神经网络

本书完全忽略的一个主要话题是循环神经网络（RNNs）。这些是具有反馈回路的网络，它们在处理像时间序列测量这样的序列时效果很好——想想声音样本或视频帧。最常见的形式是 LSTM，即长短期记忆网络（long short-term memory network）。循环神经网络被广泛用于像谷歌翻译这样的神经翻译模型，这使得在几十种语言之间进行实时翻译成为可能。

16.5　在线资源

机器学习的在线资源非常多，而且每天都在增加。这里有几个我认为很有帮助的地方，而且可能经得起时间的考验。排名不分先后。

Reddit 机器学习　在这里可以看到最新的新闻和对最新论文和研究的讨论。

Arxiv　机器学习的进展太快了，大多数论文都要经过印刷期刊要求的漫长的同行评审过程。相比之下，研究人员和许多会议几乎无一例外地将他们的所有论文放在这个预印本服务器上，提供免费访问最新的机器学习研究。筛选起来可能令人生畏。就我个人而言，我在手机上使用 Arxiv 应用程序，每周都会浏览几次以下类别：计算机视觉和模式识别，人工智能，神经和进化计算以及机器学习。每周仅在这些类别中出现的论文数量就令人印象深刻，很好地说明了这一领域的真实活跃程度。为了解决疯狂的论文数量，深度学习研究员 Andrej Karpathy 创建了有用的 Arxiv Sanity 网站。

GitHub　这是一个人们可以托管软件项目的地方。直接进入该网站，搜索机器学习项目，或者使用标准搜索引擎，在搜索中加入关键词 github。随着机器学习项目的爆炸性增长，一件美好的事情发生了。绝大多数项目都是免费提供的，甚至可以用于商业用途。这通常包括完整的源代码和数据集。如果你在 Arxiv 上读到一篇论文，你很可能会在 GitHub 上找到它的实现。

Coursera　Coursera 是一个首屈一指的在线课程网站，其中绝大部分课程都可以免费试听。还有其他网站，但 Coursera 是由 Andrew Ng 共同创办的，他的机器学习课程非常受欢迎。

Kaggle　Kaggle 举办机器学习比赛，是一个很好的数据集资源。获奖者详细介绍了他们的模型和训练过程，提供了充分的机会来学习这门艺术。

16.6　会议

学习一门新语言的最好方法之一是让自己沉浸在讲这种语言的文化中。机器学习也是如此。让自己沉浸在机器学习的文化中的方法是参加会议。这可能很昂贵，但许多学校和公司认为这很重要，所以你可能会得到参加会议的支持。

对机器学习兴趣的大规模爆炸性增长造成了一个新的现象，这是我在其他学科中没有看到过的：会议门票售罄。最大的会议是这样，但其他会议可能也会出现这种情况。如果你想参加，请注意时间问题。比较推荐的几个会议如下。

NeurIPS（前身为 NIPS）　神经信息处理系统的简称，这可能是最大的机器学习会议。在这个学术会议上，你可以期待看到最新的研究报告。近年来，NeurIPS 门票迅速售罄，2018 年不到 12min 就售罄了！现在已经改用抽签系统，所以除非你是某种类型的演讲者，否则不能保证收到允许你注册的门票电子邮件。它通常在加拿大举行。

ICML　国际机器学习会议的简称，这可能是第二大年度会议。这个学术会议有几个方向和研讨会，通常在欧洲或北美举行。

ICLR　国际学习表征会议是一个以深度学习为重点的学术会议。如果你想要深度学习方面的技术报告，这就是你要去的地方。

CVPR　计算机视觉和模式识别是另一个大型会议，其学术性可能比ICLR稍差。CVPR很受欢迎，但不完全是面向机器学习的。

GTC　由英伟达（NVIDIA）赞助的GPU技术会议是一个技术会议，而不是一个学术会议。每年在加州圣何塞举行NVIDIA新硬件展示会以及一个大型博览会。

16.7　推荐书籍

说现在有几本机器学习的书，就像说海里有几条鱼。然而，就深度学习而言，有一本比其他书籍更胜一筹。Ian Goodfellow、Yoshua Bengio和Aaron Courville合著的 *Deep Learning*《深度学习》（MIT出版社，2016年）。

如果你想认真成为一名机器学习研究者，那么《深度学习》就是你应该去看的书。即使你不这样做，它也深入地涵盖了关键主题，并具有数学上的严谨性。这本书不是为那些希望更好地使用某个工具包的人准备的，而是为那些希望看到机器学习背后的理论和与之相关的数学的人准备的。从本质上讲，这是一本高年级的本科生和研究生水平的著作，但这不应该让你放弃。在某些时候，你会想看看这本书，所以把它放在你的脑海里，或者放在书架上。

16.8　再会，谢谢

我们已经到了这本书的结尾。这里没有怪物，只有我们自己，以及我们通过前面几章工作获得的知识和直觉。感谢你们的坚持不懈。对我来说，写作很有趣，我希望真诚地对你说，阅读和思考也很有趣。现在不要停下来——把我们所开发的东西拿去用吧。如果你像我一样，你会看到机器学习的应用无处不在。去吧，去分类！